棉纤维品质育种技术研究

何林池　李炳生　邱启程　承泓良　编著

东南大学出版社
·南　京·

图书在版编目(CIP)数据

棉纤维品质育种技术研究/何林池等编著. --南京:东南大学出版社,2013.3

ISBN 978-7-5641-4140-0

Ⅰ.①棉… Ⅱ.①何… Ⅲ.①棉纤维—品质育种—研究 Ⅳ.①S562.032

中国版本图书馆CIP数据核字(2013)第043102号

棉纤维品质育种技术研究

出版发行 东南大学出版社
出 版 人 江建中
社 址 江苏省南京市四牌楼2号(210096)
经 销 全国各地新华书店
印 刷 南京玉河印刷厂
开 本 787mm×1092mm 1/16
印 张 12
字 数 300千字
版 次 2013年3月第1版
印 次 2013年3月第1次印刷
书 号 ISBN 978-7-5641-4140-0
定 价 30.00元

(若有印装质量问题,请与营销部联系。电话:025-83791830。

前 言
Foreword

棉花是一种优良的天然纤维，具有吸湿、通气、保暖性好、不带静电、手感柔软舒适等人造纤维难以模仿替代的特点。20 世纪 90 年代以来，随着人们保健意识的增强和生活水平的提高，穿用天然纤维服装已成为一种不可逆转的国际潮流。

棉花是关系国计民生的重要战略物资，它不仅是纺织工业的主要原料，其成本占棉纺企业总成本的 65%～85%，而且是棉区农民的主要收入来源，棉花生产对于发展农村经济和稳定农村社会，具有重要的政治意义。因此，棉花产量多少、纤维品质优劣，均会对国民经济，尤其是棉纺织工业产生重要影响，不断改进和提高棉花纤维品质势在必行，任重而道远。

棉纤维品质受到品种遗传、栽培环境和原棉加工等多种因素的影响，起决定因素的是品种遗传特性，世界棉花纤维品质育种是从改进纤维长度开始的。20 世纪 20 年代初，美国棉花纤维长度只有 22 mm，提高纤维长度是当时育种改良的主要目标。在棉纤维比强度方面，美国从 1980 年开始，由于 HVI 大容量快速纤维测试仪的使用，大部分纤维比强度由原来的 17.8 cN/tex提高到 1995 年的 21.7 cN/tex。我国的棉花遗传育种工作由于长期偏重于产量和纤维长度的改进，加之缺乏棉纤维测定和小型试纺设备，在育种过程中难以进行严格的测定，导致纤维比强度不够。20 世纪 70 年代以前育成的品种，一般产量较高，纤维长度为 28～29 mm，但断裂长度仅在21 km(折合比强度 18.2 cN/tex)。自 80 年代国家开始棉花育种科技攻关以后，由于着重对纤维内在品质的选育，育成新品种的纤维比强度逐步提高，到 20 世纪 90 年代中后期达到国际中上等水平。

包括棉花纤维品质遗传育种研究在内的任何科学研究，均存在一个继承与发展的辩证关系。前人的科学研究结果和经验值得注意。有鉴于此，本书立足于我国研究结果，也适当引用一些国外的研究结果，总结了棉纤维品质遗传育种的理论研究与实践应用的成果。内容包括棉纤维品质与纺织工业的关系、棉纤维品质性状的遗传、棉纤维品质的种质资源与育种方法(杂交育种、杂种优势利用、生物技术在棉纤维品质育种中的应用)和优质棉生产。本书突出科学性、系统性和实用性，适合从事棉花遗传育种科技人员的阅读和参考，也可作为棉花科技工作者和农业院校师生的参考书。

本书编写过程中，在参阅大量公开发表的文献资料的基础上，有选择地吸取了一些这方面的科研成果和生产总结经验。在此谨向各位原著者致以衷心的感谢。由于笔者在这方面的知识与经验有限，书中难免会有这样或那样的缺点和错误，敬请读者批评指正。

编著者

2012 年 9 月

目录
Contents

第一章
棉花的重要性概述

棉花是关系国计民生的重要战略物资，是涉及农业和纺织工业两大产业的重要商品，也是我国1亿多棉农收入的重要来源；对于涉及数百万职工的棉纺织工业，是生产的主要原料和出口创汇的重要商品；关系到棉花经营企业广大职工的切身利益；对于广大人民群众，是不可缺少的生活必需品。棉花对国民经济的发展有着重要的影响。棉花还具有区域生产、季节收购、全年使用、商品率高(90%以上)、自然风险和市场风险大等其他许多农产品所不具备的特点。

一、棉花是世界上最主要的纺织原料

棉花是一种优良的天然纤维。它成本低廉、产出量大，不像羊毛、丝绸等“贵族纤维”，因价格贵而消费有限；它具有吸湿、通气、保暖性好、不带静电、手感柔软舒适等人造纤维难以模仿取代的特点。虽然，20世纪60年代以来，棉花受到来自合成纤维特别是涤纶棉的激烈竞争，在世界纤维市场上的相对占有率大幅度下降，但80年代中期以后，用液氨浸洗棉纤维的预处理工艺获普及应用，使棉纤维强度提高20%～30%，具丝光并有了化纤织物易洗、免烫、挺括、美观的特点，使纯棉织品重新广为流行。许国雄(1991)报道，90年代以来，随着人们保健意识的增强和生活水平的提高，穿、用天然纤维服装已成为一种不可逆转的国际潮流，使得棉花在世界纤维市场占有率下降的趋势减弱(表1-1)。自90年代初至今，棉花在全世界纤维市场占有率稳定在53%～56%。

表1-1　20世纪棉花在世界纤维市场占有率概况

年　代	50年代初	60年代初	70年代初	80年代初	90年代初
棉花在市场占有率(%)	80	68	56	46	52

在我国，化学纤维是纺织原料中天然纤维棉花的主要替代品。70年代，为有效解决棉花长期短缺问题，弥补棉花原料不足，政府开始以原油为原料，兴建项目，大力发展化学纤维工业。在当时棉花资源短缺状态下，加快发展替代品是满足不断增长的纺织原料需求的主要途径。20世纪80年代后我国化学纤维工业发展较快，全国化学纤维产量由1980年的45万t增加到2000年的670万t，使我国成为世界上最大的化纤生产国。随着科学技术的发展，尤其是差别纤维的发展，化学纤维的使用性能不断提高和完善。

1980—2000 年，由于化学纤维在棉纺织工业中的应用，纺织用棉比例不断下降，由 1980 年的 80%下降到 2000 年的 60%。其中，在改革开放初期的 80 年代，由于棉花价格较低，纺织用棉的比例还相对较高，10 多年间基本维持在 75%左右。到 90 年代，随着棉花价格全面上调和国内化纤工业的发展，用棉比例开始下降，其中下降速度最为明显的是 1994—1998 年，连续 5 年下降，到 1998 年用棉比例最低，仅为 57.3%，比 1978 年下降了 22 个百分点。2002 年加入 WTO 以后，我国纺织用棉比例回升到 64%，以后一直稳定在这个水平上。根据 1991—2005 年《中国统计年鉴》，我国纺纱用棉比例列于表 1-2。

表 1-2　1991—2005 年我国纺纱用棉比例

年　份	纺纱量(万 t)	用棉比例(%)	用棉量(万 t)
1991—2000	462	66	375
2001	700	66	499
2002	850	64	588
2003	984	64	680
2004	1 291	64	875
2005	1 440	64	977

二、棉花在国民经济中占有重要的地位

棉花在我国国民经济中占有重要的地位，杜珉(2006)对此作了精辟的分析。

(一) 棉花在农业经济发展中占有重要地位

2004 年全国棉花种植面积为 569 万 hm^2，占当年全国农作物播种总面积的 3.7%；同期全国棉花产值 875.5 亿元，占农业产值的 4.83%。其中，最大产棉省(区)新疆种植棉花 105.53 万 hm^2，占农作物播种总面积的 29.9%；棉花产值占农业产值的 22.4%。其他省(区)如山东、河南和河北，棉花播种面积也在 66.7 万 hm^2 左右，占各省农作物播种面积的比重也在 6%以上；棉花产值占该省农业产值的 3%左右(表 1-3)。

表 1-3　2004 年主产省(区)棉花产值

地　区	棉花产量(万 t)	农业产值(亿元)	棉花产值(亿元)	棉花产值/农业产值(%)
全国	570	—	—	—
新疆	160	482.8	108.3	22.4
河南	37.6	1 137.7	25.3	2.2
山东	87.7	1 599.3	57.9	3.6
河北	52.2	958.3	40.0	4.2
江苏	29.1	981.2	21.5	2.2
安徽	29.5	617.9	23.2	3.8
湖北	32.5	733.4	21.1	2.9

(注：资料来源于《中国农村统计年鉴》。)

棉花商品率一般在95%以上，是植棉农户现金收入的主要来源。种棉效益高于种植粮食的效益，这对棉花主产省（区）的经济收入也产生了积极的影响。从2000年以后，棉花的减税纯收益明显高于粮食作物。即使在2004年国家对粮食进行补贴以后，棉花收益也略高于粮食的平均收益（表1-4）。

表1-4 棉花与粮食作物种植效益比较

年份	稻谷(元)	小麦(元)	玉米(元)	大豆(元)	棉花(元)
1995	4 936.20	2 130.60	3 561.00	2 062.05	6 536.25
2000	1 185.90	−487.05	177.15	946.35	3 707.10
2002	1 449.15	−153.30	1 180.20	1 829.40	4 313.40
2003	2 381.55	285.75	1 692.15	2 525.25	8 151.30
2004	4 276.35	2 453.70	2 024.10	1 905.90	3 345.75

（注：数据为各作物1 hm^2减税纯收益，2004年为净利润；数据来源于《中国农村统计年鉴》、《全国农产品成本收益资料汇编》。）

（二）棉花生产在棉区农户家庭经营中占有重要地位

根据农业部全国农村固定观察点系统的调查，2003年主产省（区）所有农户中从事棉花种植的比例均较高，其中新疆维吾尔自治区约有50%的农户从事棉花生产，在河北省也有30%的农户从事棉花生产，其他地区如江苏、河南、湖北等省，从事棉花种植的农户也占到全部农户的20%以上。棉花经营收入是棉区农户家庭收入的主要来源，在主产省（区）农户家庭经营中，棉花收入占现金收入的比重平均达到28.5%。其中山东、河北、湖北等省棉农现金收入中来自出售棉花的收入达到30%，新疆维吾尔族自治区农户棉花收入占家庭现金收入的比重为57%。据典型调查，新疆棉农70%以上的收入来自棉花（表1-5）。

表1-5 棉花收入在棉农现金收入中的比重(%)

地区	2001年	2002年	2003年
河北	29.4	24.3	19.6
江苏	19.0	23.7	19.4
安徽	6.2	9.7	13.5
山东	27.2	20.4	34.2
河南	13.0	15.8	17.7
湖北	18.4	15.8	38.2
新疆	44.9	45.6	57.0

（三）棉花生产吸纳了农村大量劳动力

棉花生长期长，主产省（区）农户家庭的主要劳动力从事棉花生产的比重很高。据调查，产棉省（区）中，农户家庭有一半以上的劳动力从事棉花生产。新疆和河北从事棉花

生产的劳动力人数最多,并且大多数是家庭主要劳动力(表 1-6)。根据每户植棉投入的劳动力以及主产省(区)的棉花播种面积数量计算,每年我国直接从事棉花生产劳动力约 6 000 万人。由于棉花生长期长,管理技术相对较复杂,一般情况下 1 hm^2 需要 450 个工左右(《中国农村统计年鉴》),据此,533.3 万 hm^2 棉花就需要大约 24 亿个工。特别是新疆,棉花收获面积大,季节集中,且主要依靠外地劳工进行,因此,在棉花集中收获的一个月内,其 170 万 t 棉花大约可以吸纳 240 万个外地劳工就业(平均一个劳动力在棉花收获季节可以摘子棉 2 100 kg,而 170 万 t 皮棉可以折算成 510 万 t 子棉)。这对于解决农村劳动力就业、增加农民收入都具有非常重要的作用。

表 1-6 各省(区)农户劳动力投入情况

地　区	家庭劳动力(人)	种棉劳动力(人)	户均种棉面积(hm^2)	植棉总面积(万 hm^2)	需要劳动力(万人)
河北	2.71	1.43	0.20	64.0	458
江苏	1.89	1.14	0.21	41.3	228
安徽	2.76	1.24	0.08	45.3	703
山东	2.50	1.32	0.17	100.0	762
河南	2.58	1.22	0.07	96.7	1 608
湖北	2.75	1.32	0.12	39.5	434
新疆	2.62	1.66	0.43	110.0	428

(注:数据为调查所得。)

(四) 棉纺织品是我国出口创汇的主要产品

纺织品服装出口在我国进出口贸易中具有重要地位,是重要的出口创汇产品。特别是加入 WTO 以后,我国纺织品出口又有了较大发展。据海关统计,2001 年纺织品服装的出口总额为 532.8 亿美元,2005 年达到了 1 175.35 亿美元,纺织品服装的出口总额以每年 20%以上的速度递增(表 1-7)。2005 年我国纺织品服装出口创汇 1 175.35 亿美元,同比增长 20.69%。其中棉制纺织品及棉制服装(含纱、织物、制品、服装)出口 411.13 亿美元,同比增长 31.7%,占全部纺织品出口的 35%。

表 1-7 我国纺织品服装进出口贸易总值

年份	项目	进出口	出口	进口	贸易差额
2001	贸易总额(亿美元)	5 097.68	2 661.55	2 436.13	225.42
	纺织(亿美元)	670	532.8	137.2	395.6
	纺织占贸易总额的百分比(%)	13.14	20.02	5.63	175.49
2002	贸易总额(亿美元)	6 207.9	3 255.7	2 952.2	303.5
	纺织(亿美元)	761.31	617.69	143.62	474.07
	纺织占贸易总额的百分比(%)	12.26	18.97	4.86	156.2

续表 1-7

年份	项目	进出口	出口	进口	贸易差额
2003	贸易总额(亿美元)	8 512.1	4 383.7	4 128.4	255.3
	纺织(亿美元)	960.7	804.84	155.86	648.98
	纺织占贸易总额的百分比(%)	11.29	18.36	3.78	254.2
2004	贸易总额(亿美元)	11 547.4	5 933.6	5 613.8	319.8
	纺织(亿美元)	1 141.89	973.85	168.04	805.81
	纺织占贸易总额的百分比(%)	9.89	16.41	2.99	251.97
2005	贸易总额(亿美元)	14 221.2	7 620	6 601	1 018.8
	纺织(亿美元)	1 346.34	1 175.35	170.99	1 004.36
	纺织占贸易总额的百分比(%)	9.49	15.42	2.59	98.58

(注:资料来源于《2005—2006 中国纺织工业发展报告》。)

(五) 解决城镇劳动力就业的主要产业

扩大就业是我国工业化面临的最大难题,棉花从生产、流通、加工到纺纱织布,都属于劳动密集型产业,棉花产业的发展对解决我国的就业难题发挥了重要作用。2005 年我国农村人口比重从 1970 年的 81%(7.9 亿)下降到 61%(7.8 亿),其中纺织工业的贡献率较大。据纺织工业发展报告,1980 年我国纺织工业从业人数为 613 万人,2004 年达到了 1 900 万人,其中绝大部分为农村剩余劳动力。

(六) 棉花生产具有重要的社会政治意义

棉区经济发展对解决“三农”问题有着重要意义。在地理位置分布上,棉花种植区域主要集中在经济相对欠发达的中西部地区。按照国家统计局资料,2004 年我国棉花总产量排序中,年产棉花在 5 万 t 以上的省、市和自治区有 12 个,而这 12 个省、市、自治区经济总体水平落后于全国平均水平。根据我国经济区域划分,棉花主产省(区)中除了山东、江苏和天津以外,其余 9 个属于中西部地区,其中,地处沿海的山东、江苏省内的棉区基本分布在经济发展相对欠发达的地区,如山东德州、菏泽,江苏苏北等地。2004 年,全国农村人均纯收入为 2 935.4 元,12 个棉花主产省(区)中有 8 个省(区)低于全国平均水平,按照国家统计局农村人均纯收入低等、中低、中等、中高和高等 5 个等级划分,12 个省(区)中的 7 个省(区)处于中低水平,3 个省(区)处于中等水平,仅有江苏、天津处于中高等级以上。2004 年,全国人均 GDP 为 10 561 元,12 个省(区)中有 6 个省(区)低于全国平均水平。按照全国人均地区生产总值排序,12 个省(区)中有 6 个排在 15 名以后,还有 3 个省位于 20 名以后(表 1-8)。

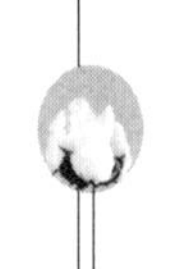

表 1-8　2004 年我国主产棉省(区)经济发展水平

地区	棉花产量(万 t)	全国排次	农村人均收入(元)	全国等次	人均(地区)生产总值(元)	全国排次
新疆	178.3	1	2 244.9	2(中低)	11 199	13
山东	109.8	2	3 505.2	3(中等)	16 925	8
河南	66.7	3	2 553.2	2(中低)	9 470	18
河北	66.5	4	3 171.1	3(中等)	12 918	11
江苏	50.3	5	4 753.9	4(中高)	20 705	5
安徽	41.2	6	2 499.3	2(中低)	7 768	24
湖北	39.5	7	2 890.0	2(中低)	10 500	15
湖南	20.3	8	2 837.8	2(中低)	9 177	19
山西	12.0	9	2 589.6	3(中低)	9 150	18
天津	12.0	10	5 019.5	4(中高)	31 500	3
甘肃	11.0	11	1 852.2	2(中低)	5 970	29
陕西	8.2	12	1 866.5	2(中低)	7 757	26
全国	632	—	2 935.7	—	10 561	

(注:国家统计局将全国人均收入按五等级分组:2004 年五个分组标准分别为低收入户,1 007 元;中低收入户,1 842 元;中等收入户,2 578 元;中高等收入户,3 608 元;高收入户,6 931 元。其中 2(中低)为低于全国平均水平的省(区)。)

棉花产业是主产省(区)的重要财政收入来源。棉花产值在主产省(区)农业产值中占有相当大的比重,尤其是新疆,2003 年棉花产值 108.3 亿元,占农业产值比重的22.4%。其他省如河北、山东和安徽,棉花产值占农业产值的比重也达到 4%左右。据国家统计局调查测算,如果扣除人工费用,2004 年平均 1 hm^2 棉花的纯收益达到 11 491.5 元,按照各主产省(区)的播种面积测算,棉花为这些主产省(区)增加收入总计达到 571 亿元。同时,一些棉花主产省(区)也是棉花加工大省和纺织服装生产大省。如山东省和江苏省,2003 年生产的棉纱布分别占全国棉纱布生产的 18.8%和 15.2%,其他如湖北、河南和安徽省加工的棉纱布分别占全国棉纱布生产的 7.7%、5.2%和 2.5%。棉纺织品加工和服装加工对主产省(区)的财政收入贡献很大,凸显出棉花产业在主产省(区)的重要作用。

棉花生产的发展,对新疆兄弟民族地区的稳定团结,具有重要的社会政治意义。1978 年,新疆棉花的播种面积不足全部农作物播种面积的 5%,棉花产量居全国第 13 位。进入 20 世纪 90 年代后,新疆棉花播种面积逐年增加,1993 年以后,连续 9 年获总量、单产、商品率、调出量、人均占有量 5 个全国第一,提高了新疆农业在全国的地位,棉花成为新疆主导农产品。2003 年,新疆棉花产值占农林牧渔业总产值的比重为 23.4%,棉花产量占全国产量的 30%。新疆棉区农户家庭棉花收入占家庭总收入、家庭经营收入和现金收入的比重分别为 14.5%、19.3%和 25.3%。如果没有棉花产业的发展,就没有新疆人民群众生活水平的提高,便会对新疆的稳定和发展造成障碍。

三、纺织技术的进步对棉纤维品质的新要求

18 世纪欧洲工业革命过程中发明了最早的动力纺纱机后，相继产生了两种形式的纺纱机，即走锭纺纱机和环锭纺纱机。在这两种纺纱机中，走锭纺纱机纺出的纱，质量高但速度较慢，从而纱的成本较高；环锭纺纱更为快速，成本低约 72%。在劳力日益昂贵和市场激烈竞争的形势下，到 20 世纪 40 年代，环锭纺纱终于完全取代了走锭纺纱。此后，降低纺纱成本的压力一直持续存在，推动纺织业寻求更快速、低成本的纺纱与织布技术。1807 年由 Samuel Williams 发明的无锭纺纱技术是直接将棉条纺成纱，从而使纺纱速度又有了显著提高。但它只能纺粗纱，纺纱质量低。经过不断改进，且由于 70 年代以后以厚重纯棉织物为原料的牛仔服装和提绒服装的流行，主要采用粗支纱，无锭纺纱首先在欧美国家渐获普及应用，并在 1983—1987 年间发展成为计算机控制的自动化连锁体系，使纺纱效率和生产能力大幅度提高，它的出纱速度比环锭纺纱提高了 5～10 倍，纺纱成本比环锭纺纱降低了 54%。在许多欧洲国家及中国香港地区，无锭纺纱已占纺纱比重的 70%以上，在世界范围内占 40%左右。在我国，2000 年 16 支粗纱已全部改用无绽纺纱。

20 世纪 80 年代初，速度更快的喷气纺纱和摩擦纺纱设施投放市场，使纺纱成本再降低约 72%。80 年代以来，无锭纺纱的转子直径不断缩小，纺纱速度不断加快，在生产能力和纺纱支范围方面也有了新的突破。70 年代末到 80 年代初，无锭纺纱只能纺 10～16 支粗纱，所用棉花绒长仅限于 25.4～27 mm。到 90 年代初，已能主纺 24 支纱，并有愈来愈多的厂家可纺 30～40 支纱，所用棉花绒长已增长到 30 mm。

新纺纱设施对纤维品质性状的需求在不断变化之中，尤其是随无锭纺纱的转子直径日益变小，转速日益加快，需要棉花更强、更细、更长的，对清洁度和成熟度的要求也更高。表 1 - 9 说明在 100%纯棉纺纱中，无锭转子纺纱技术改进对纤维品质性状要求的变化。

表 1 - 9　不同时期无锭转子纺纱技术对棉纤维品质要求的变化(100%纯棉纱)

项目性状 \ 年份	1975	1980	1985	1990
一、技术发展				
转子直径(mm)	60	46	36	30
二、要求性状变化				
纤维强力(g/tex)	22	24	28	30
马克隆值	4.4	4.0	4.0	3.5
纤维长度(mm)	25.4	27	31.1	30.1
成熟度(%)	75	80	85	90
纱线横断面的纤维根数	213	156	156	100

国际纺织加工协会在无锭转子纺纱技术不断发展的形势下，1990 年对棉花纤维性状重要性的顺序排列是：强力、长度及整齐度、细度、成熟度、杂质含量、色泽。而近一个世纪以来，传统棉花贸易分级体系中是把色泽、杂质和长度放在最前列。

1993 年，美国公布的棉花贸易中纤维强力的奖罚标准，是以比强度 23.03～24.89 cN/tex为基数，低于这个比强度范畴的扣款，高于它的给予奖励，以鼓励种植生产高强度品种，弥补棉农种植高强度品种在单产方面的损失。

为鼓励生产的棉花更符合纺织工业要求，美国将收购棉花的马克隆值读数的奖励范畴修订为 3.7～4.2，对马克隆值为 3.5～3.6、4.3～4.9 的不奖也不罚，过高、过低的则予以罚款。因过粗不符合纺织工业要求，过细则大多是未成熟纤维。

经美国纺织研究所的研究试验，3 种主要纺纱体系在纺 12 支和 36 支纯棉纱时所需求的纤维性状如表 1－10 所示。

表 1－10　3 种主要纺纱技术纺 100%纯棉纱所需的棉纤维性状

纱　支	12			36		
不同纺纱体系	环锭	无锭	喷气	环锭	无锭	喷气
纤维比强度(cN/tex)	21.56	23.52	—	23.52	28.42	26.46
马克隆值	5.0	4.5	—	4.5	3.7	3.8
纤维长度(mm)	25.4	22.9	—	29.2	27.9	31.7
成熟度(%)	80	76	—	82	78	86
纱线横断面的纤维根数	250	277	—	92	113	109

开发绿色生态纺织品是时代的潮流绿色生态纺织品的消费已经或逐渐地必将成为一种新的社会消费导向和一种时尚。这种社会导向的出现不仅是社会发展的必然趋势，同时也是包括我国在内的各国纺织工业所面临的新的挑战和机遇。欲在 21 世纪进一步提高人类的生活质量，就必然涉及纺织品的生态、绿色、环保，也即实现纺织品的绿色、生态、环保已成为 21 世纪进一步提高人类生活质量的重要内容之一。绿色生态纺织品的含义是：此类纺织品经过毒理学测试并且有相应标志。目前在世界范围内出现了 10 余种“绿色纺织品”的标志。这些标志对纺织品上的微量有害物质含量范围限制很严，从 pH、染色牢度、甲醛含量、致癌染料、有害重金属、卤化染色载体、特殊气味等化学刺激因素和致病因素到阻燃要求、安全性、物理刺激等众多方面都作了严格的限定。绿色生态纺织品要求纺织品生产过程是清洁的，一是生产全过程要求采用无毒或低毒的原材料和无污染、少污染的工艺和设备；二是产品的整个生命周期过程，即从产品的原材料选用，到使用后的处理，不构成和减少对人类健康与环境的危害。国家环境保护总局 2000 年 1 月 27 日颁发了 HJBZ30—2000《生态纺织品环境标志产品技术要求》，对生态纺织品提出了严格标准。生态绿色纺织品使人们联想到高品位、时尚、安全放心的生活方式。选择了绿色生态纺织品也就是选择了一种爱护生态环

境、珍惜人类家园的生活态度，是对人类赖以生存的地球环境的一种珍视爱护和奉献，因此越来越受到消费者的青睐。一些新闻媒体大力开展宣传，提出“今天的购买是为了更好的明天”。

四、我国棉纤维品质水平的提高

1949 年以前，我国所产棉花大部分是纤维粗短的中棉（亚洲棉）和一部分混杂退化的美棉（陆地棉），纤维品质差，不能适应纺织工业的要求。根据全国商品检验局的资料，1937 年全国平均棉花纤维长度为 21.62 mm。新中国成立后，随着棉花品种改良，棉纤维品质不断提高，1953 年国家收购的棉花纤维平均长度提高到 24.42 mm，1955 年提高到 25.89 mm，1980 年达到 27.81 mm。纺高支纱以及与化学纤维混纺需用的纤维长度在 31 mm 以上的棉花，也从无到有，逐年增加。在国家收购的商品棉中，纤维长度达到 31 mm 以上的棉花所占的比重，1955 年为 0.06%，1980 年增加到 9.94%。

随着棉花育种技术的进步，我国棉纤维品质水平不断提高。为比较国产棉与进口棉的质量差异，1998 年农业部棉品质监督检验测试中心对进口棉与新疆原棉进行了抽样测试调查。结果表明（表 1－11），我国新疆、美国、独联体国家和澳大利亚棉的比强度分别为 22.1 cN/tex、22.7 cN/tex、22.1 cN/tex 和 22.0 cN/tex（ICC 标样值，折算成 HVICC 标样值分别为 28.5 cN/tex、29.3 cN/tex、28.5 cN/tex 和 27.1 cN/tex），美棉比强度略高于新疆棉。依据国际上权威的乌斯特 1997 年公报评价，均处在国际上 90 年代中期 50%水平。这说明我国新疆棉花平均比强度与国外主要产棉国比强度处在同一水平上。

表 1－11　国产棉与进口棉质量对比

样品来源	样品数	长度(mm)	整齐度(%)	比强度(cN/tex)	马克隆值
中国新疆	14	29.1	47.7	22.1(20.4～23.9)	4.5
		29.3*	83.9*	28.5*(26.3～30.8)	
美国	12	28.3	46.1	22.7(20.4～25.8)	4.4
		28.6*	81.1*	29.3*(26.3～33.3)	
独联体国家	6	28.7	46.1	22.1(20.2～23.9)	4.5
		29.0*	81.1*	28.5*(26.1～30.8)	
澳大利亚	3	29.6	42.0	21.0(21.1～22.6)	3.9
		29.9*	73.9*	27.1*(27.2～29.2)	

（* 为 HVICC 转换值。从 2001 年起，停止使用 ICC 标样，采用 HVICC 标样，两者换算关系：HVICC 上半部平均长度＝1.01 ICC 2.5%跨距长度，HVICC 整齐度指数＝1.76 ICC 整齐度比，HVICC 比强度＝1.29 ICC 比强度。）

(一) 1981—2000 年

杨伟华等(2001)对河北、山东、河南、江苏、安徽、湖北、湖南、江西、浙江、四川、辽宁、新疆和中国农业科学院棉花研究所等 15 个育种单位育成的 257 个品种的棉纤维品质进行了分析,结果如下:

1. 概况

从总体上看,纤维长度、比强度平均值和上限值几个指标在不断提高,马克隆值的上下限值呈加宽趋势(表 1-12)。

表 1-12 1981—2000 年我国棉花品种纤维品质概况

时 期		1981—1985	1986—1990	1991—1995	1996—2000
品种个数		35	41	70	111
纤维长度(mm)	平均值	29.2	29.5	29.4	29.0
	上下限	26.4～31.0	27.2～31.7	27.0～32.6	26.7～32.8
比强度(cN/tex)	平均值	25.6	26.2	26.5	27.5
	上下限	22.7～28.6	21.8～28.9	19.6～32.1	23.3～33.4
马克隆值	平均值	4.3	4.4	4.4	4.5
	上下限	3.9～4.8	3.9～5.1	3.7～5.5	3.4～5.7

由表可知,棉纤维长度主要集中在 27～30 mm 范围内,1981—1985 年、1986—1990 年、1991—1995 年和 1996—2000 年期间,纤维长度在此范围内的品种占统计总数的比例依次为 91.3%、87.8%、88.5%和 89.1%。这个范围的原棉适合纺 40 支以下的中、低档纱。纤维比强度的分布较宽,从 19.4 cN/tex～32.3 cN/tex,且不断提高,但主要集中分布在 21.9 cN/tex～29.7 cN/tex。这 20 年间,马克隆值基本稳定在 4.4 左右,但有增大(即偏粗)的趋势,其上限值由 1981—1985 年的 4.8 上升到 1996—2000 年的 5.7。

2. 省(区)间差异分析

各省(区)育成品种的纤维平均长度集中在 28～30 mm,并且从 1981—2000 年此项平均值的水平基本保持稳定。从上、下限值来看,纤维长度在 27 mm 以下和 32 mm 以上的品种都有。因此,从纤维长度的分布来看,我国自育棉花品种是可以满足纺织业对纤维长度要求的。

各省(区)育成品种的纤维比强度总体在提高,尤其是 1991 年后,纤维比强度在 28.4 cN/tex 以上的品种明显增多,表明我国对比强度的遗传改良已取得显著成效。但是,长江流域几个主产棉省份育成品种的纤维比强度平均值大都在全国平均水平以下,甚至还有个别省份纤维比强度呈现下降趋势。

棉纤维的马克隆值在各省间呈现出明显的生态区域特征。长江流域省份的平均值均在全国平均水平以上，部分品种的马克隆值超过5，是纤维较粗的反映。总的说来，这20年中各省棉花品种的马克隆值基本上都呈升高的趋势，在3.7～4.2，且目前在生产上作为当家的品种很少。

3. 与美国棉纤维品质的比较

美国是全球产棉国家中陆地棉纤维品质育种成效最显著的国家之一，至今已有60多年的历史。在纤维长度方面，20世纪初美国棉花平均长度只有22 mm。到50年代，平均长度提高到28 mm。由于长度和早熟性、产量之间存在遗传上的负相关关系，美国按不同产棉区无霜期长短及具体条件，对长度育种目标提出不同标准，这也反映了纺织各档次产品的不同需求。现有品种的长度已能满足纺织工业的需要。近年来，已很少有增加长度的育种计划，长度相对稳定在29～31 mm。在纤维细度方面，20世纪40年代美国开始使用综合细度与成熟度两项指标的马克隆值，其数值越大，表明偏粗、成熟度好；反之则偏细，且成熟度差。50年代平均马克隆值为3.8～4.2，60年代提高到4.2～4.7，现今为4.1左右，是较为理想的数值。因机械收花、快速轧花和纺纱速度的提高都需要更好的纤维强力，因此，80年代，纺织企业把棉纤维强度的重要性提高到首要位置，由此引发纤维强度的改进。为打破纤维品质与产量之间的负相关性，使品质与产量得到同步提高，美国育种专家已进行了40多年的不懈努力，其中以西部棉区的爱字棉育种项目和东南棉区南卡罗来纳州Pee Dee试验站的工作最为突出，他们育成并发放的爱字棉品种(系)和PD品种(系)是国际上有名的高强纤维品种(系)。在品种布局上，根据各棉区生态条件，安排不同品质的品种。从1994年起，由原来强调“一地一个品种”的布局向“一地一个品质”的布局发展。

根据美国《2000年植棉指南》中公布的136个陆地棉品种(包括爱字棉、斯字棉、岱字棉和佩字棉等系列品种)的纤维品质资料，纤维长度在25～35 mm之间，分布较宽，以27 mm和29 mm两个长度所占比例最大；比强度分布在24.5～34.8 cN/tex，主要集中在25.8～30.9 cN/tex范围内；马克隆值相对较为集中，均在3.7～4.5和4.3～4.9。我国的陆地棉纤维长度在26～32 mm，分布较窄，27～30 mm占主要比例；比强度分布在19.7～32.3 cN/tex，主要集中在21.9～29.6 cN/tex，显然与美国有一定差距；马克隆值比美国分布宽。可见我国棉花品种的纤维品质在长度上有优势，但在比强度上略逊于美国，马克隆值偏高。美国的陆地棉品种有许多系列，其中爱字棉、岱字棉、斯字棉、佩字棉是几个有代表性的系列，它们的纤维品质有所不同(表1-13)。在美国的这些品种中，以爱字棉的纤维品质最优，能满足纺高支纱的需要。但在流通领域，还是以长度在30 mm以下、比强度在32.3 cN/tex以下的皮棉为主体。

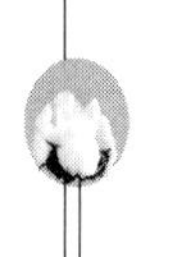

表 1-13　4 个美国棉品种系列的纤维品质

品种系列	样品数(个)		长度(mm)	比强度(cN/tex)	马克隆值
爱字棉	15	平均值	30.0	33.9	4.1
		上下限	29.2～31.5	32.0～35.9	4.0～4.3
岱字棉	35	平均值	27.6	29.4	4.4
		上下限	25.8～29.5	25.8～33.5	4.0～4.9
斯字棉	20	平均值	27.9	28.9	4.5
		上下限	25.0～30.0	25.5～31.3	3.9～4.9
佩字棉	4	平均值	27.9	27.5	4.4
		上下限	27.7～27.9	26.9～28.0	4.2～4.7

（二）2001—2005 年

2001—2005 年连续 5 年，农业部棉花品质监督检验测试中心每年对全国主产棉省(区)的棉花主推品种的纤维品质进行抽样测试，测试结果由农业部以公告形式发布。这些结果对了解我国棉纤维质量情况，对存在的问题采取相应措施，对推动棉花纤维品质水平的提高，具有十分重要的作用。

唐淑荣等(2006)分析了 2001—2005 年我国棉纤维的长度、整齐度指数、比强度、马克隆值等 9 项品质指标的分布情况，并就我国棉纤维品质综合评价与国际水平作了比较。

1. 棉纤维品质指标的总体分布

(1) 长度分布

主推棉花品种纤维长度在 26～32 mm。主要分布在 28 mm 和 29 mm 档，所占比例分别为 30.0%和 35.8%，共占 65.8%；31 mm 的占 5.9%，32 mm 以上的占 2.3%，26 mm 的占 2.3%。5 年内未抽查到纤维长度在 25 mm 档的品种。2001—2005 年我国棉花的纤维长度有所提高，纤维平均长度达 29.2 mm。

(2) 比强度分布

比强度分布范围较广为 24～37 cN/tex，主要分布在 27 cN/tex、28 cN/tex、29 cN/tex 档，所占比例分别为 18.0%、20.8%、21.5%，共占 60.3%。5 年抽查品种的纤维比强度平均值为 29.2 cN/tex，说明我国棉花纤维比强度多半处于中等偏上档次，能够满足目前环绽纺 32 支以上所需强度要求。

(3) 整齐度指数分布

整齐度指数的分档标准为：小于 77.0%为很低，77.0%～79.9%为低，80.0%～82.9%为中等，83.0%～85.9%为高，大于等于 86.0%表明整齐度很高。2001—2005 年抽查的我国棉花品种的纤维整齐度水平大多分布在 83.0%～85.9%的高档范围，所占比例为 65.1%，5 年平均为 83.3%，说明我国的棉花纤维整齐度较好。

（4）马克隆值分布

马克隆值分布情况，处于最佳马克隆值 A 级的占 29.2%，B1 级占 4.1%，B2 级占 48.9%，C1 级占 5.2%，C2 级占 12.6%。其中 A、B 级的占 82.2%，表明我国棉花品种纤维成熟较好，纤维粗细适中，大多数分布在 4.6 左右。

（5）伸长率分布

断裂伸长率小于 5.0%，表示纤维的伸缩度很低；5.0%～5.8%为低；5.9%～6.7%为中等；6.8%～7.6%为高；大于 7.6%为很高。2001—2005 年抽查的我国棉花品种纤维断裂伸长率大多分布在 6.5%，所占比例为 33.3%，其次分布在 7.0%，占 31.5%。5 年平均为 6.9%，说明我国陆地棉品种的断裂伸长率一般在 7%左右，处于中等偏高范围。

（6）反射率分布

反射率大多分布在 74%～80%，所占比例为 89.0%，平均在 78%。

（7）黄度分布

黄度大多分布在 8.0 左右，所占的比例为 57%。

（8）棉纤维的色特征级

国家细绒棉标准中，将我国棉花色特征级共划分为 3 种类型 13 级。色特征级用两位数字表示，第一位是级别，第二位是类型。类型分白棉、染污棉、黄染棉。其中，白棉分 6 级，代号分别为 11、21、31、41、51、61；染污棉分 4 级，代号分别为 12，22、32、42；黄染棉分 3 级，代号分别为 13，23、33。“31”级为标准级。2001—2005 年抽查的我国棉花品种纤维色特征级多数分布在 21、31、41 级。

（9）纺纱均匀性指数分布

5 年抽查的我国棉花品种的纤维纺纱均匀性指数大多在 130～150，适纺 32～40 支纱；纺纱均匀性指数在 160 以上，可纺 60～80 支高支纱的所占比例较小。

2. 主产棉省（区）纤维品质指标分布

2001—2005 年对我国主产棉省（区）主推棉花品种的纤维品质进行的调查（表 2-7），涉及湖南、湖北、江西、新疆等 13 个主产棉省（区）。

13 个主产棉省（区）主推棉花品种的纤维长度范围为 27.7～29.9 mm，平均为 29.2 mm。湖南、浙江、江西棉纤维相对较长，接近 30 mm，如湘杂棉系列、赣棉系列多数为优质型品种。山西棉纤维平均长度最低，仅 27.7 mm，比全国平均水平低1.5 mm。省份间差异明显，其由高到低为：江西（浙江）、湖南、湖北（河北、河南）、安徽（山东、江苏）、四川（陕西）、新疆、山西。

各主产棉省（区）的棉纤维整齐度指数在 82.2%～84.6%，平均为 83.3%。湖北、湖南、浙江、江西、四川等省的整齐度相对较好，山西省的整齐度指数在全国 13 个主产棉省（区）中最低，仅 82.2%，显著低于全国平均水平。整齐度指数省份间差异明显，其由高到低为：浙江、江西、湖南、四川、湖北、河南、山东、陕西、新疆、江苏（安徽）、河北、山西。

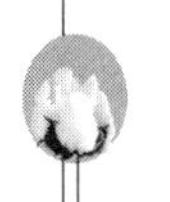

各省(区)棉纤维的比强度分布范围为27.5～30.9 cN/tex,平均为28.9 cN/tex。湖北、湖南、浙江、江西、陕西等省比强度相对较高,均在30 cN/tex以上,如湖南的湘杂棉系列、江西的赣棉系列、陕西引进推广的岱字棉系列,多属优质型品种,比强度较高。新疆棉纤维比强度在全国13个主产棉省(区)中最低,仅27.5 cN/tex,比全国平均水平低1.4 cN/tex。比强度省份间差异明显,其由高到低为:浙江、陕西、江西、湖南、湖北、安徽(河南)、河北、四川、山东、山西、江苏、新疆。

各省(区)棉纤维的马克隆值在4.1～4.9,平均为4.4。湖北、湖南、浙江、江西、安徽等省马克隆值在B2级范围,尤其湖南、浙江、江西的马克隆值较高,在4.7及以上,纤维偏粗。而江苏、河南、陕西、山西、新疆等省(区)马克隆值平均值均位于最佳A级范围,纤维粗细适中。

各省(区)棉纤维反射率在74.9%～78.6%,平均为76.9%。新疆、陕西、山东、浙江、江苏等省(区)纤维反射率相对较高,均在77.0%及以上。新疆棉纤维反射率在全国13个主产棉省(区)中最高,高达78.6%。反射率省份间差异明显,其由高到低为:新疆、陕西、山东(浙江)、江苏、河南、河北(安徽)、山西、江西(湖北)、四川、湖南。

各省(区)棉纤维的纺纱均匀性指数范围为127～143,平均为135。浙江、江西、陕西等省棉纤维纺纱均匀性指数相对较高,均在140以上,棉纤维纺纱性能相对较好。山西棉纤维纺纱均匀性指数在全国13个主产棉省(区)中最低,低于全国平均水平,棉纤维纺纱性能相对较差。纺纱均匀性指数省份间差异明显,其由高到低为:浙江、江西(陕西)、湖南(湖北、河南)、四川、山东、安徽(河北)、新疆、江苏、山西。

表1-14 各主产棉省(区)2001—2005年棉纤维主要品质指标平均值

省(区)份	长度(mm)	整齐度(%)	比强度(cN/tex)	伸长率(%)	马克隆值	反射率(%)	黄度	纺纱均匀指数
安徽	29.2	83.0	29.3	6.6	4.5	76.9	8.9	134
河北	29.3	82.9	29.2	6.7	4.4	76.9	8.7	134
河南	29.3	83.4	29.3	6.8	4.1	77.0	8.7	139
湖北	29.3	83.7	30.1	6.8	4.5	75.5	9.3	139
湖南	29.7	84.1	30.2	6.8	4.7	74.9	9.2	139
江苏	29.2	83.0	28.1	7.1	4.2	77.2	9.3	132
江西	29.9	84.3	30.3	6.6	4.7	75.5	8.9	141
山东	29.2	83.3	28.8	6.9	4.3	77.5	8.7	135
山西	27.7	82.2	28.2	7.1	4.1	75.8	8.8	127
陕西	29.1	83.8	30.7	7.2	4.2	77.8	8.6	141
四川	29.1	83.8	29.0	6.4	4.6	75.4	9.2	136
新疆	28.9	83.1	27.5	7.3	4.1	78.6	8.4	133
浙江	29.9	84.6	30.9	6.6	4.9	77.5	9.0	143
总平均	29.2	83.3	28.9	6.9	4.4	76.9	8.9	135

3. 我国棉纤维品质综合评价与国际上的比较

国际上对棉花纤维品质指标的评价分析，目前最具有权威性的是乌斯特公报，它反映了20世纪90年代中期全球原棉质量状况。乌斯特公报以长度分档，比较棉花纤维的其他性能指标，主要原因是纺多少支数的纱主要是由纤维长度决定的。国际上一般认为：25～27 mm档适纺32支及以下的纱线；28～29 mm档适纺32～40支的纱线；30～32 mm档适纺40～60支的纱线。当然，纱线的质量并不是只与纤维长度有关，还受纤维整齐度、比强度、马克隆值、反射率、黄度等性能的综合影响，是棉纤维各性能综合的结果，而乌斯特公报就是这种综合分析方法的最佳表达。乌斯特公报提供了一种量化棉花纤维品质水平的方法，反映了各性能指标的国际平均和最优水平，其中5%水平即国际先进水平，50%水平即国际平均水平。5%、25%、50%、75%、95%分别表示有5%、25%、50%、75%、95%的样品该项指标等于或好于该水平。对照我国2001—2005年主推棉花品种纤维品质进行比较分析，以衡量我国“十五”期间棉花纤维品质状况及其在国际上的地位。分析表明，在适纺低支纱的26 mm、27 mm档和适纺中支纱的28 mm档，我国棉花纤维比强度达到乌斯特50%水平；在适纺高支纱的30 mm、31 mm档，比强度低于乌斯特50%水平。纤维整齐度指数，达到或低于乌斯特50%水平，但75%、95%水平则高于或等于同档国际水平。马克隆值，各档低于或等于同档国际水平，且25%水平均在最佳马克隆值A级范围内。从乌斯特公报看，26～31 mm各档，随纤维长度增加，马克隆值呈减少趋势，但我国棉花纤维存在长而不细的现象，如长江流域棉花品种在长度、比强度、整齐度、纺纱性能等方面都表现很好，不足之处是马克隆值偏高，纤维偏粗。

（三）2003—2007年

王延琴等(2009)于2003—2007年连续5年承担了农业部全国棉花质量安全普查工作，在我国三大主产棉区优质棉基地选取了具有代表性的546个基点进行了棉花生产状况调查，抽取2 201份棉花样品进行纤维品质检测。统一采用HVI大容量纤维测试仪，测试纤维的上半部平均长度、长度整齐度指数、断裂比强度、马克隆值、断裂伸长率、反射率、黄度、成熟度指数、短纤维指数、纺纱均匀性指数等10项参数。通过检测，全面了解了我国的植棉状况和棉纤维品质，有利于采取有力措施，改善棉花综合品质，对于提高我国棉花的国际竞争力，促进棉花生产健康持续发展，具有重要的意义。

1. 我国陆地棉品种纤维品质状况

从每年抽取样品检测的平均值和分布范围看，我国陆地棉样品的纤维长度平均为28.8 mm，变幅24.0～34.7 mm，主要处于细绒棉的中绒(28.0～31.0 mm)范围；纤维长度整齐度平均为83.0%，变幅为72.8%～88.1%，多数处于较高(83.0%～86.0%)范围，即中与好的范围；比强度平均为28.3 cN/tex，变幅为19.7～38.3 cN/tex，多数处于中等(26.0～29.0 cN/tex)范围；马克隆值平均为4.2，变幅为2.0～6.2，多数在3.7～

4.9 范围，即 A 与 B2 范围；成熟度指数主要分布在 0.8～1.0，即成熟范围；伸长率主要分布在5.9%～7.6%，即中到高的范围。

棉花总体质量年际间差异不大，不同品种间的纤维品质有一定的差异。从总体上看，我国棉花基本能满足纺织工业的需要，但缺乏长度在 25～27 mm 纺低档棉纱和长度在 31 mm 以上纺高档纱的原棉。

表 1-15　不同年份纤维品质状况

年份		上半部平均长度(mm)	长度整齐度(%)	比强度(cN/tex)	马克隆值	伸长率(%)	反射率(%)	黄度	成熟度指数	短纤维指数(%)	纺纱均匀性指数
2003	平均	28.8	82.6	28.2	4.3	6.8	77.1	8.8	0.88	8.0	128.9
	变幅	24.0～32.7	72.8～86.2	19.7～36.1	2.7～5.4	4.9～8.7	66.0～83.1	7.1～11.9	0.77～0.93	4.8～25.2	58～170
2004	平均	28.8	82.6	28.2	4.3	6.8	77.1	8.8	0.88	8.0	128.9
	变幅	24.0～32.7	72.8～86.2	19.7～36.1	2.7～5.4	4.9～8.7	66.0～83.1	7.1～11.9	0.77～0.93	4.8～25.2	58～170
2005	平均	29.1	83.5	29.3	4.4	6.5	74.5	8.8	0.84	8.5	138
	变幅	25.9～34.7	79.2～87.3	22.1～38.3	2.0～5.5	5.3～8.0	59.8～84.3	6.0～12.3	0.80～0.87	4.3～12.4	95～207
2006	平均	28.8	83.6	27.8	4.2	7.2	74.6	7.7	0.84	6.5	141.8
	变幅	24.5～33.4	77.3～88.1	22.2～38.2	2.6～5.9	5.2～11.0	65.4～89.5	5.3～11.9	0.74～0.96	2.8～15.5	97～194
2007	平均	28.6	82.6	27.8	4.5	6.4	76.9	8.0	0.80	7.4	129
	变幅	24.6～30.9	79.6～86.4	22.5～33.2	2.3～6.2	6.0～7.4	65.6～84.2	5.5～10.8	0.7～0.9	3.5～11.8	86～163

按 NY/T 1426—2007《棉花纤维品质评价方法》中关于优质棉纤维品质的质量要求分档，我国的陆地棉纤维大多属于 A 级和 AA 级(表 1-16)，符合 3A 级的优质陆地棉极少，符合 4A 级的陆地棉一个也没有，但国产海岛棉基本上都能达到 4A 级。然由于海岛棉只在新疆有少量种植，因此，我国能纺 60 支以上纱的优质棉极少。2007 年普查的 179 个霜前花样品中，竟然有 105 个样品长度整齐度指数达不到 83%，98 个样品比强度达不到 28 cN/tex，优质棉比例下降，这在往年是少见的。导致这一现象的原因是，2007 年棉花收获期间阴雨连绵、低温寡照，导致棉花品质普遍下降。纤维长度、长度整齐度、比强度和马克隆值是优质棉定级的主要指标。2007 年普查的霜前花样品的纤维长度平均为 28.6 mm，中短绒和中绒比例过大，中长绒比例偏小；整齐度偏低，平均为 82.6%；比强度平均为27.8 cN/tex，弱比强度的样品比例较高，高比强度的比例偏低；马克隆值分布在 2.3～6.2，最佳马克隆值范围(3.7～4.2)的样品所占比例不足 20%。整齐度和比强度成为限制陆地棉优质率的主要因子，加上各单项指标协调性差，导致符合优质棉指标的样

品大幅度减少。

表 1－16　我国陆地棉的品级情况

年份	A(%)	AA(%)	AAA(%)	AAAA(%)	不符合优质棉的比例(%)
2003	85.5	9.2	0.0	0.0	14.5
2004	88.6	12.3	0.4	0.0	11.4
2005	82.1	25.4	1.6	0.0	17.9
2006	58.8	9.5	0.8	0.0	41.2
2007	30.0	24.0	0.0	0.0	70.0

2. 国产棉与美棉的品质比较

与主要贸易国美国相比，我国棉花的纤维品质在长度上超过美棉(表 1－17)，而在强度上略逊于美国，在长度整齐度和马克隆值两项指标上与美国持平。这 4 项指标是棉花纤维最重要的物理特性，反映了棉花品质的主要性状。总体评价为我国棉花与美国棉花的品质处于同一水平。

表 1－17　中国与美国棉花的纤维品质比较

年份	国别	上半部平均长度(mm)	纤维长度主要分布(mm)	长度整齐度(%)	断裂比强度(cN/tex)	马克隆值
2003	中国	28.8	27～30	80～84	26～30	3.7～4.9
	美国	27.7	27～30	80～83	26～32	3.7～4.9
2004	中国	29.4	28～30	82～85	26～30	3.7～4.9
	美国	27.9	26～29	80～83	27～33	3.7～4.9
2005	中国	29.1	28～30	82～85	27～31	3.7～5.5
	美国	27.6	27～28	78～82	27～32	3.7～4.9
2006	中国	28.8	26～31	81～86	26～29	3.7～4.2
	美国	27.9	26～29	80～83	27～33	3.8～4.9
2007	中国	28.6	27～29	80～83	25～29	3.7～4.9
	美国	28～29	28～31	79～82	28～31	3.7～4.9

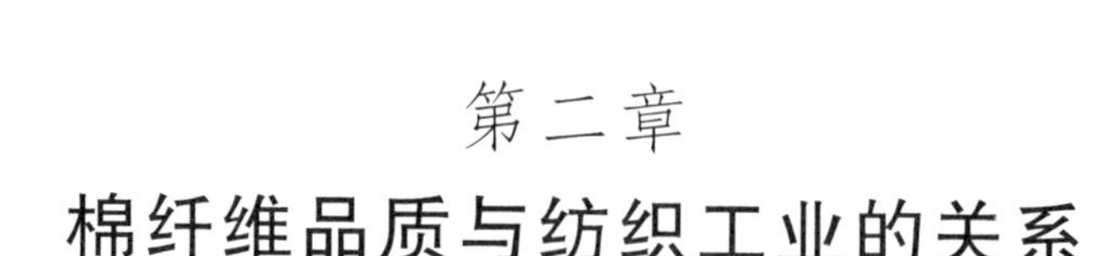

第二章 棉纤维品质与纺织工业的关系

棉花纤维是纺织工业的主要原料，其品质优劣与纺织品质量、国内外市场竞争力及整个植棉业的发展密切相关。

一、棉纤维的结构与发育

（一）棉纤维的结构

1. *表面结构和显微结构*

棉纤维是由胚珠表皮细胞发育形成的，单粒种子上的纤维有不同的长度，16 mm 以上的纤维为纺织工业上有用的棉纤维，16 mm 及以下的纤维为短绒。

成熟的棉纤维表面为扭曲的螺旋结构，扭曲程度比较复杂，有的为较规则的螺旋结构，有的螺旋化并不规则，螺旋扭曲也不均匀。棉纤维的发育程度不同，其扭曲程度也不同，成熟的棉纤维扭曲最多，未成熟和过度成熟的扭曲较少。棉纤维的截面是不规则的腰圆形，呈两边厚中间薄的扁带状，有中腔。成熟的棉纤维，截面形态极扁，中腔很大。过成熟的棉纤维，截面呈圆形，中腔很小。棉纤维的外层是一层极薄的蜡质与果胶。截面由外至内主要由初生壁、次生壁和中腔等三个部分组成。初生壁是棉纤维在伸长期形成的原始细胞壁，由果胶质和纤维素组成。次生壁是棉纤维在加厚期沉积的部分，主要由纤维素组成。棉纤维逐日淀积一层纤维素，形成了棉纤维的日轮。每层纤维由束状小纤维组成，束状小纤维与纤维轴以一定角度呈螺旋状态倾斜排列。

棉纤维生长停止后，遗留的中腔大小取决于次生壁加厚的程度，次生壁越厚，中腔室越小。中腔内有少量的细胞残留物，含有较高含量色素时，即成有色棉。

2. *超微结构*

棉纤维的纤维素含量高达 95%～97%。纤维素是由葡萄糖残基通过 β-1,4 糖苷键连接而成的，以纤维二糖为基本单位的天然高分子化合物。棉纤维由纤维素大分子堆砌而成，分子间依靠分子引力、氢键、化学键等结合力相互连结，形成各种凝聚态，使棉纤维具有多级结构单元：单分子→基原纤→微原纤→原纤→巨原纤→纤维。张玉中等(2003)对鲁棉 11 号棉花纤维超微结构的研究结果表明，扫描电子显微镜(SEM)只能观察到纤丝在棉花纤维表面的排列，但很难进一步观察到纤丝的精细结构。扫描隧道显微镜(STM)则可以清晰地观察到纤丝的超微结构。纤丝是由二级结构单元“微纤丝”组成，而“微纤丝”是由更小的结构单元“基原纤丝”组成，以平行方式排列。

棉纤维由结晶区和无定形区交替组成，结晶区是纤维素大分子有规律排列的区域，其排列紧密，强度高。无定形区又称为非结晶区，纤维素大分子排列松散，不整齐，强度低。结晶度是纤维壁中结晶区域的多少，用结晶区的质量占纤维总质量的百分率表示。结晶度愈高，纤维强度愈高，但延伸度小，不易染色。

晶粒尺寸是指棉纤维中基原纤的直径，晶粒尺寸愈大，纤维强度愈高，一般在吐絮前达到最大值。

（二）棉纤维的发育

棉纤维发育过程可分为纤维细胞起始、伸长、次生壁加厚和脱水成熟 4 个阶段。各时期各具特点，存在重叠。各时期的长短与品种有关。陆地棉铃期一般为 55～60 天，开花后 0～25 天为伸长期，花后 15～55 天为加厚期，伸长与加厚的重叠期一般为 7～10 天。

1. 纤维细胞分化期

纤维原始细胞的分化是指胚珠表皮细胞形成纤维原始细胞，时间在开花以前，不需要授粉受精的刺激。杨佑明等(2002)研究了中棉所 12 号的纤维分化，认为纤维细胞起始在开花前 5 天，较同类报道早 5 天。起始的细胞相对集中于胚珠的珠柄附近。徐楚年(1998)认为，纤维细胞起始首先发生在胚珠的脊突处，然后向胚珠四周扩展，几小时后发展到合点，3～4 天后才在珠孔处出现。纤维细胞起始与温度有密切关系，25～30 ℃是纤维细胞起始的适宜温度。品种间纤维细胞起始时间各不同。开花前纤维原始细胞不伸长。在开花当天，已分化的纤维原始细胞扩展为球形或半球形突起，开始伸长；未分化的细胞继续分化。

纤维细胞分化的时间与成熟纤维的长度以及纤维长度整齐度有关，早期分化的纤维细胞形成长纤维，分化晚(开花后)的细胞形成短绒。

胚珠表皮细胞仅有一部分分化形成纤维细胞，纤维细胞的数量决定了单粒棉子上纤维的根数，与衣分和纤维产量有关。刘继华(1992)认为，单粒种子上的纤维数仅占表皮细胞的 10%左右，品种间单粒种子上纤维细胞的数量有明显区别，其与棉子表面积和密度有关。

2. 纤维细胞伸长期

陆地棉开花后 0～25 天为伸长期，伸长期主要影响棉纤维长度。在开花当天，已分化的纤维原始细胞开始伸长，开花后 1 天，原始细胞突起约 15 μm，开花后 2 天，这些细胞长约 100 μm；而未分化的细胞仍基本保持原状。棉纤维伸长的动态变化，基本呈慢—快—慢的 S 形曲线，最快伸长速度发生在开花后 6～12 天，到开花后 15～20 天时，纤维伸长可

达最终长度的80%。伸长速度因棉种、品种的生育状况及外界环境条件而有差别。

3. 纤维细胞次生壁加厚期

次生壁增厚期一般始于花后16～19天，持续到花后40～55天，与纤维伸长过程有7～10天的重叠期，是纤维强度形成的关键时期。

在棉纤维伸长停止之前，即进入了纤维素在次生壁内表面沉积的加厚期，到吐絮后结束，持续25～30天以上。在增厚期，纤维素以结晶态形式每天向内淀积一层。不同品种和不同的生长环境条件下，其伸长和加厚的时间有差异。纤维素的淀积需要较高的温度(20～30 ℃)，温度愈高，纤维细胞壁加厚愈快；此外，还原糖聚合成纤维素也必须有较高的温度，当夜温低于21 ℃时，还原糖只能积累，不能转化，纤维素的淀积就会受到影响；15 ℃以下，纤维的淀积就停止。

4. 棉纤维脱水转曲期

从棉铃开裂至充分吐絮为脱水转曲期，一般为5～7天，这一时期主要影响纤维的转曲数。棉铃开裂，纤维脱水，细胞死亡，由于纤维束由基部到顶部以螺旋方式沉积，纤维脱水产生内应力，引起表面收缩，棉纤维便产生很多左旋或右旋的转曲。成熟良好的纤维，细胞壁厚，转曲多；不成熟的纤维，细胞壁薄，几乎无转曲；但过成熟的纤维，中腔过小，转曲也少。转曲多，棉纤维之间的抱合力大，有利于提高棉纱强度。

(三) 纤维细胞的理化性质

纤维素是棉纤维的主要成分，其化学稳定性较高，不溶于水、酒精、乙醚和丙酮等溶剂，可溶于10%～15%的铜氨溶液、70%～72%的硫酸、85%的磷酸、41%的盐酸、浓的氧化锌溶液。纤维素大分子之间的结合键主要是氢键、范德华力和碳—氧键。纤维素具有强的吸附水的能力，这是因为纤维素非结晶区内的纤维素分子链上具有处于游离状态的羟基，为一极性基团，容易吸附空气中的极性分子(如 H_2O)而形成氢键结合。除纤维素外，棉纤维还含有蛋白、蜡质、果胶、脂肪、灰分及部分水溶性物质。

在各种酶的作用下，纤维素发生降解反应，糖苷键断裂生成纤维二糖，再在纤维二糖酶作用下生成葡萄糖。纤维素大分子每个葡萄糖基上有3个醇羟基，具有醇的性质，在某些酸溶液中能发生亲核取代反应，生成相应的纤维素酯。此外，纤维素还可以发生醚化反应等多种反应。

棉纤维的颜色主要为白色，也有墨绿色、棕色等各种颜色的彩色棉，目前彩色棉的生产应用主要为绿色系列和棕色系列。

棉纤维具有从潮湿空气中吸收水分的性能，吸湿性是由于棉纤维的多孔性和棉纤维素含有大量的亲水基所决定的。棉纤维是多孔性物质，且其纤维素大分子上存在许多亲水性基团(—OH)，所以吸湿性较好，一般大气条件下，棉纤维的回潮率可达8.5%左右。

棉纤维耐无机酸能力薄弱，酸和光照会使苷键断裂，纤维素降解。棉纤维对碱的抵抗能力较大，但会引起横向膨化，可利用稀碱溶液对棉布进行“丝光”处理。

二、棉纤维品质的主要物理指标及其测定方法

测定棉纤维品质的仪器及测定原理不同，获得的参数值大小和意义也不同。HVI 大容量纤维检测仪与常规纤维检测方法相比，具有快速、高效、准确的特点。HVI S 型大容量纤维检测仪是全自动束纤维检测仪，它在很短的时间内（20～30 s）、一次性取样就能获得棉纤维的长度、长度整齐度、断裂比强度、伸长率、马克隆值、成熟度、回潮率、色泽（Rd、+b）、杂质等 10 多项检测结果。与 HVI900A 大容量纤维检测仪相比，HVI S 型大容量纤维检测仪检测全过程实现了自动化操作，大大提高了工作效率和检测结果的准确性。我国自 20 世纪 80 年代中期以来，已陆续引进了约 50 套（台）HVI 大容量纤维检测仪器，分布在农业科研、纤检、供销、商检、纺织等部门。HVI S 型大容量纤维检测仪在 2000 年后开始在我国使用。

国际上最先进的 HFT 9000 型大容量纤维测试仪，采用 HVICC 棉样校准仪器，测试指标为上半部平均长度、整齐度指数、断裂比强度、断裂伸长率、马克隆值、反射率、黄度、纺纱均匀性指数等。

（一）棉纤维长度

棉纤维长度是指纤维伸直时两端的距离。表示纤维长度的指标很多，因测试仪器和方法而异。包括纤维长度、纤维平均长度、纤维有效长度、2.5%跨距长度、50%跨距长度、上四分位长度、上半部平均长度。常用的有表示长度集中性的指标，如平均长度、主体长度、有效长度和品质长度等。

主体长度是纤维试样中数量最多的一部分纤维的长度。根据测试方法的不同，又可分为根数主体长度和重量主体长度两类。根数主体长度指试样中根数最多的一部分纤维的长度。重量主体长度指试样用分组称重法测定时，得到的重量最重的一组纤维的长度。

品质长度是确定纺纱工艺参数时作为依据的长度。棉纤维的品质长度一般表示在某一界限以下的纤维重量（或根数）占总重量（或根数）的百分率。数值越大，表示质量越差。

平均长度是纤维长度的平均值。根据测试方法不同，又可分为根数平均长度、重量加权平均长度以及截面加权平均长度等。根数平均长度是各根纤维长度之和的平均数。重量加权平均长度是各组长度的重量加权平均数。截面积加权平均长度是各组长度的截面积加权平均数。一般用电容式长度仪测定。

测定纤维长度的仪器与方法很多。棉纤维长度检验分手扯长度检验和仪器长度检验。仪器长度检验有多种，如梳片式长度分析仪、罗拉式长度分析仪、光电式长度分析仪

及气流式长度分析仪等。梳片式长度分析仪在西方国家仍在使用,作为日常纤维检验的一种方法。罗拉式长度分析仪在前苏联、东欧国家仍在使用,我国在新中国成立后一直使用此仪器,至今各纺织厂仍在使用。光电式长度分析仪,如照影仪,是利用光电原理快速测量纤维长度的一种仪器,目前,在世界各国广泛采用。

(二)棉纤维强度

强度指纤维的相对强力,即纤维单位面积所能承受的强力,单位为 klb/in^2 = 1 000 psi。其高低是衡量棉花纤维品质优劣的主要指标。同等长度、细度水平的纤维,其成纱品质与纤维强度呈极好的回归关系。一般情况下,纤维强度(力)愈高,成纱强度愈高。就中绒棉与中长绒棉而言,对成纱强度影响最大的就是纤维强度指标。因此,强度评判对确定棉纤维品质,评价棉织品的品质高低有重要影响。棉纤维的强度一般用下列指标表示。

1. 单纤维强力

单纤维强力是指单根纤维所承受的断裂负荷,单位为厘牛顿(cN)或克力(gf)。指标本身没有反映纤维粗细与断裂面积,人们不能根据其高低来判断材料的拉伸性能。就我国目前的仪器状况而言,单纤维强力采用单纤维与束纤维两种方式进行测试。

单纤维强力测试可采用以下 3 种强力机:① Y161 水压式单纤维强力机;② YG-001、YG-002、YG-003 电子式单纤维强力机;③ Instron 单纤维强力机。这 3 种强力机不仅纤维夹持状态、操作标准有一定差异,而且其纤维拉伸方式也不相同,第一类为恒速牵引型,后两类为恒速伸长型。就纤维绝对强力而言,这 3 种测试方式测试结果虽有所不同,但均可反映单根纤维的真实断裂负荷。因此,从科研角度出发,为准确了解纤维强力,有必要对纤维强度进行单根测试。同时,利用单纤维强力仪还可了解同一棉样不同纤维的拉伸特性及断裂伸长等,有助于对棉花纤维强力的全面了解。由于纺织品中的棉纤维是束状存在的,对单根纤维进行强度测试,工作量大,仪器水平重复性也差,已较少采用。

2. 束纤维方式的强力测试

束纤维强力主要选用 Y162 束纤维强力机配合 Y171 中段切取器进行联合分析。此测试方法是我国棉纤维强力测试的标准方法(GB 6101—85)。纤维拉伸过程中选用特定的 Y162 夹头,以恒速牵引方式给纤维束施加拉力,最终拉断纤维。参照 Y171 中段切取器得到的细度支数求得实测单纤维强力。该强力值除以 0.675 后经修正即为实际单纤维强力。单纤维强力理论上是纤维强度与纤维细度的乘积(即 gf=(gf/tex)×tex)。由于单纤维强力实际上是在两只夹头有一定隔距的情况下进行测试的,因此,它与 3.2 mm 隔距的比强度及马克隆值有极好的回归关系,符合 $Y=2.47+0.319X$,$X=HVI_{str}\times Mic/25.4$($r=0.775$)的关系。分别分析不同强度指标,影响单纤维强力的主要是马克隆值。一般情况下,纤维愈粗,单纤维强力愈高。单纤维强力会因环境而有较大变化。

3. 断裂比强度与断裂应力

断裂比强度与断裂应力是指单位线密度(tex)或单位纤维面积(平方英寸)所能承受的断裂负荷。就棉纤维而言,前者的单位一般为克力/特克斯(gf/tex)或厘牛顿/特克斯(cN/tex);后者的单位为千磅/(英寸)^2(psi)。该指标可用来对不同粗细的纤维进行比较。由于在一定隔距条件下,纤维受力断裂时会发生颈缩现象,断裂时的纤维面积已非棉样测试前或断裂后能够实际测到的纤维面积,因此,断裂应力应严格控制为描述零距离时的纤维拉伸性能。理论上,比强度可表示为:$Ps=Fa/T=Fa/g/k=Fa/lsr\times k$,断裂应力 $\delta=10.81I=10.81\times Fa/g=10.81\times Fa/lsr$,式中:$Ps$—断裂比强度;$\delta$—断裂应力;$I$—卜式指数;$Fa$—平束纤维断裂负荷;$g$—平束纤维重量($g=lsr$);$s$—束纤维截面积;$l$—棉束长度(零隔距为 11.8 mm,3.2 mm 隔距为 15 mm);r—棉纤维比重;k—常数,线密度指标中的定长值。

就我国目前的比强度测试方法而言,主要有以下 4 种测试仪器:① 卜氏(Pressly)强度仪;② 斯特洛(Stelometer)强度仪;③ Y162A 型(Y162 改装卜氏夹头);④ 大容量测定仪(HVI 900 系列)。卜氏强度仪是利用倾斜轨道上的重锤下滑拉断纤维,属等速加负荷型(CRL)。其测试速度快,有效断裂负荷为 50~90 N,是国际上最通用的强度测试仪器。斯特洛强度仪是通过重锤下摆拉断纤维,也是等速加负荷型(CRL),有效断裂负荷为 2~7 kg,是一种较理想的纤维强度测试仪器,也是国际标准中所推荐的。Y162A 型仅需在 Y162 强力机上更换卜氏夹头及有关附件,不需大的改动即可测比强度,仍为等速加负荷型(CRL),有效拉力范围为 1 800~2 500 cN,其最大的优势是价格低廉。大容量测定仪是一种自动化程度高的纤维品质测试系统。其中的 HVI 900 系统可对纤维长度及断裂比强度(仅限于 3.2 mm 隔距)进行测试。其强力测试系统也是等加负荷型,但已非专用卜氏夹头,而是 HVI 900 中的特定夹头。该系统的最大牵引动力为 100 kg,远大于上述 3 种仪器。

4. 断裂长度

即纤维一端固定时,将纤维逐根首尾相连起来,其自身重量与纤维强力相等时,该重量棉样所包含的纤维长度,单位为 km。它是纤维比强度的另一种指标,经换算也可表示为克力/特克斯(gf×km/g=(gf/g)/km=gf/tex)。实际计算时,一般是指 Y162 单纤维强力(gf)与细度公制支数(m/g)的乘积。

就束纤维法进行强度(力)指标测试的精密度而言,一般认为:卜氏零隔距>斯特洛 3.2 mm 隔距>卜氏 3.2 mm 隔距>HVI 900>Y162。

从确切评价棉纤维强度(力)的角度分析,应对棉纤维进行单根测试并分析零隔距的比强度;从与纺织品质的较高相关性分析,应对 3.2 mm 隔距的比强度进行测试。研究工作中,对 3.2 mm 隔距比强度的评价最好选用斯特洛强度仪。商业贸易中可选用 HVI 900。棉花育种工作中,需考虑指标稳定性与对成纱品质的影响两个方面,最好对零隔距比强

度与 3.2 mm 隔距比强度测试。

（三）棉纤维细度

棉纤维细度指纤维的粗细程度。国际上大多用马克隆值作为细度指标，即用一定重量的试样在特定条件下的透气性表示。对同一原棉品种，马克隆值过高时，纤维过成熟，纤维很粗，成棒状，扭曲较少，纺同样号数纱时，纱线截面内纤维根数减少，纤维抱合力较差，成纱强力较低。马克隆值过小时，纤维很细，成熟很低，纤维卷曲少，成纱强力同样较低。所以马克隆值对成纱强力的影响是非线性的。马克隆值在 3.0 以下的纤维为很细，3.0～3.9 时为细，4.0～4.9 为中等，5.0～5.9 为粗，6.0～6.9 为很粗。陆地棉的马克隆值在 3.5～4.9 为正常。另一个表示细度的指标为特克斯(tex)，是指纤维或纱线 1 000 m 长度的重量(g)，国际标准通常以特克斯表示纤维细度。特克斯数值愈高，纤维愈粗，反之，则愈细。细纤维比粗纤维柔软，天然捻曲多、成纱强力大、条干均匀、光泽也好。

在其他条件不变时，纤维愈细，成纱强力愈高。因为，细度越细，纤维越柔软，纤维在纱体中内外转移的机会就增多，有利于纤维间抱合力和摩擦力的提高，使成纱拉伸时的滑脱纤维根数减少，所以成纱强力高。在国外的经验模型中，12 个模型中有 11 个选用细度做自变量。早期的模型中，较多的用纤维的有效重量间接地表示细度。20 世纪 70 年代后的模型中，研究者逐渐认识到只有结合纤维的成熟情况才能正确表达对成纱强力的影响，模型中基本不再选用细度为自变量。

测定纤维细度多用间接法。棉纤维细度的测定方法主要有：中段切断称重法、气流仪法（如棉纤维细度仪 Y145）以及其他方法（如测长称重法和显微放大投影法）。

（四）棉纤维成熟度

棉纤维成熟度指纤维细胞壁加厚的程度，细胞壁愈厚，其成熟度愈高。这是和除纤维长度以外的其他纤维品质指标均有关系的重要指标。棉纤维成熟度以成熟度百分率表示（表 2－1）。

表 2－1　马克隆值、公制支数和成熟度对照表

马克隆值	公制支数	成熟度	马克隆值	公制支数	成熟度
3.5	6 450	1.39	4.3	5 670	1.67
3.6	6 340	1.42	4.4	5 600	1.70
3.7	6 230	1.45	4.5	5 520	1.74
3.8	6 120	1.49	4.6	5 450	1.77
3.9	6 020	1.53	4.7	5 380	1.81
4.0	5 930	1.56	4.8	5 320	1.84
4.1	5 840	1.60	4.9	5 250	1.88
4.2	5 750	1.63			

充分成熟的纤维强力较高，天然转曲较多，洁白有光泽，品质高，棉纱的强力也较好。没有成熟的纤维，强力弱，吸湿性高，刚性差，转曲数少，影响成纱强度，纺织过程中易形成棉结。棉纤维成熟度一般用成熟系数表示，是纤维细胞中腔的宽度与纤维细胞壁的厚度的比值。该比值愈小，成熟系数愈大，表示愈成熟。一般认为较理想的纤维成熟系数，陆地棉为 1.75 左右，海岛棉为 2.00 左右，低于 1.50 的纤维不能供纺织用。过成熟的纤维转曲少，纺织价值也低。在国内外的模型中，用成熟度作为自变量的只有两个模型，一个是 Lord 1961 年提出的，另一个是 Pillay 1970 年提出的棉纤维成熟度的检测技术。

传统的棉纤维成熟度检测方法有：中腔胞壁对比法、偏振光检测法及气流仪等。

以往采用比较多的是应用马克(Micronaire)气流仪测定原棉的细度及成熟度。从气流仪测定棉纤维细度的原理可看出，气流仪所测定的细度实际上包括棉纤维的成熟度，棉纤维的细度与成熟度之间存在着简单的函数关系。

氢氧化钠膨胀法是将棉纤维浸入 18%的氢氧化钠溶液中，由于钠离子包括被吸引的水分子和氢氧根离子，不仅能进入纤维的无定形区，而且会进入结晶区，从而引起纤维细胞壁的膨胀。根据膨胀后棉纤维的中腔宽度与胞壁厚度的比值及纤维形态，将棉纤维分类并计算其成熟比 M 或成熟纤维百分率 PM。

中腔胞壁对比法是利用普通生物显微镜沿棉纤维纵向逐根观察，根据棉纤维的中腔宽度和胞壁厚度之比决定棉纤维的成熟度。

偏振光干涉法是利用偏振光显微镜从纤维纵向逐根观察棉纤维的干涉色，根据棉纤维干涉色的不同，决定其成熟纤维量或未成熟纤维量。例如，干涉色为蓝色、紫色为未成熟纤维；黄色、绿色为成熟纤维。

（五）棉纤维整齐度

棉纤维整齐度是表示纤维长度集中性的指标，取决于开花后 3 天内胚珠表皮细胞伸长启动的一致性。整齐度好，说明棉纤维长度分布比较集中，短绒含量少，对纺纱和成纱质量有利。表示整齐度的指标主要有 6 种：① 基数。反映主体长度组和相邻两组长度差异在 5 mm 范围内的纤维重量占全部纤维重量的百分数。基数大(40%以上)，表示整齐度好，陆地棉的基数应达 40%以上。② 均匀度。为主体长度和基数的乘积，是整齐度的可比性指标。因棉种不同，纤维有长有短，若同样用基数表示，势必可能出现短纤维整齐度好，长纤维整齐度差的情况，因此，用均匀度能更合理地表示不同棉纤维的整齐度。③ 整齐度。测定子棉的纤维长度时所计算的长度整齐度。④ 整齐度比UR(%)。50%纤维跨距长度与 2.5%纤维跨距长度之比的百分率。⑤ 整齐度指数 m(%)。平均长度占上半部平均长度的百分率。⑥ 短绒率。棉纤维长度低于某一界定长度的纤维重量占纤维总重量的百分率。

纤维愈整齐，短纤维含量愈低，则游动纤维愈少，纱条中的断头愈少，成纱表面愈光

洁,纱的强度也愈高。在统计模型中,几乎全选用整齐度作为自变量。纤维整齐度与成纱强力成正比,用罗拉式长度分析仪和纤维照影仪测定。

（六）纺纱均匀性指数

纺纱均匀性指数是棉纤维多项物理性能指标按照一定纺纱工艺加工成成纱后的综合反映,是长度、整齐度、比强度、伸长率、反射率、杂质综合的指标,主要为纺织配棉提供参考。纺纱均匀性指数在130～150可纺32～40支纱,160以上可纺60～80支高支纱。

三、棉纤维品质与纺纱的关系

棉纤维由于品种、日照、土壤以及栽培的方法、加工轧花的技术的不同,其物理性能、外观特点亦不同。棉纺织产品质量好坏,在一定的机械设备和一定的操作技术水平的条件下,主要取决于棉纤维品质和纺织工艺,而前者的作用更重要。纺织厂所需要的棉花是长而整齐,细而柔软,成熟度好,富有强力,色泽乳白或洁白,精密而有丝光,杂质疵点很少,含水适当;轧工优良,包与包之间质量应基本接近。

（一）棉纺纱流程与棉纱分类

由原棉(棉纤维)制成棉纱,一般要经过:配棉与混棉→开棉与清棉→梳棉与练条→并条→粗纺→精纺等纺纱工序流程。

1. 配棉与混棉

为了保证棉纱质量的稳定,根据纱支规定的质量要求,把不同产地、不同品级、不同长度的原棉,按比例进行搭配,掺混均匀。

2. 开棉与清棉

配好混匀的原棉通过开棉机,把因打包运输受压的原棉弹松疏展,使棉花纤维回复到原来的松软疏散状态。同时清除掉灰尘、子屑、碎叶等杂质,制成棉胎絮一样的棉卷。

3. 梳棉与练条

棉卷经过梳棉机梳理,进一步除去细小杂质,把纵横交错,杂乱无章的棉花纤维梳理平顺,使之具有一定伸直度和平行度,然后制成较粗的棉条,称为生条。

4. 并条

经过并条机把几根生条并在一起,再经过牵伸、拉细,使棉花纤维更加伸直平顺,棉条粗细更加均匀,称为熟条。

5. 粗纺

经过粗纱机,将熟棉条牵伸拉细,并略加捻度,纺成较粗的纱线,称为粗纱。

6. 精纺

通过细纱机进行精纺,即把粗纱条按成纱的要求,再进一步牵伸拉细,并加以所需要的捻度,纺成一定细度的棉纱。

纺制高支数细纱时，还要加一道精梳工序。粗梳出来的生条经过精梳工序，将棉花纤维进一步梳理成更加伸直、平行的单纤维状态，并最大限度地清除掉杂质和短纤维。用精梳的棉条纺成的纱，具有光泽好，条干均匀，棉结杂质少，强力高等优点。

用以表示棉纱粗细度的度量单位有英制支数、公制支数、公制号数。

英制支数。公定回潮率为 9.89%。1 b 重的棉纱，它的总长度是 840 码，叫一支纱；如果总长度是 20 个 840 码(即 16 800 码)的，是英制 20 支纱。

公制支数。公定回潮率为 8.5%。1 kg 重的棉纱，它的总长度是 1 000 m，叫一支纱；如果总长度是 20 个 1 000 m(即 20 000 m)的，是公制 20 支纱。

公制号数。公定回潮率 8.5%。1 000 m 长度的棉纱，重量是 1 g 的叫 1 号纱，重量是 2 g 的是 2 号纱，以此类推。

常用的单位为英制支数和公制号数。公制号数换算英制支数的公式是：

$$\text{公制号数}=\frac{583}{\text{英制支数}}$$

以英制支数(或公制号数)为度量单位，棉纱的粗细分类如下：粗支纱，指英制 18 支以下(即公制 32 号以上)的棉纱；中支纱，指英制 19～29 支(即公制 30～20 号)的棉纱；细支纱，指英制 30～60 支(即公制 19～9 号)的棉纱；特支纱，指英制 60 支以上(即公制 9 号以下)的棉纱。

(二) 棉花纤维各项性能与纺纱关系的概括

棉花纤维的各项物理性能，诸如长度、细度、强力、成熟度等的优劣，对棉纺工艺的操作、纺纱支数的高低、棉纱质量的品质指标、条干均匀度、棉结杂质粒数，以及棉织物的坚牢度、染色情况等，都存在着密切关系。棉花纤维的各项性能之间，是相互关联，相互影响的，有的在成纱质量中起着联因互补的作用，而某项性能薄弱也会影响其他性能的效果。

就细绒棉(陆地棉)而言，棉花纤维各项性能与纺纱的关系，简要概括于表 2-2。

表 2-2　棉花纤维性能与纺纱的关系

纤维性能	计量单位	正常纤维的范围	与纺纱的关系
纤维长度	mm	23～33	纤维的长短是决定纺纱支数的主要条件，纤维愈长，可纺愈细的棉纱； 不同长度的纤维纺同支纱时，长的纤维纺纱时接触面大，抱合力大，可以增加棉纱强力
短纤维率	%	10～5	短纤维少，飞花落棉损耗少； 短纤维少，成纱条干均匀，强力好
单纤维强力	g	3.3～4.5	在一定细度的范围内，单纤维强力是成纱强力的主要条件

续表 2-2

纤维性能	计量单位	正常纤维的范围	与纺纱的关系
纤维细度（公制支数）	m/g	5 000～6 000	正常成熟的纤维，纤维细度好，成纱强力好，条干均匀；纤维细度好，也是纺细纱的必备条件
成熟度	成熟系数	1.5～2.0	成熟度好的纤维，成纱强力好，染色均匀，除杂质效果好；半成熟或未成熟的纤维，强力低，容易产生棉结疵点
原棉含水率	%	7.5～10.0	含水率正常的纤维，容易清除杂质；太湿的纤维易产生棉结；太干的纤维容易产生毛羽纱
原棉含杂率	%	1.5～3.0	纤维含杂质少，成纱棉结少，疵点少

棉纱支数粗细、棉织品质量高低，是由使用的原棉的纤维品质情况决定的。高级细纱，高档棉织品，必须使用纤维品质高的原棉。因此，各种支数的棉纱、各种类型的棉织品，具体体现了不同品种、不同品质的棉花纤维的纺织使用价值。中国农业科学院棉花研究所主编的《中国棉花品种志》(1981)记载了各类棉花纤维的用途表，概括了这些关系（表 2-3）。

表 2-3　各类棉花纤维的用途

棉种	品质分类	纤维质量				纺纱种类（支）	织布种类和每 500 g 原棉生产的纺织品数量
		长度(mm)	强度	细度(m/g)	品级		
陆地棉	中绒	23	4 g 以上	4 800～5 800	5 级以上	12～16	绒布 1.0～1.33 m，可织纱布等
		25	4 g 以上	4 800～5 800	5 级以上	21	平纹布 3.33 m，或棉毛衫裤 1.5 件
		27	4 g 以上	4 800～5 800	5 级以上	32	线呢 1.33～1.67 m，或汗衫背心 3～4 件
		29	4 g 以上	4 800～5 800	3 级以上	42	卡其、华达呢 1.33 m
	中长绒	31 31～33	4 g 左右 4 g 左右	6 000 以上 6 000 以上	1～2 级 1～2 级	60 45 支棉的确良纱	高档府绸 3 m 涤棉混纺、棉的确良 7 m
海岛棉	中长绒	31～33	4.5 g 以上	7 000	3 级以上	60 支棉的确良纱 21.5 支帘子线	涤棉混纺、优质卡其 7 m，小轮胎帘子布
	特长绒	35 以上	4.5 g 以上	7 000 以上	1～2 级	100 支纱 21.5 支帘子线	高档府绸、导火索、降落伞等，大轮胎帘子布

（三）棉花纤维长度、细度、强度、成熟度的可纺性能

1. 棉花纤维长度与纺纱工艺的关系

棉花纤维长度是决定纺纱支数的主要条件，大致是纤维越长，则纺纱支数越高。表 2-3 说明了这一关系。

棉花纤维长度长，可提高成纱强力。在纤维的其他品质不变的情况下，用不同长度的原棉纺同一支数的棉纱时，纤维长的，成纱强力大。因为纤维愈长，相互重叠的接触面愈大，加捻后的抱合力大，成纱强力也大。济南国棉四厂用不同长度的原棉纺 21 支棉纱

的试验，棉纱品质指标的变化情况列于表 2－4。

表 2－4　用不同长度原棉纺同一支数棉纱，棉纱强力的变化

纤维主体长度(mm)	25.6	26.7	29.3	30.8
品质长度(mm)	28.7	30.1	32.2	33.8
成纱公制号数	27.7	27.6	28.1	27.9
折英制支数	21.4	21.1	20.7	21.0
棉纱品质指标(g/号)	2 080	2 255	2 310	2 305
品质指标的增长	0	＋175	＋230	＋225

棉花纤维长度的整齐度和短纤维率，是纺纱工艺上决定废花损耗量的一个因素，也和成纱强力有关。用纤维长而整齐、短纤维少的原棉纺成的细纱，条干均匀，拉伸时纤维不易滑脱，纱的强力高。原棉中含有的短纤维，在纺纱过程中，一部分成为飞花落棉，增加损耗；一部分成为附在棉条上的浮游纤维，浮游纤维是产生棉纱条干不匀的根源。因为浮游纤维往往不为罗拉所控制，以致加捻时，长纤维在中心，短纤维附在表面不能充分卷入，形成粗节纱、毛羽纱，影响条干均匀度和增加断头。

2. 棉花纤维细度与纺纱工艺的关系

棉花纤维细度也是影响纺纱支数的重要条件。正常成熟的棉花，纤维细度公制支数愈高，则柔软度好，有弹性，在纺纱加工时容易控制，容易加捻，纺成的棉纱条干均匀，强力好。虽棉花纤维长度是决定纺纱支数的主要条件，但必须要有相应的纤维细度配合。纺特支细纱，纤维细度好更是必备的条件。一般要求是：纺粗支纱和中支纱，纤维细度公制支数在 5 000～5 800 m/g；纺细支纱，纤维细度在 5 800～6 500 m/g；纺特支细纱，要用纤维细度在 7 000 m/g 以上的长绒棉。

纺同支数的棉纱时，纤维细度愈细，棉纱截面内纤维根数愈多，强力愈大。在棉纤维的其他性能相同的条件下，棉纱截面内纤维根数多时，则纤维的总强力相应增加；同时纤维的接触面积增加，摩擦力提高，滑脱纤维减少，从而提高了棉纱强力(表 2－5)。

表 2－5　不同棉纱支数、不同纤维细度、棉纱截面内纤维根数

棉纱截面内纤维细度(公制支数) ＼ 纤维根数 ＼ 棉纱公制号数(英制支数)	5 000	5 500	6 000	6 500	7 000	7 500	8 000
14(42)	70	77	84	91	98	105	112
18(32)	90	99	108	117	126	135	144
28(21)	140	154	168	182	196	210	224
30(19)	150	165	180	195	210	225	240
60(10)	300	330	360	390	420	450	480

发育不良、成熟度不好的纤维，纤维虽细，可是强力低，纤维脆弱，在纺纱过程中，一部分容易被打碎梳断，成飞花落棉；一部分在成纱中容易粘附杂质形成棉结疵点。

3. 棉花纤维强力与纺纱工艺的关系

棉花纤维强力是影响棉纱强力的主要因素之一，是决定纺织价值的基本条件。在棉花纤维的其他性能不变时，棉花纤维强力愈高，在纺纱过程中，经受开松、打击、牵伸的能力愈强，断头率愈低，工艺过程愈顺利，纺成的棉纱强力也愈高。

但是，棉纱强力的形成，除纤维强力是主要因素外，与纤维长度、细度、成熟度等也有密切关系。特别是纤维细度决定棉纱截面内纤维根数，又关系纤维之间的摩擦力，对棉纱强力的影响很大。因此，纤维的公制支数与单纤维强力乘积的断裂长度是表示纤维强力的相对指标，也是关系棉纱强力的综合指标。

棉花单纤维强力的不匀率在形成棉纱强力中有很大影响。普通成纱的强力，等于该棉纱截面内纤维根数强力总和的25%～35%。这是因为棉纱在经受拉伸强力测验时，截面内的纤维，除一部分因外层捻度松未伸直的纤维滑脱外，当开始增加荷重时，先从强力最弱的纤维开始断裂，此后随着荷重的继续增加，单纤维由弱到强顺序断裂，到一定负荷重量时全部断裂。这个负荷重量只有截面内纤维根数强力总和的25%～35%，也有个别情况达50%左右，工艺不佳的也会低于25%。一般单纤维强力低于3.5 g的原棉，则强力不匀率偏大，对棉纱强力影响也大。

纤维强力偏低、不匀率偏大的原棉，除会降低棉纱强力，影响棉织品牢度外，在纺纱过程中，也会操作受影响。因为，为了保持棉纱质量稳定，减少断头，工艺操作要降低车速；同时还要保证棉纱捻度，这就延长了成纱时间，降低了劳动生产率，增加了用电量，提高了棉纱成本。

与化学纤维混纺用的原棉，必须为纤维长度长、强度好、细度与化纤差不多的原棉。纺织工业希望用纤维长度31 mm，细度6 000 m/g，强力4 g以上的细绒棉，国产细绒棉在纤维长度、细度方面尚能达到要求。因为纤维强力低、弹性差，会致使涤棉混纺织物不耐磨，反复拉伸易破裂。

由于棉花纤维强力与化学纤维强力的差距较大，所以，在涤棉混纺中，棉花纤维强力要比化纤强力的利用率低得多。特别是强力偏低的棉花纤维，一般只起到混纺纱成形的填充作用。但在工艺过程中，可以利用棉花纤维的天然转曲、吸湿性，以及不易积聚静电等性能，来改善化学纤维的可纺性，同时还可以弥补化学纤维吸湿性差、吸色力差、透气不良等缺点。

4. 棉花纤维成熟度与纺纱工艺的关系

棉花纤维成熟度与棉花纤维的细度、强力、天然转曲、吸湿性、染色能力等，都有密切的关系。因此，成熟度是反映棉花纤维品质的一项综合物理性能。成熟度也是评定棉花品级的一项重要指标。细绒棉国家标准规定：1级至5级分别为：成熟好，成熟正常，成熟一般，成熟稍差，成熟较差；6 级为成熟差；7 级为成熟很差。一般 5 级以上的棉花，都可做纺纱用棉，但纺细支纱要求用 3 级以上的原棉。

成熟好、成熟正常的细绒棉（陆地棉）成熟系数在 1.6～1.8（或 1.9）之间，纤维强力高，弹性好，细度适中，天然转曲多，色白富有丝光，可以纺好纱，织好布，染色鲜艳，耐穿耐用。在纺纱过程的开棉、清花、精梳等工序中，能经受打击梳理，飞花落棉少，清除杂质效果好，断头少，成纱棉结疵点少。

成熟系数低于 1.3 的，由于纤维强力低，成纱强力下降。半成熟或未成熟棉花纤维，各项物理性能的不匀率随之偏大，薄壁纤维占的比重大，强力低，缺乏弹性，转曲少，在纺纱过程中容易打断梳落，飞花落棉损耗多；除杂效果差，成纱棉结多，粘杂疵点多；条干均匀度差，断头多，成纱强力低。

但是，过于成熟的棉花纤维也不利于纺纱。一般成熟系数在 2.0 以上的纤维，纤维偏粗，天然转曲少，胞壁过厚而变硬，柔软度差，以致成纱的强力降低。

由于成熟度偏低，会影响其他纤维性能的效果，因此常成为纺纱工艺中不可弥补的缺点。育成推广的一个棉花品种，即使其纤维长度长，细度和成纱强力好，品质指标高，但如果其成熟度低，单纤维强力弱，也会使纺纱工序中短绒率增加，断头多，成纱棉结疵点多，将严重影响原棉在涤棉混纺中的使用，纺细支纱时的配用量也会受到限制。

第三章
棉纤维品质的种质资源

种质资源或称遗传资源，是指决定各种遗传性状的基因资源。棉花种质资源包括推广品种、过时品种、引进品种、突变体材料、野生种和陆地棉种系，以及棉属近缘植物，是进行棉花品种遗传改良的物质基础，也是研究棉属遗传、起源、进化和分类的基本材料。因此，广泛、持续收集、保存、研究和利用种质资源，是棉花遗传育种研究领域中的一项基础性工作。棉纤维品质遗传育种研究也是如此。

一、概况

我国的棉花种质资源收集工作始于20世纪20年代。截至2002年，我国共保存棉花种质资源8 032份，其中陆地棉6 565份，海岛棉583份，亚洲棉476份，草棉17份，陆地棉种系350份，野生种41份(表3-1)。

表3-1　我国棉花种质资源种类、来源和数量

种名	份数	来源
陆地棉	6 565	中国、美国、前苏联、澳大利亚、巴基斯坦等53个国家
海岛棉	583	前苏联、埃及、中国、法国、美国等
亚洲棉	476	中国、印度、叙利亚等
草棉	17	中国
陆地棉种系	350	墨西哥
野生棉	41	澳大利亚、墨西哥、美国、巴基斯坦
合计	8 032	

收集到的种质材料必须保持原有的遗传特性，才能随时供研究和利用。故保存是种质资源研究和利用工作的又一重要环节。1986年，种质资源长期库在北京中国农业科学院品种资源研究所建立，可贮存包括棉花在内的40万份以上的种质资源。中期库是棉花种质资源专用库，1979年在中国农业科学院棉花研究所建立，保存的种子寿命长达10年以上，保存着以国内外收集的全套棉花种质资源，并负责国内外种质资源的分发、交换、研究和利用，还要定期向国家长期库输送新收集到的种质资源。短期库按照棉区，设立黄河流域棉区、长江流域棉区、西北内陆棉区和特早熟棉区等7个种质资源保存点，负

责收集本棉区的种质资源及定期向国家中、长期库输送新收集到的棉花种质资源，一般可保存5年左右。其种质圃建在海南省三亚市崖城镇(109°31′E,18°14′N)，保存有：野生种40个，共62份；陆地棉种系9个，共350份；多年生海岛棉8份；棉属近缘植物桐棉属的7个种，10余份。

在棉花种质资源研究方面，我国着重于亚洲棉和陆地棉的分类与特性鉴定、野生种的形态特征等方面的系统观察与分析。项显林等(1986)于1984—1985年对来自20个省(市、区)的369种亚洲棉的72个性状进行了观察研究，按株形、叶形、茎秆与花冠颜色、花瓣基部斑点色、种子光毛及絮色的不同，在冯泽芳1924年分类的基础上，归为41种形态类型；并根据亚洲棉在我国广大棉区多种环境中形成的不同生态型品种，按原产地及表现型分为四种类型：早熟矮秆型、中熟型、高秆多毛型和多年生型。陕西省农业科学院植物保护研究所等多家科研单位(1985)分别对亚洲棉的枯萎病和黄萎病抗性，种仁中蛋白质、脂肪和棉酚含量，纤维强度与细度进行了鉴定。在陆地棉方面，中国农业科学院棉花研究所在1986—1995年对5 020份种质资源，根据植物学特征、生物学特性、农艺性状、纤维和种子品质、耐旱性、耐盐性、抗黄萎病与枯萎病、耐棉蚜、耐棉铃虫、耐棉叶螨等67个性状的鉴定结果，从利用的角度将主要性状划分为8大类34个小类：熟性类(早熟、中早熟、中熟类和晚熟类)、植株形态性状类(短果枝、矮秆、多茸毛类和无蜜腺类)、棉铃性状类(大铃类和高衣分类)、纤维类(长绒、高强纤维、最佳细度类和有色纤维类)、种子性状类(光子、高油分、高蛋白质、低棉酚类和高棉酚类)、抗逆性类(抗枯萎病、黄萎病、根病，耐棉蚜、棉铃虫、红铃虫、棉叶螨、卷叶虫，耐旱、盐、湿、肥、寒类)、雄性不育类和突变体类。此外，我国还对陆地棉种系的光周期反映、种子的脂肪和蛋白质含量，以及黄萎病抗性进行了研究和鉴定，为棉花育种合理利用这些种质资源提供了科学依据。

我国对野生种的形态特征、开花习性、产量潜力、纤维品质和抗病虫性作了系统的研究分析。梁正兰和钱思颖(1999)将这些研究结果归纳于表3-2。

表3-2　棉属不同种具有的特异性状

染色体组	种名	可利用的性状
A_1	草棉 *G. herbaceum*	抗角斑病
A_2	亚洲棉 *G. arboreum*	抗叶蝉(叶跳虫)，胞质雄性不育，纤维强度高
B_1	异常棉 *G. anomalum*	抗叶蝉、棉红蜘蛛、棉铃虫和黄萎病。有良好的纤维长度、细度、光泽、强度和成熟度。胞质雄性不育。窄苞叶。种子含油量高
B_2	三叶棉 *G. triphyllum*	抗、耐棉蚜、棉红蜘蛛，耐旱
C_1	斯特提棉 *G. sturtianum*	叶片表皮有蜡质，耐霜，耐寒，抗黄萎病，纤维长，强度高，种子无腺体
C_3	澳洲棉 *G. australe*	抗、耐棉蚜及棉红蜘蛛，枯、黄萎病；高衣分，纤维粗，种子无腺体

续表 3-2

染色体组	种名	可利用的性状
C	纳尔逊氏棉 *G. nelsonii*	抗、耐棉蚜及棉红蜘蛛，耐旱，种子无腺体
C	比克氏棉 *G. bickii*	抗、耐棉蚜及棉红蜘蛛，耐旱，种子无腺体
D_1	瑟伯氏棉 *G. thurberi*	窄卷苞叶，抗棉铃虫，抗黄萎病，耐霜，纤维细和强度高
D_{2-1}	辣根棉 *G. armourianum*	窄苞叶，早落，耐旱，抗叶蝉、棉铃虫、角斑病，纤维细胞和强度高
D_{2-2}	哈克尼西棉 *G. harknessii*	窄苞叶，早落，耐旱，抗黄萎病，纤维强度高，胞质雄性不育
D_{3-d}	戴维逊氏棉 *G. davidsonii*	抗盐渍，抗棉蚜、棉红蜘蛛和角斑病，耐干旱
D_{3-k}	克劳茨基棉 *G. klotzschianum*	耐棉红蜘蛛，耐旱，纤维强度高
D_4	旱地棉 *G. aridum*	耐旱，抗枯、黄萎病，纤维强度高
D_5	雷蒙德氏棉 *G. raimondii*	抗叶蝉、蓟马、卷叶虫、棉铃虫、角斑病，耐旱，纤维长、细长强度高
D_6	拟似棉 *G. gossypioides*	抗枯萎病，无密腺
D_8	三裂棉 *G. trilobum*	抗枯、黄萎病（Ⅰ型和Ⅱ型）、耐旱，而短期低温（－7 ℃～10 ℃），叶片早落
E_1	斯笃克氏棉 *G. stocksii*	抗、耐棉蚜，抗棉红蜘蛛，耐干旱，纤维长，高强度，衣分高
E_2	索马里棉 *G. somalense*	耐旱，对棉铃虫免疫
E_3	亚雷西棉 *G. areysianum*	抗棉铃虫，耐旱，增加纤维长度，早熟
F_1	长萼棉 *G. longicalyx*	纤维长、细、强
$(AD)_2$	海岛棉 *G. barbadense*	高棉毒素，抗棉红蜘蛛，纤维长、细、强
$(AD)_3$	毛棉 *G. tomentosum*	抗叶蝉、蓟马、红铃虫，耐干旱，多茸毛，无密腺，纤维细、强度高
$(AD)_4$	达尔文氏棉 *G. darwinii*	耐干旱，纤维细度好

用作育种亲本是棉花种质资源利用的最主要方面。据《中国棉花品种系谱图》（周盛汉，2000）统计，截至 1999 年，在陆地棉新品种选育中，作为亲本而育成 10 个以上新品种的种质资源（品种）共有 27 个，其中，育成 30 个以上品种的有 3 个（中棉所 7 号、岱字棉 15 号、中棉所 10 号），育成 20～29 个品种的有 6 个（冀棉 1 号、86-1 号、黑山棉 1 号、岱红岱、岱字棉 16 号、光叶岱字棉）（表 3-3）。在亚洲棉中，作为亲本育成 3 个品种的种质资源有 1 个（百万棉）；在海岛棉中，作为亲本育成 3 个以上品种的种质资源共 4 个（军海一号、司 6022，8763 依、长绒 3 号）。

在棉花种质资源利用上，用作亲本，成就最为突出的是岱字棉 15 号、关农一号、52-128和 57-681、兰布莱特。岱字棉 15 号不仅是 20 世纪 50—70 年代我国棉花生产上的主栽品种，而且是我国棉花育种工作中最重要的骨干亲本。关农一号是我国早熟育种中早熟性的最早来源。52-128 和 57-681 为我国抗病育种中第一个枯萎病抗源亲本。兰布莱特则是我国低酚棉育种的第一个低酚性状来源亲本。

表 3-3 育成 10 个以上新品种的亲本名称

育成品种(个)	亲本名称及育成品种数
10～19(共 18 个)	徐州 142(10)、锦棉 2 号(10)、冀棉 14 号(10)、乌干达 4 号(10)、SP-2(11)、鲁棉 1 号(11)、陕棉 11 号(11)、鄂荆 1 号(12)、辽棉 3 号(12)、辽棉 7 号(12)、岱福棉(12)、关农一号(13)、陕棉 4 号(14)、司 1470(15)、中棉所 3 号(15)、中棉所 12 号(16)、岱字棉 14 号(17)、兰布莱特(19)
20～29(共 6 个)	光叶岱字棉(21)、岱字棉 16 号(22)、岱红岱(24)、黑山棉 1 号(25)、86-1 号(27)、冀棉 1 号(28)
30 以上(共 3 个)	中棉所 10 号(34)、岱字棉 15 号(38)、中棉所 7 号(41)

注:品种后括号内的数字表示用该品种作亲本育成的新品种数。

二、陆地棉高强纤维种质资源的筛选与培育

20 世纪 80 年代,欧洲、美国、日本等发达国家和地区开始了棉纺工业设备的更新,将部分环绽纺纱改为无绽气流纺纱,使生产效率提高了 3 倍,成本下降 1/3,产品档次大幅度提高。与环绽纺相比,气流纺的特点是:纤维强度和细度对纱线及其制品特性的影响最大。

1992—1994 年,周忠丽、刘国强等(1999)对 1986—1990 年期间从 3 355 份陆地棉种质资源中初步鉴定出的 60 份比强度≥25.0 cN/tex(ICC 校样值)的高强纤维种质作了连续 3 年的鉴定,评选出 11 份年际测试结果比较稳定(变异系数 CV≤10.0%)的高强纤维种质(表 3-4)。其中有美国的贝尔斯诺、LineF、Acala1517-70、FJA、Acala1517-77,Upland、早熟长绒 7 等 7 份;IRMA96+97、Hopical、苏联 8908 分别来源于法国、墨西哥、苏联;国内只有川 77-1 1 份。11 份高强纤维种质中,除贝尔斯诺、IRMA96+97 等 4 份比强度稍不稳定外,其余 7 份的比强度属稳定型。

表 3-4 高强纤维种质比强度 3 年的平均值及其变异系数

种质名称	比强度(cN/tex)	CV(%)
贝尔斯诺	29.2	15.0
Acala1517-70	26.3	9.3
IRMA96+97	26.0	15.3
LineF	26.0	9.8
FJA	25.3	6.3
Acala1517-77	25.3	3.3
Upland	25.3	6.5
Hopical	25.1	9.9
早熟长绒 7 号	25.0	14.7
苏联 8908	25.0	4.0
川 77-1	25.0	12.0

(*ICC 校样植,HVICC 比强度=1.29ICC。)

张凤鑫等(1999)从20世纪80年代中期起,开始采用综合群体改良法,即在多亲本互交的同时输入新种质,结合多抗轮回选择,再连续进行单株选择,培育出9208007和9217027两个系列的高强纤维种质材料。9208007系列高强种质材料选育过程如下:

川碚1号×86-1　　　　　　　　(7231-6×86-1)×冀合328
↓　　　　　　　　　　　　　　　　↓
B042-1×81-Ⅱ-50　　　　　　　B023-11×L231-24
↓　　　　　　　　　　　　　　　　↓
90-1-1　　　　　×　　　　　　90-6-51
↓
9208007
↓
9208007选系系列

亲本川碚1号为张凤鑫等培育的丰产感病品种,7231-6为密集结铃、单纤维强度高的感病海岛棉品系,86-1为抗枯萎病、感黄萎病丰产品种,冀合328为抗枯萎病、耐黄萎病品种,81-Ⅱ-50是一品质较好的自育选系,L231-24是从法国引进的优质种质。

第一轮杂交群体,经多抗选择,即种子抗霉变处理,苗床接种苗病和枯、黄萎病病菌,经抗病筛选后移栽健株,蕾期针刺接种黄萎病病菌,收获时剖秆检查,淘汰感病株,然后选择单株,进行株系比较鉴定。

第二轮杂交,引入了优质种质81-Ⅱ-50和L231-24,杂交群体经多抗选择后,获得的选系其纤维单强得到显著提高。由B023-11×L231-24后代选得的90-6-51选系,其铃重4.5 g,衣分42.7%,结铃性强,ICC校样值的纤维长度为29.6 mm,比强度24.4 cN/tex,马克隆值4.8。B042-1×81-Ⅱ-50后代选系的纤维比强度(17.64~32.34 cN/tex)变异范围广,其中10个高强纤维品系平均铃重5.6 g,衣分38.3%,纤维长度30.5 mm,比强度27.05 cN/tex,马克隆值5.4。

第三轮杂交,在对90-1-1系进行系选的同时,进行90-1-1与90-6-51间的杂交。对90-1-1系列以及再次选择的选系进行两年鉴定,性状间差异不大。90-1-1与90-6-51杂交群体初选得9208007,其铃重5.5 g,衣分40.9%,纤维长度30.6 mm,比强度28.22 cN/tex,马克隆值4.8。6个9208007系列高强纤维种质材料主要性状列于表3-5。

表3-5　9208007系列高强纤维种质材料主要性状(ICC校样值)

材料名称	铃重(g)	衣分(%)	皮棉产量(kg/hm²)	绒长(mm)	比强度(cN/tex)	马克隆值
9208007Ⅰ长5	5.6	39.7	1 302.0	30.7	28.52	4.5
9208007Ⅰ长7	5.6	38.9	1 119.3	30.7	28.03	4.7
9208007Ⅲ长16	5.6	40.8	1 243.5	30.5	27.34	4.9
9208007Ⅲ长22	5.7	40.2	1 143.0	31.9	27.44	4.5
9208007Ⅰ长7954	5.4	39.1	1 058.3	31.5	28.62	4.6
9208007Ⅲ长16952	5.1	42.3	1 362.0	30.8	28.91	4.6

按相同方法，培育了9217027系列高强纤维种质材料。其选育过程如下。

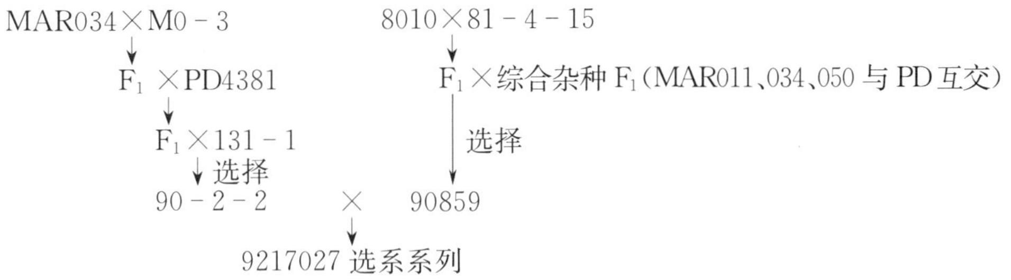

```
MAR034×M0-3                    8010×81-4-15
    ↓                               ↓
   F1 ×PD4381                   F1×综合杂种F1(MAR011、034、050与PD互交)
      ↓                             |
     F1×131-1                       | 选择
       ↓ 选择                       ↓
     90-2-2          ×         90859
                     ↓
           9217027选系系列
```

从中选出39个高产高强纤维种质材料。其中9217027Ⅱ长1-9713、Ⅱ长1-9559713、Ⅲ长6-9569736，铃重分别为4.9 g、4.7 g、4.2 g，衣分分别为44.5%、41.7%、42.8%，纤维长度分别为29.9 mm、29.3 mm、29.5 mm，比强度分别为28.42 cN/tex、28.81 cN/tex、28.71 cN/tex，马克隆值分别为4.5、4.7、4.5。

三、海岛棉种质资源的利用

海岛棉起源于南美洲加勒比地区及西印度群岛的巴尔巴登斯岛，以后传播到大西洋沿岸等地。曾因大量分布于美国东南沿海及其附近岛屿，故称海岛棉。我国栽培的海岛棉，主要是从苏联和埃及直接引进的，也有很小的部分是从美国引进后经过选育。历史上，海岛棉曾在云南、广东、广西、福建、上海、河南和江苏等省、市、自治区种植。然由于气候原因，这些地方都先后停止种植。新疆在20世纪50年代开始试种海岛棉，因得天独厚的气候条件得以大面积发展，逐渐形成了我国唯一的海岛棉产区。

海岛棉的产量虽不及陆地棉，且生育期长，成熟晚，但具有长、细而强的纤维(表3-6)，为陆地棉所不及，是纺制高档产品的重要原料。同时，海岛棉的抗黄萎病力强，与陆地棉均为异源四倍体棉种，相互作有性杂交不存在种间杂交不亲和性。所以，海岛棉不失为改进陆地棉纤维品质与抗性的重要种质资源。

表3-6　棉花4个栽培种的纤维品质性状和可纺纱号比较

纤维品质性状	海岛棉	陆地棉	亚洲棉	草棉
色泽	乳白	洁白	白	白
长度(mm)	33～45	21～33	15～25	17～23
细度(m/g)	6 500～9 000	4 500～7 000	2 500～4 000	3 000～4 500
直径(μm)	12～14.5	13.5～19	20～24	19～22
宽度(μm)	14～22	8～25	20～32	19～30
转曲(转/cm)	100～200	50～80	30～60	30～60
单强(g)	4.5～6.0	3.5～5.0	4.5～7.0	4.0～6.0
断裂长度(km)	27～40	20～25	17～20	17～20
可纺纱号数*(号)	特细号4～10号	细号及中号11～30号	粗号32～60号	粗号36～56号

(*可纺纱号数指纱线粗细程度，以1 000 m纱线的重量(g)表示，越小越细。)

20 世纪 70 年代的莘棉 5 号，由陆地棉品种“517”和海岛棉“8763 依”杂交育成，纤维长度 35.55 mm，比强度 26 cN/tex，马克隆值 3.7。原山东农学院（现山东农业大学）以陆地棉“109 夫”与海岛棉“5476 依”杂交育成山东 3 号，纤维长度 35 mm，比强度27 cN/tex，马克隆值 3.8。原江苏农学院（现扬州大学农学院）在陆海天然杂交后代中育成纤维长度 35 mm、比强度 26 cN/tex、马克隆值 3.6 的苏长一号。

马藩之等（1981）自 1973 年起进行了改进陆地棉纤维强度的育种，用早熟陆地棉“棉 72－22”和“斯字棉 28 号”等作母本，早熟海岛棉“洛赛亚 1 号”、“吉札 67”等作父本进行杂交；部分 F_1 又与高衣分优良品种“邢台 6871”及新疆大桃陆地棉回交。自 1975 年开始在后代中选株，到 1980 年，经过连续选择，产量及纤维品质性状均有明显的改进。从 1977 年到 1980 年，纤维长度在 31 mm 以上的选株由 31.41%增加到 90.2%，纤维细度在 6 500 m/g 以上的选株保持在 42.0%以上，断裂长度在 25 km 以上的选株由 60.7%增加到 69.7%。有些材料纤维强度的改进较大，如选株 5087－3－2 的断裂长度由 1977 年亲本的 27.0 km 增加到 1980 年的 34.2 km；选株 6008－2－17 的断裂长度由 1978 年亲本的 29.5 km 增加到 1980 年的 38.5 km，有的选株断裂长度达 41.8 km，属超亲遗传。

杨伯祥等（2002）采用陆地棉与海岛棉杂交，经多代连续选择、鉴定育成了 8 份高强纤维种质材料（表 3－7）。8 份材料的平均纤维长度 32.9 mm，比对照长 2.0 mm；比强度 26.3 cN/tex，比对照高 5.8 cN/tex；马克隆值 4.7；整齐度 50.4%，与对照一致；环缕纱强 148 磅，比对照高 21 磅；气纺品质 2108，比对照高 285。其中以 20179 表现最佳，纤维长度 34.8 mm，马克隆值 4.2，比强度 29.3 cN/tex，环缕纱强 172 磅，气纺品质 2301，均优于对照。

表 3－7　陆地棉与海岛棉杂交选育的高强纤维种质主要性状

编号	绒长（mm）	整齐度（%）	比强度*（cN/tex）	伸长度	马克隆值	环缕纱强	气纺品质
20177	33.2	50.9	26.6	6.0	4.6	153	2126
20179	34.8	51.8	29.3	6.1	4.2	172	2301
20183	33.1	50.7	25.5	6.2	4.9	146	2045
20186	32.1	47.7	26.2	5.6	4.8	136	2114
20187	31.3	51.4	23.5	5.9	5.0	135	1913
20190	32.0	51.2	24.8	5.7	4.9	139	2006
20192	33.5	51.1	27.1	6.0	4.6	155	2154
20193	33.2	48.1	27.7	5.5	4.6	149	2208
平均	32.8	50.4	26.3	5.9	4.7	148	2108
川棉 56（CK）相比	+2.0	0	+5.8	−0.9	−0.1	+21.1	+285.4

（* ICC 校样值。）

王芙蓉等(2005)利用花粉管通道技术,将海岛棉品种海7124的基因组总DNA导入陆地棉品种石远321中,经连续多代选择、鉴定,获得了3份高强纤维种质材料(表3-8)。

表3-8　3份高强纤维种质材料主要品质指标

品系	长度(mm)	比强度(cN/tex)	马克隆值
474	29.9	24.70	4.4
476	30.2	25.09	4.0
478	30.5	23.81	3.8
石远321(受体)	28.6	21.36	4.6

四、具有野生种质的优质纤维种质

棉属有47个野生种,这些棉种多数本身不生纤维,但具有纤维强而细的潜力基因,如异常棉、雷蒙德氏棉、辣根棉等,是育种的重要种质资源。我国已从海岛棉、异常棉、辣根棉、雷蒙德氏棉、瑟伯氏棉、索马里棉、斯特提棉、比克氏棉、克劳茨基棉、黄褐棉、三裂棉、鲍莫尔氏棉、墨西哥半野生棉中转育了优质纤维特性,育成优质纤维种质共335份。该类种质资源纤维品质基本稳定,农艺性状良好,分别具有纤维细、强、长等特点,有的兼具多种优质纤维性状,成为棉纤维品质育种的重要基因库。周宝良等(2003)通过对具有野生棉外源基因的优质纤维种质的比较分析,认为异常棉有最好的改良纤维强度、细度和长度的潜力,辣根棉有最佳改良绒长的潜力,雷蒙德氏棉也可以用来改良纤维品质,但不如异常棉、辣根棉。赵国忠等(1994)通过对8个野生种与陆地棉杂交后代的鉴定认为,高强纤维种质材料以斯特提棉、瑟伯氏棉、比克氏棉的杂种后代的选出率高。姜茹琴等(1996)首次发现索马里棉有极大提高纤维长度的潜力。庞朝友等(2005)将上述研究结果归纳成表3-9。

表3-9　具有野生棉外源基因的优质纤维陆地棉种质

育成者	育成年份	份数	代表种质	外源基因来源	主要纤维品质指标*
周宝良等	2003	101	370、371、372等	异常棉	38.15 cN/tex、33.35 mm、4.11
周宝良等	2003	49	240、249、266等	辣根棉	35.50 cN/tex、33.16 mm、4.29
周宝良等	2003	47	189、191、192等	雷蒙德氏棉	34.3 cN/tex、32.29 mm、4.37
李俊兰等	2003	6	南6、南11、168等	海岛棉、瑟伯氏棉	33.2～35.7 cN/tex、33.0～35.1 mm、3.9～4.5
牛永章等	1998	15	BZ601～BZ615	瑟伯氏棉、异常棉、比克氏棉	30.9～38.2 cN/tex、27.8～33.2 mm、3.3～4.9
梁理民等	2002	9	BS7～BS15等	斯特提棉	32.8～35.0 cN/tex

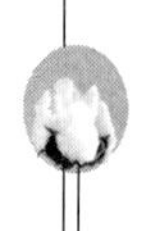

续表 3 - 9

育成者	育成年份	份数	代表种质	外源基因来源	主要纤维品质指标*
梁正兰等	1996	4	91007、91006 等	海岛棉-瑟伯氏棉-陆地棉三元杂种	35.5～42.9 cN/tex
赵国忠等	1994	26	91007、8122 等	8 个野生种和 2 个二倍体栽培种	32.6～42.9 cN/tex
胡绍安等	1993	2	中远 2、中远 5	分别是鲍莫尔氏棉、中棉	30.9～34.4 cN/tex
胡绍安等	1993	2	中远 3、中远 6	墨西哥半野生棉	30.9～34.4 cN/tex
胡绍安等	1993	2	中远 1、中远 4	陆地棉-斯特提棉-中棉三元杂种	30.9～33.5 cN/tex
崔淑芳等	1996	27	84 - 5、87 - 12 等	瑟伯氏棉、武安中棉	长纤维种质 5 份、细强纤维种质 11 份、强纤维种质 3 份、细纤维种质 8 份
梁正兰等	1999	5	191、486、500 等	雷蒙德氏棉	34.9～36.5 mm
牛永章等	1998	12	BZ701—BZ712	瑟伯氏棉、异常棉、斯特提棉	33.4～37.7 mm
姜茹琴等	1996	5	94 - 315 等	索马里棉	36.7～39.5 mm
赵国忠等	1994	6	577、S27 等	索马里棉	36.0～40.65 mm
赵国忠等	1994	15	577 等	8 个野生种和 2 个二倍体栽培	36.0～40.65 mm

（* HVICC 校样值；表中品质指标为比强度、纤维长度和马克隆值。）

为了拓宽陆地棉的种质基因库，扩大品质育种的选择基础，利用野生棉改良棉花栽培品种的纤维品质，周宝良等(2003)采用了一个 E 染色体组棉种异常棉(*G. anomalum*)以及两个 D 染色体组棉种雷蒙德氏棉(*G. raimondii*)和辣根棉(*G. armourianum*)共 3 个野生棉作父本，分别与陆地棉栽培品种 86 - 1 杂交。杂交需克服种间杂交的不可交配性、杂种一代的高度不育性等。后代再与陆地棉高产品种多次回交或杂交，使野生棉的优良性状与栽培棉的优良性状进行充分的交换与重组，再对纤维品质与农艺性状加以多年连续选育，从异常棉、辣根棉、雷蒙德氏棉后代中选出了一系列的纤维细、长、强的高品质棉花新种质，这些材料丰富了优质育种的种质基因库(表 3 - 10)，可以作为高纤维品质育种的重要基础材料，同样也是开展纤维品质基因组学研究的重要基因资源。

表 3-10　具有 3 个野生种质的优质纤维种质材料

来　源	选系号	绒长(mm)	比强度(cN/tex)	马克隆值
陆地棉×异常棉	415	35.20	50.20	4.00
	414	35.00	45.80	4.10
	405	36.20	44.80	4.20
	400	35.20	44.10	4.10
	416	35.50	44.00	3.90
	402	35.10	43.70	3.90
	371	35.30	43.60	3.80
	372	36.10	41.80	3.60
	406	36.40	41.30	4.10
	401	35.60	41.20	4.20
陆地棉×辣根棉	240	35.50	38.70	4.00
	192	35.10	38.20	4.00
	189	35.20	36.30	4.20
陆地棉×异常棉	379	34.50	43.20	3.80
	408	34.40	42.90	3.90
	381	34.20	47.40	3.90
	369	34.50	45.80	3.60
	404	34.70	41.90	3.80
	399	33.90	42.10	4.00
	370	34.40	41.50	3.90
	383	33.90	41.50	4.10
	384	33.80	41.00	4.20
	380	34.10	40.90	3.90
陆地棉×辣根棉	249	34.00	41.10	4.40
	266	34.80	39.70	4.30
	272	34.50	37.60	3.90
	269	34.60	37.20	3.90
	274	33.50	36.90	4.00
	268	34.50	36.40	4.20
海岛棉 7124	CK	33.70	36.30	3.60
陆地棉苏棉 8 号	CK	29.10	26.80	4.60
陆地棉苏棉 9 号	CK	30.70	29.70	5.10
陆地棉苏棉 10 号	CK	30.90	28.50	5.00
陆地棉苏棉 11 号	CK	31.60	28.00	4.80
陆地棉苏棉 12 号	CK	29.10	28.90	4.90

(* HVICC 校样值。)

美国 Beasley 用亚洲棉与瑟伯氏棉杂交，其 F_1 经秋水仙碱加倍后，再与陆地棉栽培种珂字棉 100 杂交，得到了三交种，成为陆地棉高强纤维的种质来源。爱字棉 SJ－1 等品种和 PD 种质系，在选育过程中都引入了这个三交种的种质，提高了纤维强度。美国 Meyer 还发现了具有异常棉细胞质、长萼棉细胞质的陆地棉种质系，可作为改进陆地棉纤维细度和长度的种质资源，同时还发现了哈克里西棉细胞质不育系和恢复系。乍得育成了包含雷蒙德氏棉、亚洲棉和陆地棉的三交种（RAH），提高了纤维强度。我国已引进了这些材料。

五、转基因抗虫棉的棉纤维品质遗传多样性

转基因抗虫棉新品种选育与资源创新已经成为棉花遗传育种研究的重要方向之一。加强对转基因抗虫棉主要性状和遗传多样性评价，不断挖掘转基因抗虫棉种质资源信息，对促进抗虫棉种质资源创新和培育综合性状优良的抗虫棉品种具有重要意义。李瑞奇等（2005）以国内育成和国外引进的 52 份转基因抗虫棉品种（系）为材料（表 3－11），研究了转基因抗虫棉棉纤维品质的遗传多样性。研究结果（表 3－12）表明：① 纤维长度：参试的 52 份转基因抗虫棉品种纤维长度平均值为 29.4 mm，但不同品种的纤维长度差异较大，变幅为 25.1～32.1 mm，相差 7.0 mm，变异系数为 4.06%。主要集中在 28～30 mm，占供试品种的 91.4%；28 mm 以下的品种有 3 份，占 5.8%，31 mm 以上的品种 2 份，占 3.8%，表明我国转基因抗虫棉品种纤维长度基本能够满足纺织工业需求。② 比强度（HVICC 校样值）平均值为 27.1 cN/tex，不同品种的比强度变幅为 23.0～31.6 cN/tex，相差 8.6 cN/tex，变异系数为 7.82%。比强度 28.4 cN/tex 以下的品种占参试品种的 23%（12 份），比强度在 31.5 cN/tex 以上的品种仅占 1.9%（1 份）。表明能纺高支纱的品种很少，多数品种只能纺中低支纱。③ 马克隆值：按国家标准 GB1103—1999《棉花（细绒棉）》的规定，马克隆值分为 A、B、C 三个级别。马克隆值是细度与成熟度的综合反映，又可将其划分为 5 个层次，其中 A 级（3.7～4.2）为最佳马克隆值范围，B1（4.3～4.9）、C1（5.0 及以上）均为偏粗范围，B2（3.5～3.6）、C2（3.4 及以下）均为偏细范围。参试材料的马克隆值的平均值为 4.8，变幅为 4.0～5.6，相差 1.6，变异系数为 7.32%。马克隆值在 4.2 以下，达 A 级标准，能纺中高支纱的品种占供试品种的 7.7%（4 份）；4.3～4.9，达 B1 级的品种有 27 份，占供试品种的 51.9%，纤维偏粗；5.0 以上，属 C1 级的品种有 21 份，占供试品种的 40.4%，表现纤维较粗，成熟度较好。④ 纤维整齐度：平均值 83.8%，变幅为 81.2%～85.5%，相差 4.3 个百分点，变异系数为 1.26%。纤维整齐度在 85%以上的品种（6 份）占参试品种的 11.5%。⑤ 纤维伸长率：平均值为 5.6，变幅为 4.7～6.6，相差 1.9，变异系数为 6.85%。

表 3-11 供试的转基因抗虫棉品种(系)

编号	品种名称	编号	品种名称	编号	品种名称	编号	品种名称
1	新棉 33B	14	SGK321-4	27	DP20B	40	保铃棉 1560BG
2	SGN321-3	15	SGK321-5	28	GK12	41	GK19
3	南 98	16	SGK321-6	29	25 系	42	GK22
4	冀优 851	17	GMX2-96	30	W-9633	43	J103
5	98N102	18	邢 98-8	31	荷棉 1 号	44	SGK321
6	98-6	19	邯优 778	32	鲁棉研 16	45	中棉所 31
7	冀 2088	20	邯单 625	33	DP428B	46	GK39
8	冀优 326	21	邯抗 78 系	34	DP5432B	47	邯杂 981
9	衡 276	22	邯抗 53	35	DPX680	48	中棉所 41
10	中棉所 30	23	邯 107	36	DP237B	49	B99344
11	中棉所 32	24	邯 MH-2	37	DP215	50	中棉所 45
12	SGK321-1	25	国抗 97-1	38	DP32B	51	SGK3
13	SGK321-2	26	DP99B	39	DP410B	52	GKZ21

表 3-12 52 份转基因抗虫棉品种(系)纤维品质遗传多样性

性 状	平均值	最小值	最大值	变异系数(%)
纤维长度(mm)	29.4	25.1	32.1	4.06
纤维整齐度(%)	83.8	81.2	85.5	1.26
比强度(cN/tex)	27.1	23.0	31.6	7.82
伸长率(%)	5.6	4.7	6.6	6.85
马克隆值	4.8	4.0	5.6	7.32

(* HVICC 样校值。)

聂以春等(2002)比较了由中国农业科学院棉花研究所、山西省农业科学院棉花研究所、河北农业大学和江苏省农业科学院经济作物研究所等单位育成的 36 份转基因抗虫棉品种(系)的棉纤维品质。结果(表 3-13)表明,这一批抗虫棉品种(系)与对照品种鄂抗 9 号(非转基因抗虫棉)相比,有 60%的材料,其纤维长度与对照品种相比在±1 mm 之间;整齐度相当;比强度只有 98-2、312、PH4-4、321 等 7 个品种(系)达到 33 cN/tex 以上,占 19.4%,30 cN/tex 以下的占 41%,其纤维强度偏低;马克隆值也偏高,11 个品种(系)的马克隆值在 4.9 以下,占 33.3%,多数在 5.0 以上。综合评价纤维品质的几个主要性状,仅有 PB4-4、98-191、252、HR1、321 等 5 个材料与鄂抗 9 号相当或略低,品质较优。

表 3-13　36 份转基因抗虫棉纤维品质比较(HVICC 校样值)

材　料	纤维长度(mm)	纤维整齐度(%)	比强度(cN/tex)	伸长率(%)	马克隆值
1999	30.2	85.7	32.5	4.8	5.8
119-1	30.5	86.3	32.8	5.0	5.6
99B	30.9	82.0	29.4	4.0	5.4
ZR-1	29.9	86.2	31.2	5.4	5.4
GK19	30.7	84.6	31.2	5.1	5.4
GK21	29.3	83.8	29.0	4.4	5.5
312	28.8	83.6	34.4	4.3	6.0
98-2	30.9	82.8	36.3	5.4	5.5
鄂抗 9 号	30.1	84.9	35.0	5.4	4.8
252	29.5	81.5	32.2	4.3	4.6
256	27.7	83.8	33.2	4.2	5.7
321	29.5	84.6	34.3	5.0	5.1
119-2	31.1	84.4	33.3	4.9	5.3
WG460	30.6	84.2	31.1	4.9	5.8
1158	29.7	83.4	32.6	4.7	5.4
33B	29.7	82.5	31.7	4.2	5.5
99-3	30.6	85.1	31.5	5.5	4.9
99-8	30.8	82.6	29.7	4.9	4.3
PR4-4	28.8	83.1	34.2	4.6	4.9
GK1	29.2	85.0	30.9	5.3	5.3
GK2	29.9	83.5	30.2	4.0	5.5
98-191	30.6	83.1	33.3	4.8	5.0
161	31.1	83.5	30.6	5.4	5.0
晋 26	29.5	83.1	28.8	4.5	4.9
Z1206	28.4	83.2	29.4	4.6	5.4
HR1	30.7	83.5	32.2	4.9	4.8
HR2	26.6	83.8	29.0	4.7	5.6
HR3	28.6	82.7	30.9	4.5	5.1
214	28.0	80.3	27.0	5.0	4.9
216	27.8	82.1	27.1	5.0	4.3
D87	27.9	83.0	29.7	5.3	4.0
328	29.1	84.9	26.9	4.8	5.1
96-217	27.0	83.0	28.8	4.5	4.9

续表 3-13

材　料	纤维长度(mm)	纤维整齐度(%)	比强度(cN/tex)	伸长率(%)	马克隆值
5357	27.9	82.6	28.8	4.3	5.3
223	27.8	82.0	28.0	4.5	4.7
H168	28.2	83.2	28.3	4.5	5.2
SK2	28.1	83.8	31.3	3.8	6.1

六、从国外引进的优质纤维种质资源

20 世纪 70—80 年代,我国从美国、墨西哥和法国等国家引进了一批优质纤维种质资源,并进行了纤维品质、产量和抗性的研究。

Pee Dee 系是美国高强纤维种质系,中国农业科学院棉花研究所从美国引入并进行了丰产性、纤维品质的全面观察研究。Culp(1985)发放了 PD6044、PD6142、PD6179、PD6186 等种质系,这些种质系的产量与 PD4548 相似,而纤维长度增加了 12%,纤维单强也有提高,是棉纤维品质育种的有价值的种质系(表 3-14)(项显林,1986)。中国农业科学院棉花研究所 1983 年还从法国引进一些种质资源,并经两年观察研究,纤维品质较优的材料列于表 3-15(项显林,1986)。

表 3-14　美国 Pee Dee 系中较优的种质系

种系名称	产量与对照品种相比(%)	主体长度(mm)	纤维细度(m/g)	纤维单强(g)	断裂长度(km)	成熟度	短绒(%)	纺 18 号纱综合评定
PD2164	81.20	29.80	5 535	5.25	29.06	1.75	8.01	上等优级
DJA	52.85	32.62	5 895	5.18	30.54	1.69	10.95	上等优级
Earlistaple	74.26	29.45	4 626	5.12	28.77	1.77	8.94	上等优级
PD3964	81.94	30.10	5 676	5.01	28.43	1.72	7.31	上等优级
LineF	48.80	33.02	5 895	4.99	29.42	1.65	9.32	上等优级
PD3249	93.73	30.10	5 626	4.95	27.84	1.72	7.31	上等优级
SC-1	80.83	31.09	5 675	4.96	27.90	1.75	6.94	上等优级
FTA	64.81	31.56	5 665	4.82	27.31	1.69	8.73	上等优级
AC239	77.35	30.46	5 710	4.76	27.18	1.71	8.01	上等优级
PD6520	93.45	29.15	5 680	4.63	26.30	1.75	7.64	上等优级
PD9223	81.25	29.81	5 305	4.62	24.56	1.79	9.25	上等优级
PD4548	97.45	30.94	5 515	4.61	25.24	1.78	8.01	上等优级
PD695	93.75	29.56	5 530	4.36	24.11	1.77	8.15	一等优级
鲁棉 1 号(CK)	100	28.59	5 324	3.82	20.30	1.80	9.37	等外优级

表 3-15　引进法国种质资源的纤维品质指标

品系名	原产地	衣分(%)	绒长(mm)	纤维单强(g)	纤维细度(m/g)	断裂长度(km)	备注
IRMA96+97	喀麦隆	36.5	33.8	4.61	5 920	27.28	
Z441-2	科特迪瓦	36.0	34.7	4.95	5 880	29.07	
HC_4-75	马里	36.1	31.9	4.18	6 108	25.42	
ERMA197	喀麦隆	33.8	32.5	4.35	5 888	25.57	低酚、多毛
$ISARBB_3$	科特迪瓦	37.4	32.7	4.65	5 598	25.81	低酚
ISA_4-70	科特迪瓦	38.8	32.9	4.49	5 673	25.42	低酚、无蜜腺
K170	乍得	35.9	31.0	4.30	5 828	25.09	
IRCO5025	乍得	34.7	32.2	4.26	5 960	25.36	

第四章
棉纤维品质性状的遗传

遗传学通常把生物性状分为质量性状和数量性状两大类。质量性状受单个或少数主基因控制,这些主基因的不同等位基因具有明显不同的表型效应,分离世代形成间断性或类型间变异,不易受环境条件影响。通常采用孟德尔的分类计数统计方法对质量性状进行研究。数量性状受多个基因控制,表现为数量上或程度上连续性变异且易受环境条件影响。目前的研究结果表明,棉纤维品质属于数量性状。

数量遗传学是根据遗传学原理,运用适宜的遗传模型和数理统计的理论和方法,探讨生物群体内个体间数量性状变异的遗传基础,研究数量性状遗传传递规律及其在生物改良中应用的一门理论与应用学科。它是遗传学原理和数理统计学相结合的产物,属于遗传学的一个分支学科,与育种学有着密切的关系。

经典的数量遗传学以微效多基因假说为前提,因单个基因效应不能区分,故采用数理统计方法,建立了一系列的数量遗传分析理论与方法,对某一性状的整体进行研究,已在指导动植物育种上取得了一系列成就。

随着现代生物技术的发展和新的统计理论与方法的建立,经典数量遗传学已发展到现代数量遗传学的新阶段。在这一过程中,数量性状的主基因—多基因遗传体系的研究有着重要影响。早在20世纪80年代后期,在研究自发或诱发突变所引起的数量变异时,人们就现有的位点及等位基因效应较大,足以在分离世代得以鉴别,这类基因被称为主效等位基因或主基因,同时发现有些数量性状不仅受主基因控制,还存在许多微效多基因与主基因共同作用,构成了控制数量性状的主基因—多基因遗传系统。盖钧镒、王健康等(1998—2003)在总结前人关于人类和动植物遗传中主—多基因混合遗传模型检验方法的基础上进一步深入研究、完善,提出了“植物数量性状遗传体系主—多基因混合遗传模型分离分析法”,在定义分离世代理论分布的前提下,提出了7类20多个遗传模型及进行遗传模型检验与参数估计的试验世代类型、混合分布函数、算法、模型选择和个体基因型判断等一系列方法。其理论与方法已得到广泛应用。

80年代生物技术迅速发展,分子标记广泛开发应用。基于DNA多态性的无限性和对生物有机体的无害性,使得人类从整个基因组上搜索定位数量基因成为可能,由此开

创了利用分子标记检测数量性状位点(QTL),并对 QTL 进行分子标记辅助选择和数量基因操纵的崭新局面。目前,无论是分子标记的种类、遗传群体的构建,还是统计分析的方法和计算机软件技术,都在日新月异地发展,相信数量基因的彻底破译必将导致数量性状遗传改良的深刻革命。

一、棉纤维品质形成与基因型的关系

(一)棉花四个栽培种纤维品质形成的差异

迄今为止,棉属内共有 51 种(黄滋康,2002),其中草棉、亚洲棉、海岛棉和陆地棉为栽培种,其余均为野生种。这四个栽培种的棉纤维品质差异明显。草棉、亚洲棉、海岛棉和陆地棉的纤维长度分别为 15～23 mm、15～25 mm、35～45 mm 和 21～42 mm。草棉和亚洲棉的纤维偏粗而较强,海岛棉则细而强,陆地棉纤维的细度和强度次于海岛锦,好于草棉和亚洲棉。这表明,棉纤维品质高低取决于基因型的不同。

染色体组是指二倍体生物的配偶子染色体组,即每个亲本传给子代的一组染色体,通常用英文大写字母表示。Beasley 于 1940—1942 年首先设计了当时栽培种的二倍体棉属的种。他用细胞学、形态学和地理学相结合的方法进行分类,并参照各种间杂交能否产生杂种,以及杂种 F_1 减数分裂时染色体行为,分成 A、B、C、D、E 和(AD)6 个染色体组,用脚注数字代表相同染色体组里的不同的种。B、C、D、E 代表与亚洲棉 A 染色体组杂交的诸染色体组,按照它们在杂种第一代中染色体配对时的下降水平排列,分别代表非洲、澳洲、美洲野生棉和阿拉伯野生棉;四倍体棉种已确定为 A 和 D 棉种杂交的异源四倍体,以(AD)代表。即 A 代表亚洲类型的栽培棉种,B 代表非洲类型的野生棉种,C 代表澳洲类型的野生棉种,D 代表美洲类型的野生棉种,E 代表阿拉伯类型的野生棉种,(AD)代表美洲的四倍体棉种。染色体组不同,则基因型也不同。草棉、亚洲棉、海岛棉和陆地棉的染色体组分别为 A_1,A_2、$(AD)_2$ 和 $(AD)_1$。

棉纤维是由胚珠外珠被表皮细胞经分化、发育而形成的单细胞纤维,其发育过程一般可分为纤维细胞的分化启动、纤维细胞的伸长或初生壁的合成、次生壁的合成与沉积以及脱水成熟等 4 个时期,每个时期各具特点,但相邻时期有所重叠(Willison 等,1997;Basra 等,1984;Graves 等,1988)。前人对棉纤维分化、发育的研究已有很多报道,但主要侧重于陆地棉(Benedic 等,1973;Stewart 等,1975;Tiwari 等,1995;Ruam 等,1998;Wilkina,1999;Ruam 等,2000)。

1. 纤维初始发育

Ramsey 等(1976)首次应用电镜技术,观察了从开花前 16 天至开花当天胚珠外表皮细胞的亚显微结构,他认为最早在开花前 16 小时,呈暗类型的表皮细胞才开始分化为纤维原始细胞。杨佑明等的(1999)研究则认为,最早在开花前 5 天,纤维细胞已开始分化。

尽管所有的表皮细胞(除气孔保卫细胞和珠孔细胞外)都是潜在的纤维原始细胞,但最终只有 1/11～1/8 的表皮细胞分化为纤维。关于纤维细胞分化或突起的部位,Joshi 等(1967)认为合点端首先发生纤维的分化,然后向珠孔端发展。但 Stewart(1975)和 Applequist 等(2001)的研究认为,纤维突起首先发生在珠柄的脊突处,然后沿胚珠四周向合点端扩展,最后才在珠孔端出现。李成奇等(2007)较系统地观察和比较了 4 个栽培棉种纤维初始发育过程的异同。研究结果指出,开花前 1 天陆地棉、海岛棉以及非洲棉均出现呈球形或半球形的纤维细胞突起。其中,非洲棉突起数最多,海岛棉其次,陆地棉有个别突起。亚洲棉的胚珠表面比较光滑,几乎未看到纤维突起。各棉种均在开花当天出现大量纤维细胞突起,但陆地棉和海岛棉的纤维数目明显多于亚洲棉和非洲棉,特别是海岛棉珠柄顶部的脊突处纤维突起呈高密度排列。开花后 1 天,4 个棉种纤维细胞均明显伸长,其中,亚洲棉最长,非洲棉次之,陆地棉和海岛棉相对较短。各棉种均是珠柄顶部的脊突处纤维最长。与其他 3 个棉种比较,不论开花当天还是开花后 1 天,海岛棉的胚珠在其近珠孔端纤维数目极少,有的胚珠该部位几乎光秃。由于棉纤维在开花后 1 天已经开始伸长,因此将开花当天的纤维密度称为突起密度,而将开花后 1 天的纤维密度称为伸长密度。由表 4－1 可知,不论开花当天还是开花后 1 天,各棉种纤维突起(或伸长)密度总的趋势是:脊突处最大,合点端和胚珠中部次之,珠孔附近最小,但亚洲棉纤维分布相对比较均匀。开花后 1 天和开花当天比较,除陆地棉纤维密度无显著变化外,其他 3 个棉种开花后 1 天的纤维伸长密度均明显低于开花当天的纤维突起密度。前者与后者相比以陆地棉最大,海岛棉次之,亚洲棉和非洲棉最小(表 4－2)。

表 4－1　4 个栽培种 4 个部位开花当天和开花后 1 天纤维密度比较

材料	开花当天纤维突起密度				开花后 1 天纤维突起密度			
	脊突	合点端	胚珠中部	近珠孔 1/4 处	脊突	合点端	胚珠中部	近珠孔 1/4 处
陆地棉 泗棉 3 号	6 463±52a	5 297±29b	4 691±20c	4 385±22d	7 787±55a	6 422±57b	4 405±20c	3 696±25d
海岛棉 海 7124	11 445±74a	7 214±22c	8 181±51b	1 010±11d	8 142±15a	4 604±53c	4 783±57b	1 114±13d
亚洲棉 定远小花	3 555±66a	2 852±35b	2 121±60c	2 204±38c	1 942±37a	1 866±35v	1 678±35b	1 340±25c
非洲棉 A_{1-50}	4 184±46a	3 969±26b	3 121±22c	2 500±14d	2 220±25b	1 928±23c	1 814±23c	1 487±18d

(注:同一行中标以不同小写字母的值表示差异显著($P<0.05$)。)

表 4-2 4 个棉种的平均纤维密度比较

平均值	泗棉 3 号	海 7124	定远小花	A_{1-50}
开花当天突起密度	5 206±31b	6 926±40a	2 683±50c	3 435±27c
开花后 1 天伸长密度	5 577±39a	4 662±35a	1 707±35b	1 862±26b
伸长密度—突起密度	368	−2 300*	−976b	−1 573*
伸长密度/突起密度	1.07	0.67	0.64	0.54

（注：同一行中不同小写字母表示各棉种间纤维密度差异达显著水平（$P<0.05$）。*表示同一棉种伸长密度与突起密度差值达显著水平（$P<0.05$）。）

2. 纤维的伸长

胚珠表皮细胞经分化、突起后进入伸长期。徐楚年等（1988）报道，以陆地棉为例，开花后 10 天以内，纤维伸长很慢，开花后 10～20 天伸长最快，到开花后 30 天伸长基本停止。对种子表面不同部位的纤维伸长比较观察，合点区的纤维伸长最早最快，且始终保持领先地位；以珠孔区纤维伸长最晚最慢，但伸长的动态趋势 3 个部位基本一致，表现为慢—快—慢的 S 形伸长规律，这与徐楚年等（1987）和 Schubert 等（1976）观察相符。把不同棉种的种子中部纤维伸长状况进行比较，约在开花后 10 天，4 个栽培棉种几乎同时进入快速伸长期，但各棉种快速伸长期的延续时间不同。陆地棉到开花后 20 天后伸长速度减慢，海岛棉的快速伸长期则一直延续到开花后 27 天。陆地棉在开花后 25 天趋向伸长终止，而海岛棉则到花后 32 天，才终止伸长。可见，海岛棉由于延长了快速伸长阶段，所以，成熟时的纤维长度超过陆地棉的纤维，且可以认为，纤维的快速伸长期是影响纤维长短的最重要时期，也可能是对外界环境条件及农业措施最敏感的时期。

有关棉纤维延伸期结束时间的报道不尽一致。钱思颖等认为（1983），亚洲棉、陆地棉和海岛棉分别约在开花后 20 天、24 天或 27 天，有的甚至长达 39 天。董合忠等（1990）的结果表明，不同的种或品种纤维停止伸长的时间不同。各品种纤维伸长停止的时间，陆地棉北农-1 为花后 24 天，海岛棉海 7124 为花后 25 天，海岛棉 8763 依为花后 36 天。伸长最大速率出现的时间北农-1 为开花后 14 天，海 7124 为开花后 12 天，8763 依为开花后 16～18 天。北农-1 虽然伸长最大速率值大，但快速伸长期持续时间短，表现出伸长速度在达最大值后急速下降的现象；8763 依伸长最大速率值虽小，但快速伸长期持续时间长，伸长速度达最大值后缓慢降低。海 7124 则介于两者之间。由此认为，纤维长度受伸长期长短的影响，但更主要受快速伸长期长短的影响。海 7124 纤维伸长期与北农—1 基本相近，但由于快速伸长期持续时间长，而比北农-1 的纤维长 4 mm。Hawkins 等（1930）对 Pima 棉（海岛棉）和 Acala（陆地棉）纤维发育的研究表明，Pima 棉的伸长期比 Acala 长 6～10 天，并指出伸长时间的差异引起 Pima 棉比 Acala 的纤维长 10 mm。

3. 纤维次生壁的增厚

徐楚年等(1988)的研究结果表明，开花后20天开始有次生壁增厚；30天已明显可见增厚的次生壁，增厚的速度加快；到开花后40天，次生壁增厚更快，增厚一直可延续到纤维成熟。4个栽培棉种纤维次生壁增厚速度不同，以亚洲棉最快，到开花后40天，其次生壁厚度超过其他3个棉种，到开花后60天纤维成熟时，纤维内部的空腔很小，呈现出亚洲棉纤维粗而壁厚的特点，而海岛棉则明显的纤维细而壁薄。

大多数研究结果认为，纤维细胞的伸长与次生壁加厚是相重叠的。董合忠等(1990)对4个栽培棉种的研究也得出相同的结论。陆地棉北农-1纤维伸长停止时，纤维干重已达最终纤维干重的34.4%，海7124为57.7%，8763依为62.3%。纤维伸长与次生壁加厚相重叠的时间，陆地棉北农-1至少为4天，海岛棉海7124为9天，海岛棉8763依为12天，可见纤维伸长与次生壁加厚的重叠程度8763依＞海7124＞北农-1。纤维的伸长与次生壁加厚是两个具有不同机制的过程，从植物学的角度看，同时发生这两个不同机制的过程尚不清楚。因此，有必要探讨协调这两个同时进行的过程的机制。从农学角度看，重叠现象很可能是引起品种间纤维品质差异的一个重要原因。上面已述，重叠程度8763依＞海7124＞北农-1，而它们纤维的强度(8763依＞海7124＞北农-1)亦与之对应。纤维的发育决定着纤维的品质。海7124和8763依在细度和强度方面优于北农-1，而海7124和8763依的纤维伸长与次生壁加厚的重叠程度大，表明重叠程度关系到纤维的强度。在伸长的同时即有较多纤维素的沉积，对于纤维细胞次生壁的发育，无疑是有利的。

(二) 不同基因型间纤维超分子结构的差异

棉纤维超分子结构参数主要包括结晶度、横向晶粒尺寸、取向参数等指标，是影响纤维品质的重要内在因素。

1. 结晶度

刘继华等(1996)研究表明(表4-3)，各供试品种的纤维强度虽有显著差异，但成熟纤维的结晶度差别较小，均在50%左右。纤维发育的动态分析发现，不同棉种虽最终成熟纤维结晶度相近，但动态变化规律不尽相同，可将其分为两类：一类是结晶度较低，且在吐絮前10～15天达最大值的棉种。这种类型主要是亚洲棉和陆地棉的鲁棉1号。尤其是鲁棉1号，花后30天结晶度即与吐絮时相近，这使后期沉积的纤维素难以集结成高结晶结构，对纤维发育过程中的强度持续提高不利。另一类是结晶度较高，且随纤维发育不断提高，直至吐絮时才达到高峰值的棉种。这种类型主要是海岛棉和陆地棉的徐州576等。它们可使全铃期沉积的纤维素得以充分利用，形成均匀一致的紧密结构。

表 4-3 棉纤维发育过程中结晶度(%)的动态变化

开花后天数(天)	石系亚1号(亚洲棉)	鲁棉1号(陆地棉)	鲁棉6号(陆地棉)	徐州576(陆地棉)	新海6号(海岛棉)	新海2号(海岛棉)
25	44.59	39.50	37.02	35.43	32.84	36.05
30	48.04	46.57	40.70	43.79	43.57	45.93
35	50.29	46.16	42.40	41.94	43.57	47.01
40	54.14	48.17	51.75	45.14	49.13	48.16
45	49.10	44.81	49.19	48.34	45.09	48.79
50		45.43	48.55	51.29	49.76	50.83
55(吐絮)		46.30	52.90	49.70	50.00	51.20

2. 横向晶粒尺寸

刘继华等(1996)报道(表 4-4),各品种晶粒尺寸的动态变化规律基本一致,都在吐絮前达最大值。其中亚洲棉与海岛棉于花后 30 天左右便接近最大值,其后变化较小。而陆地棉均在花后 40 天才达晶粒最大值,所以前期沉积的纤维素量虽较多,晶区比率较大,但基原纤直径小,对强度提高不利。所有供试材料均在纤维发育一定时期后才形成较大的基原纤,也表明前期沉积的纤维素虽对干重影响较大,但对纤维强度作用较小。促使基原纤直径最大值较早出现或改进陆地棉纤维素沉积特性,使后者高峰期后移以便与大晶粒出现相一致,均有助于纤维强度提高。从理论上讲,晶粒尺寸较大且最大值出现早,有利于高强纤维的形成。海岛棉和亚洲棉在纤维发育的前中期(40 天前)晶粒尺寸大于陆地棉,可促其充分利用发育前期沉积的大量纤维素,在纤维发育早期即形成高强纤维结构。

表 4-4 棉纤维发育过程中晶粒尺寸的动态变化

开花后天数(天)	石系亚1号(亚洲棉)	鲁棉1号(陆地棉)	鲁棉6号(陆地棉)	徐州576(陆地棉)	新海6号(海岛棉)	新海2号(海岛棉)
25	42.23	37.85	35.10	37.77	42.47	40.24
30	47.94	42.49	39.55	43.91	44.87	44.86
35	44.55	41.24	42.43	44.02	43.72	43.72
40	47.08	44.99	46.61	47.56	46.35	47.80
45	45.80	44.99	44.81	44.86	44.87	44.70
50	—	47.46	47.76	47.26	47.45	45.93
55(吐絮)	—	46.20	47.30	46.30	47.00	45.90

3. 取向参数

陶昊虎等(1998,1999,2001)、刘新和陶昊虎等(1999)就棉纤维品质形成差异与取向参数的关系作了较系统的研究,其主要论点如下:

(1) 不同棉种和同一棉种不同品种间 α、φ 的差异性

不同棉种和同一棉种不同品种间，取向参数 α 的差异较小，α、φ 的差异较大。亚洲棉的 α、φ 小于海岛棉，而海岛棉的 α、φ 小于陆地棉。α 以海岛棉为最小，亚洲棉的 α 小于部分陆地棉。

(2) 微原纤螺旋角 φ 的变化规律

微原纤螺旋角 φ 与栽培种、品种、棉纤维生长期的迟早、发育天数的多少、棉纤维在植株中的部位等因素有关。其在棉花植株中的分布规律是：平均而言，φ 随果枝位和果节位的增加变大(变差)，这种变化与棉纤维生长发育期当时当地旬平均气温的变化相一致。例如 1 - 5、6 - 8、9 - 12、13 - 14 台棉纤维 φ 的平均值分别为 17.0°、17.3°、18.4°、18.1°；而根据当年当地的气象资料，它们的开花坐桃期旬平均气温分别为 25.9 ℃、28.3 ℃、32.3 ℃、28.7 ℃。以前的研究表明，微原纤螺旋角 φ 随纤维的花后生长天数变化的动态生长规律是：φ 与纤维的花后生长天数呈负相关，即同天开花，采摘晚的纤维比采摘早的纤维其平均微原纤螺旋角要小。

(3) φ、α 和棉纤维宏观品质性状差异的关系

棉花纤维的化学组成基本相同，主要为纤维素(占总重量的 95%～97%)。就纤维强度而言，相关系数表明：棉纤维的宏观品质性状 T(3.2 mm 隔距比强度)、L(2.5%跨距长度)、M(初始模量)、Un(长度整齐度)、Mic(马克隆值)、E(伸长率)和超分子结构取向参数 φ、α 都有密切的相关性或呈现强相关。在形态结构(如外观形状、截面形状、次生壁厚度等)基本相同的情况下，棉纤维的品质差异主要是 φ、α 差异共同影响的结果。因此，在棉花纤维品质育种与栽培中，应以优化取向参数 φ、α 作为调控的主攻方向。

φ、α 对品质性状的影响程度是不同的，例如陆地棉品种 Un 与 φ、α 的相关系数分别为 0.874 和 0.046，表明 φ 对 Un 的影响比 α 更大；又如陆地棉不同果枝位和不同果节位成熟棉纤维 T、L、M、Un、E 受 φ 的影响程度分别是受 α 影响程度的 8.3 倍、2.8 倍、10.1 倍、1.5 倍、18.5 倍。

二、经典的数量遗传学分析

在经典的数量遗传学分析中，最基本的统计参数是平均数(X)、方差(σ^2)和标准差(σ)。在此基本统计数据基础上，根据试验设计，采用方差分析、双列杂交分析、回归分析、相关分析、通径分析和聚类分析等方法，分别估算各项遗传参数。主要的遗传参数有 GCV(遗传变异系数)、h^2%(遗传率)、$\Delta G'$(相对预期遗传进度)、基因作用方式、性状间的相关性等。

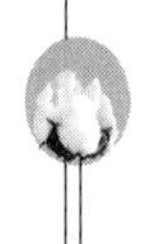

（一）GCV、h^2%和 $\Delta G'$

1. GCV

度量某一数量性状遗传变异性的大小，一般采用遗传方差和 GCV。尤其是用 GCV 表示时，消除了环境的影响，更能客观、真实地反映该性状遗传变异的程度。20 世纪 80 年代以来，陈仲方等（1981）、韩寿沧等（1986）、田箐华（1983）、颜若良等（1983）、李瑞祥（1985）、刘继华等（1987）、朱乾浩（1992）、产焰坤等（1992）、田志刚等（1996）对陆地棉品种主要数量性状的遗传变异系数进行了研究。周有耀（1988）将这些研究结果综合于表 4－5。

表 4－5　棉纤维品质的 GCV（%）

性状	纤维长度	整齐度	强度	伸长率	细度
变幅	1.7～7.6	1.6～5.1	2.5～19.5	4.2～7.2	3.4～19.7
平均	4.3	2.8	8	5.8	8.8

（注：表中强度包括断裂长度和比强度，细度包括公制支数和马克隆值。）

表中结果，按马育华（1979）遗传变异系数 0%～10%、10%～20%和 20%～30%分别表示遗传变异性小、中等和较大的标准来看，我国棉纤维品质性状的遗传变异性均小。Singh 等（1968）报道的棉纤维长度和强度的 GCV 分别为 10.0%和 6.1%；Khorgade 等（1981）和 Pulivarthi 等（1984）报道的纤维长度的 GCV 分别为 4.8%和 10.8%。

2. h^2%

遗传率是指某一数量性状的遗传方差（σ_g^2）在其表现型方差（σ_p^2）中所占的百分率，一般以 h^2%表示。遗传方差是由基因的加性方差（σ_a^2）、显性方差（σ_d^2）和上位性方差 σ_i^2 部分所组成。总方差是群体表现型的方差，其中包括遗传方差（σ_g^2）和环境方差（σ_e^2）。把遗传方差除以总方差所得百分率，称广义遗传率（$h_B^2\% = (\sigma_g^2/\sigma_p^2) \times 100\%$）。仅将遗传方差中的加性方差除以总方差所得的百分率，称狭义遗传率（$h_N^2\% = (\sigma_a^2/\sigma_p^2) \times 100\%$）。

国内外有关棉纤维品质性状的遗传率研究报道甚多。Meredith 等（1984）将美国这方面的研究结果综合成表 4－6。周有耀（1988）综合整理了国内外有关棉纤维品质性状的遗传率研究资料，列于表 4－7。

表 4－6　纤维品质性状遗传率综合结果

纤维长度	纤维强度	纤维细度	来源
0.79	0.90	0.68	Al-Jibouri（1958）
0.90	0.80	0.67	Miller 等（1958）
0.56	0.86	0.08	Ai-Raui and Kohel（1970）
0.46	0.52	0.52	Baker and Verhalen（1975）

表 4－7　棉纤维品质性状的遗传率

性状	变幅	平均	统计资料数
纤维长度	0.00～96.24	60.3	54
纤维细度	0.00～91.26	42.0	24
纤维强度	2.70～91.20	64.7	24

由表 4－6 和表 4－7 可知，一般纤维强度和长度的遗传率较高，平均在 60%；纤维细度的遗传率较低，平均为 40%。但从表 4－7 所列各性状的遗传率变幅可知，各性状的遗传率估计值因试验材料、地点、年份和分析方法而有很大的差异。周雁声等(1989)的研究表明，F_2的纤维长度、伸长率和马克隆值的遗传率，依次为 78.28%、63.2%和 28.2%；而 F_3各性状的遗传率依次为 79.12%、67.34%和 52.53%。

李卫华等(2000)根据朱军(1999)提出的 ADAA 及其与环境互作模型，分析了棉纤维品质性状的广义和狭义遗传率。结果表明，纤维长度的 h_N^2最低，仅 4.2%；比强度高达 55.5%。比强度的广义遗传率与狭义遗传率相同，纤维长度和马克隆值的广义遗传率与狭义遗传率相差较小(表 4－8)。

表 4－8　棉纤维品质性状遗传率

遗传率类别	纤维长度	比强度	马克隆值
狭义遗传率 h_N^2	0.042	0.555	0.233
广义遗传率 h_g^2	0.193	0.555	0.236

3. $\Delta G'$

在育种上，根据性状的遗传率值可进一步估算该性状在不同选择强度下的预期遗传进度。为了比较不同群体、不同性状的不同世代的遗传进度，可将其遗传增长量换算为平均数的百分率，以其相对遗传进度($\Delta G'$)表示，这样有助于育种工作的合理安排。

关于棉花主要经济性状的遗传进度，国内外已有不少报道。赵伦一(1977、1979)、牛永章等(1981)、韩寿沧等(1982)、陈仲方等(1984)、田菁华(1983)、李瑞祥(1985)、周有耀等(1986)，曾用各种群体进行过分析。周有耀(1988)综合了在 5%选择强度下，纤维品质性状的 $\Delta G'$(表 4－9)。

表 4－9　棉纤维品质性状 5%选择强度时的 $\Delta G'$

性状	纤维长度	细度	强度
变幅	4.7～50.02	4.77～4.89	12.92～13.84
平均	17.82	4.84	13.37
统计资料数	8	2	2

Singh 等(1968)、Gupta 等(1972)、Singh 等(1981)、Khorgade 等(1981)、Pulivarthi 等

(1984),用不同材料试验,将预期遗传进度换算成平均数的百分率,其结果列于表4-10。

表4-10　棉花纤维品质性状的预期遗传进度(平均数的百分率)

性状	纤维长度	强度
变幅	4.85～18.61	7.7～11.45
平均	9.3	6.98
统计资料数	7	3

从上述两表可以看出,尽管各人所用试验材料及计算方法不同,棉纤维品质性状预期遗传进度的相对大小顺序,基本上是一致的,即长度>强度>细度。

曹新川等(2006)以6个陆地棉品种作完全双列杂交,采用加性—显性遗传模型,估算了纤维长度、整齐度、比强度、伸长率、马克隆值、反射率、黄度、气纺指标等8个性状的相对预期遗传进度分别为6.11%、2.57%、8.24%、3.58%,10.29%、1.89%、5.26%和3.79%,总的变幅为1.89%～10.29%,其中以马克隆值的相对预期遗传进度为最大。说明在杂种后代中,对马克隆值进行选择,较易取得效果,其次是比强度、长度和黄度,其余性状的相对预期遗传进度较低。

4. 遗传参数在棉花纤维品质育种上的意义

棉花育种家总从原始材料、杂交材料或人工引变的材料中不断地进行选择,选出优良的品种。为提高选择效率,了解育种材料有关性状的遗传变异潜力是非常必要的。棉花纤维品质育种的目的是选择符合生产实践要求的,并能稳定遗传给后代的遗传型。遗传率在一定程度上表示了某种优良的遗传型稳定遗传给后代的可能性。对不同的杂交方式、不同的杂交组合、不同的环境,特别对一些不大熟悉的材料,估测其有关性状的遗传率,对制定育种方案和决定育种技术,有一定帮助。

根据GCV和h^2%研究的启示,为了增进对某种性状选择的效果,从以下几方面着手改进,能收到一定效果。

(1) 增加参试材料的遗传变异,也就是提高遗传变异系数(GCV)。一般来说,从范围很小又没有什么遗传变异的群体中去重复选择,是不会收到多大效果的,因而必须通过各种途径丰富用于选择的群体的遗传变异。例如,远缘远交,即栽培种与野生种间的杂交等。

(2) 增加性状的遗传率。一般可以通过加强试验设计和田间技术,以降低环境变异来控制。如有些性状容易受环境因素的影响,遗传率低,选择的把握不大,应该加强试验设计和田间技术的控制,减少环境变异,提高该性状的遗传率,从而提高选择效率。又有的性状受较多基因所控制,早期杂种世代显性遗传方差较大,加性遗传方差较小,狭义遗传率低,选择效果不大,则应该通过自交,到了杂种群体的后期世代(F_5代以后),群体遗传组成的纯合化程度较高,狭义遗传率较高时再进行选择,以提高选择的效果。

（二）基因作用方式

分析和了解控制某一性状遗传的基因作用方式，对决定改良该性状所应采取的方法和途径，可提供有益的帮助。控制某一性状遗传的基因作用方式一般分为加性效应（d）和非加性效应以及它们与环境的互作。而非加性效应中又包括了显性效应（h）和上位性效应；上位性效应又可分解为加性×加性（i）、加性×显性（j）和显性×显性（l）3 种。加性效应是指若干基因的平均效应，它是数量性状的主要遗传方式；显性效应是同一位点内等位基因间的互作；而上位性效应则是那些影响某一特定性状的非等位基因间的互作。凡由加性效应和加性×加性上位效应控制的性状，能比较稳定地遗传给后代，因而可通过杂交育种加以改良和提高。而由显性效应、显性×加性效应和显性×显性上位效应控制的性状，会产生较大的杂种优势，但优势会随世代的演进而减退，不能稳定地遗传给后代，所以只能利用杂种优势。

为了便于对比分析纤维品质性状的基因作用方式，周有耀（1988）综合整理了国内外的有关研究资料，列于表 4－11。Meredith（1984）综合了 1964—1970 年美国这方面研究结果，列于表 4－12。表中以加性方差（D）为 100，计算其显性方差（H_1）与之相比所占的百分率，用以比较其基因作用方式。同时以（H_1/D）1/2 计算显性度，其数值小于 1、近于 1 和大于 1，分别表示该性状为不完全显性、完全显性和超显性。

表 4－11　棉纤维品质性状的加性和显性方差的相对值及其显性度

性状	加性方差（D）	显性方差（H_1）	显性度（H_1/D）1/2	统计资料数
纤维长度	100	49.9	0.69	10
纤维细度	100	93.7	0.65	7
纤维强度	100	38.7	0.91	7

表 4－12　棉纤维品质性状的加性和显性效应的相对值及其显性度

性状	加性方差（D）	显性方差（H_1）	显性度（H_1/D）1/2	研究者
纤维长度	100**	59**	0.77	Al-Rawi 和 Kohel（1964）
	100**	20	0.44	Ramey 和 Miller（1966）
	100	ˋ34	0.58	Verhalen 和 Murrey（1968）
纤维强度	100**	54**	0.80	Al-Rawi 和 Kohel（1970）
	100**	3	0.17	Ramey 和 Miller（1966）
	100**	64*	0.73	Verhalen 和 Murrey（1969）
纤维细度	100	116**	1.08	Al-Rawi 和 Kohel（1970）
	100**	5	0.22	Ramey 和 Miller（1966）
	100	136*	1.16	Verhalen 和 Murrey（1969）

（注：*、**分别表示达到 5%和 1%显著水平。）

由表4-11、表4-12资料可见，纤维强度和长度的加性效应远大于显性效应，说明这些性状的基因作用方式是以加性效应为主；纤维细度的显性组成和加性效应几乎相等，说明这一性状的基因作用方式是以显性效应为主。就各性状的显性度而言，纤维细度为完全显性，纤维长度和强度为部分显性。

张相琼等于1992年利用纤维比强度差异明显的亲本配制6个杂交组合，1994年应用五参数遗传模型分析了这些组合的棉纤维比强度的基因作用方式。其研究结果列于表4-13。结果表明，4个组合的加性效应达极显著水平，1个组合达显著水平，1个组合不显著，说明不同材料的基因作用方式有差异；所有组合的显性和上位性效应均不显著。组合G的加性效应[d]最大，其母本2122的比强度为29.67 cN/tex，父本2802为19.93 cN/tex，为6个组合中父母本比强度差数最大的即该组合中控制比强度的基因位点在父母本间异质性高，受环境影响大。而组合E和F的母本均为中棉所12号，其比强度为21.39 cN/tex，且较稳定，两父本的比强度分别为26.76 cN/tex和24.91 cN/tex，父母本差数较小，但因存在较高的负显性效应，故后代比强度平均值不高。总之，纤维比强度以加性作用方式为主，所以，逐代定向选择是有效的；试图从低比强度的组合后代中选择高比强度品种是困难的，在杂优利用中应选择双亲比强度均较高的材料组配制，可得到较高比强度的F_1。

表4-13　纤维比强度的基因作用方式

组合	平均数	加性[d]	显性[h]	加×加[i]	显×显[l]
A	21.66	1.617*	−0.268	2.079	4.048
C	21.87	−2.208**	0.072	−3.998	−0.192
E	22.62	−2.564**	−2.083	7.189	−5.761
F	21.58	−0.526	−2.483	5.685	−2.507
G	22.86	3.479	−1.665	8.763	3.910
K	22.12	−1.902**	−0.317	−5.507	3.403

（注：*、**分别表示达5%和1%显著水平。）

李卫华等(2000)选取长江和黄河流域棉区5个高产抗病的推广品种，经6年自交作为亲本，按不完全双列杂交配制F_1组合，自交产生F_2组合。1995年和1996年进行设有3次重复的随机完全区组试验。采用加性—显性—加×加上位性及其与环境互作模型和最小范数二阶无偏估算法(MINQUE)估算各性状的加性、显性、加×加上位性、加性×环境、显性×环境、(加加)×环境及剩余方差、表型方差和协方差，并估算了主要经济性状间的基因作用方式相关分量。研究结果(表4-14)表明，纤维长度以显性方差为主，但剩余变异所占比例高达80.6%；比强度加性方式对表型总变异的贡献为51.3%；马克隆值以V_{AA}为主。这说明控制纤维长度、比强度和马克隆值的基因作用方式分别以显性、加性和加性×加性效应为主。

表 4-14 棉纤维品质性状的基因作用方式

方差分量	纤维长度	比强度	马克隆值
加性 V_A	0.025	1.543	0
显性 V_D	0.088	0	0.000 4
加×加 V_{AA}	0	0.127	0.027

（三）性状间的相关性

棉株在发育过程中各性状间常具有不同程度的相关性，因而在育种实践中，对某一性状的选择常会直接或间接地影响到另一相关性状的变化，但这种变化可能是有利的，也可能是有害的，这主要取决于遗传相关的性质或方向。为了提高育种成效，并使重要的经济性状得到同步改良，必须研究各性状间的相关关系。

1. 棉纤维品质性状与产量性状间的相关性

国内外学者就棉纤维品质性状与产量及其构成因素之间、棉纤维品质不同性状之间的相关性，曾采用简单相关及遗传相关的方法作过大量研究。

简单相关是两个数量性状间的表型相关，而遗传相关则是将表型相关系数（r_p）分解为遗传相关（r_g）与环境相关（r_e）两部分。遗传相关由于排除了表型相关中的环境相关因素，因而，能比表型相关更好地反映两性状间的相关关系。

Meredith（1984）总结了美国这方面的研究结果（表 4-15），周有耀（1988）综合了国内外有关研究结果（表 4-16）。

从表 4-15 和表 4-16 可知，只有细度和伸长率与产量及各产量因素间存在较低的正相关，或相关性不高，而产量及铃数、铃重、衣分等主要产量因素与纤维长度、纤维强度间的遗传相关系数多为负的。这种负的相关关系，使得杂种群体中很少出现双亲有利性状（如丰产与高强纤维）相结合的重组，不易获得理想的类型（既丰产又为高强纤维），这就给育种工作带来较大的困难。

表 4-15 皮棉产量与纤维品质性状的遗传相关系数

皮棉产量与纤维品质性状	Miller 和 Rawling（1967）	Meredith 和 Bridge（1971）	Fotiadis 和 Miller（1973）	Scholl 和 Miller（1976）
纤维长度	0.02	−0.47	−0.18	−0.36
纤维强度	−0.69	−0.54	−0.46	−0.36
纤维伸长率	0.71	0.03	0.02	0.38
马克隆值	0.42	0.42	0.62	0.54

表 4－16　棉花产量性状与纤维品质性状间的相关系数

性状		产量	铃数	铃重	衣分	子指	衣指
纤维长度	r_p	−0.031 2(29*)(−0.773 9～0.760 0**)	0.054 88(8)(−0.220 0～0.402 0)	0.276 9(16)(−0.079 4～0.801 5)	−0.037 2(15)(−0.443 5～0.370 0)	0.220 5(11)(−0.118 2～0.684 0)	0.078 7(6)(−0.223 3～0.438 3)
	r_g	−0.137 4(27)(−1.000～0.299 0)	−0.034 9(10)(−0.736 4～0.891 7)	−0.470 8(12)(0.034 1～0.857 8)	−0.270 1(12)(−0.949 2～0.289 7)	0.355 9(9)(−0.513 1～0.954 7)	−0.111 8(8)(−0.487 4～0.970 3)
纤维整齐度	r_p	0.142 2(4)(0.010 0～0.224 1)	−0.245 1(2)(−0.613 0～0.122 8)	−0.046 6(2)(−0.251 0～0.157 9)	−0.004 5(2)(−0.281 0～0.274 1)	0.145 4(2)(−0.029 2～0.320 0)	0.380 0(1)
	r_g	0.270 0(7)(0.016 0～0.474 9)	0.152 6(3)(0.046 2～0.333 7)	−0.128 5(3)(−0.203 9～0.074 7)	0.526 1(3)(0.102 0～0.987 6)	−0.178 2(1)	0.405 0(2)(0.268 0～0.542 1)
强度	r_p	−0.193 1(30)(−0.958 7～0.581 5)	−0.055 6(14)(−0.872 0～0.647 0)	0.139 1(15)(−0.468 4～0.552 7)	−0.271 2(15)(−0.765 5～0.076 3)	0.312 2(7)(−0.330 0～0.584 0)	−0.120 7(4)(−0.343 0～0.062 5)
	r_g	−0.302 0(14)(−0.955 3～0.190 3)	−0.231 5(9)(−0.965 7～0.649 6)	−0.102 7(9)(−0.952 3～0.641 5)	−0.261 8(9)(−0.632 3～0.058 3)	0.208 8(5)(−0.377 1～0.711 0)	−0.236 4(6)(−0.919 8～0.309 0)
伸长率	r_p	−0.137 7(6)(−0.739 0～0.195 0)	0.241 9(2)(−0.226 1～0.710 0)	−0.058 7(3)(−0.517 0～0.543 0)	−0.129 8(2)(−0.330 4～0.716 0)	0.529 1(2)(0.361 1～0.697 0)	−0.008 7(1)
	r_g	−0.105 2(7)(−0.409 9～0.240 0)	−0.410 8(2)(−0.457 7～−0.364 0)	0.177 3(2)(−0.076 1～0.278 5)	−0.129 3(2)(−0.486 3～0.238 6)	−0.485 1(1)	−0.110 7(1)
细度	r_p	0.207 1(24)(−0.099 0～0.879 1)	−0.198 8(6)(−0.049 0～0.353 4)	−0.072 2(8)(−0.329 5～0.560 3)	0.048 4(9)(−0.629 8～0.704 8)	0.246 2(2)(−0.138 0～0.852 0)	0.356 7(5)(−0.328 4～0.746 1)
	r_g	0.198 3(16)(−0.273 4～0.828 5)	−0.071 6(7)(−0.671 7～0.479 0)	−0.111 1(8)(−0.404 1～0.990 1)	0.327 2(8)(0.210 3～0.684 8)	0.333 0(5)(−0.009 6～0.673 6)	0.390 1(1)(−0.239 0～0.765 0)

（注：* 统计资料数，** 变幅。）

采用不同的统计方法，得到的性状间相关性结论不尽相同。陈旭升等(2000)以从国外引进的 96 份陆地棉高强纤维种质为材料，采用简单相关和偏相关统计方法，分析纤维长度、比强度、马克隆值、衣分、子指和生育期等性状之间相关性，研究结果列于表 4－17。结果表明，纤维长度与比强度呈正相关关系，而与马克隆值呈负相关性；比强度与马克隆值呈弱的负相关关系。且简单相关系数与偏相关系数存在差异。简单相关分析显示子指与纤维强度存在显著正相关，而偏相关分析显示两者并不存在本质上的显著关联。衣分与马克隆值之间的简单相关系数，反映两者呈弱的负相关；但偏相关系数分析表明，两者之间存在较大的正相关。从简单相关系数来看，纤维长度与生育期存在显著的相关；但偏相关分析显示两者并不存在正相关。韩祥铭等(2003)采用朱军(1997)提出的 MINQUE(1) 的统计方法，分析了皮棉产量与纤维品质性状间的加性相关(r_A)、显性相关(r_D)、遗传相关(r_{g})和表型相关(r_g)(表 4－18)。

表 4－17 纤维品质性状和产量性状间相关性

性状	简单相关系数			偏相关系数		
	比强度	马克隆值	纤维长度	比强度	马克隆值	纤维长度
纤维长度(mm)		−0.330**	—	0.181	−0.344**	—
比强度(cN/tex)	—	−0.105	—	—	−0.015	—
衣分(%)		−0.040	0.343**	−0.257**	0.203	
子指(g)		0.054	0.117	0.043	0.071	
生育期(天)		−0.137	0.228*	−0.024	−0.066	

(注:*、**分别表示达 5%和 1%显著水平。)

表 4－18 皮棉产量与纤维品质性状间的相关性

参数	纤维长度	整齐度	比强度	伸长率	马克隆值
r_A	0.11*	−0.14*	−0.56**	−0.51	0.39*
r_D	0.14**	−0.05	−0.14	0.02	−0.15+
r_P	0.12**	−0.07+	−0.33**	−0.13+	0.07+
r_g	0.11*	−0.09+	−0.38**	−0.18	0.08

(注:+、*、**分别表示达 10%、5%和 1%显著水平。)

从表中可知,皮棉产量与纤维长度的加性、显性、遗传型、表型呈正相关关系并达显著或极显著水平,但与纤维整齐度呈负相关性并达到 10%显著水平。皮棉产量与纤维强度的加性、遗传型、表型的负相关性达极显著水平;与伸长率的加性负相关达显著水平,表型负相关达 10%显著水平;与马克隆值的加性相关显著,因受显性负相关影响,与表型的相关性达 10%显著水平。

2. 棉纤维品质各性状间的相关性

棉纤维品质性状不同指标之间也存在一定的相关性。周有耀(2003)将国内外这方面研究结果综合成表 4－19。

表 4－19 棉纤维品质性状不同指标间的相关系数

性状		整齐度	强度	伸长率	细度
纤维长度	r_p	−0.326 6(7*) (−0.030 0～0.745 5**)	0.171 3(40) (−0.729 6～0.735 5)	0.314 2(6) (−0.044 0～0.614 0)	−0.233 3(33) (−0.666 0～0.449 7)
	r_g	−0.234 4(6) (−0.986 4～0.345 0)	−0.226 7(20) (−0.557 3～0.881 4)	0.534 1(4) (0.170 0～0.987 5)	−0.315 9(19) (−0.880 0～0.759 9)
整齐度	r_p		−0.183 9(10) (−0.413 0～0.489 2)	0.348 7(8) (−0.404 0～0.662 4)	−0.454 2(8) (0.278 8～0.669 7)
	r_g		−0.055 6(7) (−0.590 1～0.448 3)	0.640 4(3) (0.159 7～0.536 0)	0.348 5(5) (−0.927 0～0.777 4)

续表 4－19

性状		整齐度	强度	伸长率	细度
强度	r_p			0.618 3(10) (0.165 0～0.820 2)	0.078 7(41) (−4 240～0.864 7)
	r_g			0.616 0(5) (0.165 0～0.997 5)	0.057 95(21) (−0.760 0～0.840 0)
伸长率	r_p				0.256 8(5) (−0.005 0～0.451 5)
	r_g				−0.232 9(3) (−0.824 0～0.151 4)

(注：* 统计资料数，** 变幅。)

从表中可知，除纤维长度与整齐度、细度（主要指马克隆值）间呈负相关外，其他性状间多呈程度不同的正相关，如纤维长度、整齐度、强度与伸长率间均呈较高的正相关；纤维长度、整齐度与强度之间也均呈程度不同的正相关。

表 4－20 综合了周桃华等(2005)、顾双平等(2002)和周雁声等(1989)的棉纤维品质各性状间的表型相关系数。总的趋势是纤维长度与比强度、伸长率，马克隆值与比强度之间呈程度不等的正相关性；马克隆值与纤维长度、伸长率之间呈程度不等的负相关性。

表 4－20　棉纤维品质性状不同指标间的表型相关系数(r_p)

项目	纤维长度	马克隆值	伸长率	资料来源
马克隆值	−0.658			周桃华等(2005)
	−0.069			周桃华等(2005)
	−0.418 7*			顾双平等(2002)
	−0.514**			周雁声等(1989)
伸长率	−0.259	−0.015		周桃华等(2005)
	0.155	−0.796*		周桃华等(2005)
	0.267 4	0.451 0*		顾双平等(2002)
	0.313*	−0.083		周雁声等(1989)
比强度	0.778*	−0.342	−0.717*	周桃华等(2005)
	0.097	0.400	−0.425	周桃华等(2005)
	0.478 6*	0.103 6	0.067 9	顾双平等(2002)
	0.616**	−0.335*	0.477**	周雁声等(1989)

(注：*、** 分别表示达 5% 和 1% 显著水平。)

3. 棉纤维品质性状与苗期性状的相关性

棉纤维品质测定需花大量的人力、物力。在棉花育种的早期世代，很难对中选的株、系全部进行测定，从而限制了人们在育种早期世代对棉纤维品质进行选择。刘英欣等(2001)研究旨在通过对苗期性状与纤维品质的相关分析，确定可以在苗期对纤维品质进行初步间接选择的性状，以防在间苗、定苗时过早拔掉纤维品质符合育种目标的棉苗，进而提高棉花品质育种效率。研究结果列于表 4－21。从表中可以看出：① 纤维强度与苗期叶面积呈显著或极显著正相关，与苗期茎、叶干重也有不同程度的正相关关系；而与出叶速率呈负相关趋势，但未达显著水平；与苗高呈显著正相关。说明在苗期选子叶、真叶叶面积大，出叶速率快，苗高、苗壮的植株定苗，获得较高纤维强度植株的可能性较大。② 纤维伸长率与苗期叶面积，茎、叶干重的相关性。1997 年呈正相关趋势未达显著水平；1998 年与一真叶、五真叶叶面积，第一真叶期叶干重呈显著正相关。说明在苗期选叶面积大的健株定苗，利于提高纤维伸长率。③ 纤维长度与子叶节高度、子叶面积呈正相关；与子叶节高度 1997 年达显著相关水平（0.371），1998 年呈正相关趋势（0.185），但未达显著水平；与子叶面积 1997 年不显著，1998 年相关显著；与其他苗期性状似乎不存在相关性。因此选子叶节高和子叶面积大的植株定苗，使较长纤维棉株得到保留尚有一定的可能性。④ 纤维整齐度和马克隆值与子叶期叶干重呈显著负相关，但只是 1998 年的试验结果；与其他性状的相关性，两年试验结果不一致且相关系数较小，说明无密切相关性，能否利用苗期性状对这两项纤维品质性状进行间接选择有待进一步研究。

表 4－21　苗期性状与纤维品质的相关

	性状	比强度		伸长率		纤维长度		整齐度		马克隆值	
	年份	1997	1998	1997	1998	1997	1998	1997	1998	1997	1998
间隔天数	播种至出苗	−0.196	0.105	−0088	0.076	0.020	−0.050	0.050	0.120	0.065	0.045
	出苗至一叶	−0.295	−0.160	−0.135	−0.215	0.195	−0.083	−0.246	−0.011	−0.195	−0.135
	一叶至三叶	−0.128	−0.021	0.071	0.018	0.165	−0.084	0.158	−0.121	−0.005	0.151
	三叶至五叶	0.203	−0.281	−0.075	−0.181	−0.020	−0.107	0.065	−0.115	0.077	−0.168
叶面积（cm²）	子叶	0.317*	0.439**	0.180	0.293	0.020	0.377*	0.039	0.082	0.130	0.038
	一真叶	0.456**		0.412*		0.041		0.041		0.007	
	三真叶	0.453**	0.325*	0.197	0.181	−0.183	0.162	0.167	0.038	0.134	−0.083
	五真叶	0.426**		0.381*		0.186				0.188	−0.009
茎干重（g）	子叶期	0.381**	0.223	0.185	0.100	0.093	0.316	0.001	0.041	0.038	−0.214
	一叶期	0.409*		0.196		0.303		0.057		−0.193	
	三叶期	0.510**	0.208	0.274	−0.042	−0.042	0.248	0.188	0.001	−0.059	−0.291
	五叶期	0.246		0.228		0.122		0.061		−0.050	
叶干重（g）	子叶期	0.343*	0.243	0.114	0.200	0.032	0.120	−0.125	−0.053	0.064	−0.110
	一叶期	0.510**		0.401*		0.243		0.212		0.020	
	三叶期	0.559**	0.330*	0.245	0.134	−0.017	0.161	0.027	0.012	0.127	−0.118
	五叶期	−0.109		−0.214		−0.059		−0.409*		−0.377*	
子叶节高（cm）		0.060	−0.231	0.025	−0.288	0.371*	0.185	−0.119	−0.263	−0.286	−0.221
苗高（cm）		0.405*		0.127		0.089		−0.031		−0.002	

（注 *、** 分别表示达到 5% 和 1% 显著水平。）

4. 棉纤维品质性状与产量的典型相关分析

丰产、优质、早熟和多抗是棉花育种的四项基本目标性状。每一目标性状中又包括若干子性状，如纤维品质由绒长、单强和细度等子性状所组成。棉花品种的遗传改良，就是通过各目标性状中子性状的改进而实现的。育种实践证明，育种目标性状愈多，育种难度就愈大。面对这一复杂局面，从育种策略上讲，必须抓主要矛盾。只有抓住主要矛盾，其他矛盾才能迎刃而解。简单相关和多元回归方法难以达到这一目的，而典型相关分析可作为实现这一目的的手段。为了培育高产、优质棉花新品种，运用包括典型相关分析在内的多种手段，进一步揭示棉花产量与纤维品质间的相关实质，是完全必要的。典型相关是研究两组性状间的相关关系，从而了解导致这种相关关系主要原因的多元统计方法。其基本思想是：当研究两组随机变数 $X=(x_1,x_2,\cdots,x_{p1})'$ 和 $Y=(y_1,y_2,\cdots,y_{p2})'(p_1>p_2)$ 间的相关时，先构造两组新的综合变数 u 和 v，使 u 和 v 分别为 $x_i(i=1,2,\cdots,p_1)$ 和 $y_j(j=1,2,\cdots,p_2)$ 的线性组合，即：

$$\left.\begin{array}{l} u=\alpha_1x_1+\alpha_2x_2+\cdots+\alpha_{p1}x_{p1}\text{，或 } u=\alpha'x \\ v=\beta_1y_1+\beta_2y_2+\cdots+\beta_{p1}y_{p1}(\beta_{p2}y_{p2}) \end{array}\right\}\text{，}v=\beta'Y$$

式中：$\alpha=(\alpha_1,\alpha_2,\cdots,\alpha_{p1})'$，$\beta=(\beta_1\beta_2\cdots\beta_{p2})'$是待定的两个非零常数向量。由于两组变数 X 和 Y 间存在相关，所以 u、v 两个综合随机变数间也存在相关，其相关系数 r_{uv} 为：

$$r_{uv}=\frac{\mathrm{cov}(u,v)}{\sqrt{\sigma_u^2\sigma_v^2}}$$

式中：r_{uv} 为两组随机变数 X 和 Y 间的相关性；σ_u^2 和 σ_v^2 分别是 u 和 v 的方差；$\mathrm{cov}(u,v)$是 u、v 间的协方差。在 $\sigma_u^2=\sigma_v^2=1$ 条件下，选取合适的 α 和 β 值，使 u、v 之间的相关系数达到最大，这样的相关系数也反映了两组变数 X 与 Y 间能够存在的最大相关。这时的综合变数 u、v 称为两组变数 X 与 Y 间的第一对典型相关变数，记为 $u^{(1)}$、$v^{(1)}$，相应的变换系数为 $\alpha^{(1)}$、$\beta^{(1)}$，相关系数记为 $r^{(1)}$ 称为第一典型相关系数。同样，可以选取另两组合适的系数 $\alpha^{(2)}$、$\beta^{(2)}$，构成第二对新的综合系数。这时的 $u^{(2)}$ 和 $v^{(2)}$ 称为 X、Y 间的第二对典型相关变数，$r^{(2)}$ 称为第二典型相关系数。在 $u^{(2)}$ 和 $v^{(2)}$ 与第一对典型相关变数 $u^{(1)}$ 和 $v^{(1)}$ 不相关，且 $\sigma_u^2=\sigma_v^2=1$ 的条件下，使得相关系数 $r^{(2)}(r^{(2)}\leqslant r^{(1)})$达到最大。同理，可以作出共 P_2 对典型变数，各对典型变数之间互不相关，且有 $r^{(1)}\leqslant r^{(2)}\leqslant\cdots\cdots\leqslant r^{(p_2)}$。这样一种分析过程称为典型相关分析，两组变数间的相关系数称为典型相关系数。

承泓良等于1986—1989年，运用典型相关分析方法，研究了50个品种(系)和3个杂交组合 F_2、F_3、F_4 代皮棉产量与纤维品质这两组性状间的相关关系。结果表明：① 皮棉产量与纤维品质间存在相关关系，这与前人报道相一致。② 遗传背景不同，构成产量与纤维品质之间相关性的主要原因也不同。品种(系)群体，主要是由皮棉产量与纤维长度间的关联性引起的；组合Ⅰ和Ⅱ，主要是由单株结铃数与比强度之间的关联性引起的；组合Ⅲ，主要是由单铃子棉重与马克隆值之间的关联性造成的。据此，他们提出了棉花产量与纤维品质相关性的一般规律与特殊规律。一般规律是指棉花产量与纤维品质之间存在着相关性；特殊规律是指不同遗传背景的群体，导致产量与纤维品质之间相关的主要原因是不同的。自 1920 年 Hodson 报道棉花产量与纤维品质的相关性以来，大量的研究是以品种或高世代品系为材料的，由此得出的产量与纤维品质相关性结论，只能称作一般规律。杂交育种的选择对象，主要是杂种群体，以由品种(系)群体得出的相关性结论来指导杂种群体的选择，显然是缺乏针对性的。长期以来，国际上棉花产量与纤维品质的同步遗传改良进展比较缓慢，虽然其原因是多方面的，但从上述分析来判断，很可能与对产量和纤维品质相关性问题认识上的局限性有关。他们采用反推法，对组合Ⅰ、Ⅱ、Ⅲ的 F_5 品系中产量和纤维品质明显超过对照品种的优系，追溯到 F_2 单株的表现，结果发现这些优系的 F_2 单株都具有“铃数多—比强度高”(组合Ⅰ、Ⅱ)和“棉铃大—马克隆值 4.2～4.5”(组合Ⅲ)的特征。这一结果初步表明，对具有不同遗传背景的杂种群体，采用不同的选择目标，可望得到产量、纤维品质综合性状较好的优系。同时也启迪我们，虽然打破或削弱产量与纤维品质间负的遗传相关是一种随机过程，目前无法作出定向控制，但人们可以通过了解杂种群体产量与纤维品质间的相关原因，有针对性地进行选择，以提高选择效率。

5. 棉纤维品质性状与抗虫性的相关性

随着现代生物技术在棉花育种上应用的深入发展，2006 年，我国转基因抗虫棉面积已突破植棉总面积的 70%，有的省，如河北、山东已接近 100%。转基因抗虫棉对棉纤维品质的影响如何，报道不多且不尽一致。崔峰等(2002)认为转基因抗虫棉可以提高棉花的纤维品质；张桂寅等(2001)则认为转基因抗虫棉的纤维品质一般具有负优势，其纤维长度和比强度多低于抗虫亲本，马克隆值偏高。

为了研究转基因抗虫棉抗虫性对纤维品质的影响，吴征彬等(2004)以国内转育的不同类转基因抗虫棉(由中国农业科学院棉花研究所等单位提供)为抗虫供体亲本，与自己培育的一组丰产优质抗病的常规优良品种(系)杂交(采用 NCⅡ设计)，获得一套杂交组合(F_1)，以杂交组合(F_1)和它们的亲本为材料，研究抗虫性对棉纤维品质的影响。研究结果列于表 4-22。结果表明，田间试验的种子虫害率与马克隆值呈显著负相关；田间和网室的种子虫害率与衣指呈显著或极显著正相关。试验中 2 个转 Bt 抗虫棉亲本 1091(5.00)和 BKl9(5.30)的马克隆值都较高，用它们配制的抗虫杂交棉的马克隆值也都偏高。而吴征彬等(2002)曾采用马克隆值在 B 级范围的转 Bt 抗虫棉亲本配制的抗虫杂交棉后代，其马克隆值亦多在 B 级范围，由此可见，一些抗虫杂交棉马克隆值偏高是受亲本遗传的影响，而并非抗虫性的影响。从棉花的抗虫性与纤维品质性状的相关关系分析结果可以进一步看出，棉花的种子虫害率与纤维长度、整齐度、比强度、伸长率和子指等指标相关性较低，说明提高棉花的抗虫性不会对这些性状产生不利影

响，在育种中可以协调好抗虫性与纤维品质性状的关系，培育出综合性状优良的抗虫棉花新品种。

表 4－22　种子虫害率与棉花品质性状的相关分析

指　标	田间种子虫害率(%)	罩网种子虫害率(%)
纤维长度	－0.221	－0.095
整齐度	－0.361	－0.138
比强度	－0.108	0.050
伸长率	0.237	－0.090
马克隆值	－0.505*	－0.317
子指	－0.416	－0.241
衣指	0.476*	0.737**

(注：*、**分别表达5%和1%显著水平($r_{0.05}$＝0.444；$r_{0.01}$＝0.561)。)

6. 棉纤维品质性状与抗病性的相关性

枯萎病和黄萎病是对棉花生产威胁最大的两大病害。马存等(1985)的研究指出，纤维长度和单强、断裂长度随枯萎病病级的提高而变短和降低，即枯萎病的发生对棉花纤维品质的影响很大。周雁声等(1985)报道，枯萎病病指与纤维长度、单强、断裂长度、细度和成熟度的简单相关系数分别为0.066 2、－0.423 4、－0.165 5、0.131 62、－0.234 4。李俊兰(1987)的试验指出，枯萎病病级与纤维断裂长度的简单相关数为－0.046。吴征彬等(2004)报道，枯萎病病级与棉纤维长度、整齐度、比强度、伸长率和马克隆值的简单相关系数分别为－0.997 2、－0.824 8、－0.977 1、－0.799 2和－0.9S6 7，均为负相关性质。根据回归方程，枯萎病病级每提高1个级别，棉纤维长度减少0.422 mm，比强度下降0.675 cN/tex，马克隆值下降0.172。

黄萎病与纤维品质的相关关系，与枯萎病大致相似。孔令甲等(1985)报道，纤维长度和单强随黄萎病病指的加大而下降。陈春泉等(1990)研究指出，感染黄萎病的棉株，其纤维长度缩短0.9 mm，马克隆值减少0.64，衣分下降1.12个百分点。狄佳春等(2004)报道(表4－23)，随着黄萎病发病级别的增加，纤维强度和马克隆值都逐渐下降，而伸长率逐渐提高。发病级别与纤维比强度和马克隆值呈极显著负相关，与伸长率呈极显著正相关。回归方程表明，发病级别每增加1级，纤维比强度下降0.408 g/tex，伸长率提高0.22个百分点，马克隆值降低0.29。

表 4-23　不同发病级别的谕棉 1 号纤维品质性状

发病级别	纤维长度(mm)	整齐度(%)	比强度(g/tex)	伸长率(%)	马克隆值
0	30.29	47.85	29.43	6.70	5.30
1	30.49	48.59	28.93	6.70	5.10
2	30.20	48.08	28.64	7.1	5.00
3	30.10	47.63	28.29	7.30	4.60
4	31.08	47.68	27.71	7.50	4.10
发病级别与纤维品质的相关性(r)	0.483	−0.526	−0.993**	0.972**	−0.962**

(注:**表示达 1%显著水平。)

7. 棉纤维品质性状与早熟性的相关性

早熟性与纤维品质间的相互关系,随早熟性的性状(产量性状或物候学性状)不同,而表现形式不一样(表 4-24)。用物候学性状表示早熟性与纤维品质性状呈正相关,即生育期和铃期长,见花期和吐絮期迟的品种,纤维较长,整齐度和比强度均较高,细度降低。用产量性状表示的早熟性与纤维品质性状呈负相关,说明早熟品种的纤维长度、比强度一般不如晚熟品种,这主要是由于生育期缩短,影响其营养物质的积累和贮存。

表 4-24　早熟性与纤维品质性状间的简单相关系数

表示早熟性的性状		纤维品质性状				资料来源
		长度	整齐度	比强度	马克隆值	
物候学性状	生育期	0.292 2	0.065 7	0.302 7	0.195 7	周有耀,1990
	铃期	0.264 9	0.090 0	0.269 9	0.117 9	周有耀,1990
	见花期	0.39**	0.20**	0.23**	0.35**	Niles 等,1985
	见絮期	0.56**	0.18*	0.29**	0.24**	Niles 等,1985
	平均成熟期	0.40**	0.09	0.29**	0.36**	Niles 等,1985
产量性状	霜前花率	−0.276 0	−0.145 3	−0.188 0	−0.401 8*	周有耀,1990
	总花数	−0.37**	−0.25**	−0.25**	−0.51**	Godoy 等,1985
	1、2 次收花量	−0.37	−0.08	−0.26**	−0.37**	Godoy 等,1985

(注:*、**分别表示达 5%和 1%显著水平。)

三、主基因——多基因遗传分析

人类为了动植物育种的需要,对具有重要经济价值的数量性状进行了长期的深

入研究。传统的数量遗传学依据多基因系统的基本假定,认为数量性状受多基因控制,这些基因和控制质量性状的基因一样,受位于染色体上的孟德尔遗传因子(基因)控制,每个基因控制性状表达的一部分,并受环境效应的修饰而表现为连续性分布,个别基因的行为在一般情况下难以跟踪。传统数量遗传学无法阐明单个基因的行为和效应,把控制性状遗传的基因视为一个整体,通过对分离群体的均值,特别是群体变异的分析,从总体上对基因的综合效应和变异进行判断与估计。但是,人类在动植物育种的实践中,不仅需要从总体上把握性状的遗传,还需要识别和掌握控制数量性状遗传的基因,知道究竟有多少基因控制着特定数量性状的表达,以及各自和相互的作用如何。

许多试验数据表明,控制数量性状遗传的基因效应并不完全相等。许多数量性状在分离世代并不表现为正态分布,却表现为多峰又连续的分布特性。如大豆的生育期、株高,水稻的株高、对稻瘟病和白叶枯病的抗性,小麦和大麦对叶锈病的抗性,棉花的纤维品质性状以及人类和动物的许多性状。这类现象的出现,是由于控制数量性状的基因中,既有遗传效应较大的主基因,又有遗传效应较小的微基因或多基因。主基因使其分布成峰,微基因和环境偏差对主基因进行修饰使分布连续。植物数量性状中主基因的存在早已得到证明,如玉米中隐性突变基因 opaque2(o2),主基因的纯合体能使子粒中的赖氨酸含量成倍增长,o2 主基因的修饰基因(微效多基因)的作用也十分明显。数量性状主基因和多基因的共同作用,构成了控制数量性状的主—多基因遗传系统。莫惠栋(1993)把受主—多基因共同控制的数量性状称为质量—数量性状,盖钧镒(2003)把主—多基因遗传系统概括为主—多基因遗传体系,并把仅受主基因控制(不含多基因)和仅受多基因控制(不含主基因)的情况视为该遗传体系的特例。

研究数量性状主—多基因系统的模型,称为主—多基因混合遗传模型或简称为混合遗传模型。对于主—多基因混合遗传模型的研究有两类基本方法:一类是统计分析方法,其基本程序是,首先依据一定的试验设计,获取观测数据,然后以特定的统计方法进行主—多基因的分析,估计主基因的个数、效应和多基因的作用。另一类为性状标记连锁分析法,其基本程序为,依据遗传交配设计,获取性状观测值和分子标记两类数据,然后以特定的统计方法进行基因定位与效应估计。

郭志丽(2003)以陆地棉杂交组合 9-1696×中 35 所繁衍的 6 世代群体(P_1、P_2、F_1、F_2、B_{1L}和 B_{2L})为遗传材料,采用世代方差对比分析、主—多基因分析和 QTL 定位分析 3 种方法,研究棉纤维品质性状比强度和伸长率的遗传。3 种方法所估计的表型方差、总遗传方差、遗传方差组分及其在总遗传方差中所占比例列于表 4-25。

表 4-25　世代方差对比分析、主—多基因分析与 QTL 分析所估计的遗传方差

性状	F_2 方差		主-多基因遗传模型分析		QTL 定位分析		
	F_2 表型方差(V_P)	F_2 总遗传方差(V_G)	主基因方差	多基因方差	QTL	QTL 方差(V_{Qi}/V_G)	剩余 QTL 方差
比强度	5.38	3.00(100%)	2.79(2 对)(88.85%)	0.35(11.15%)	Q_1	1.21(38.54%)	
					Q_2		
					Q_3		
总						2.5(79.62%)	0.64(20.38)
伸长率	0.46	0.23(100%)	0.093(2 对)(38.27%)	0.15(61.73%)	Q_1	0.088(36.21%)	0.155(63.79%)

(注:括号中数字表示该组分方差与总遗传的比值,Q_1～Q_3 表示各性状已检测出的数量性状位点(QTL)。)

表 4-25 的结果显示出数量性状遗传分析的深化和细化过程:世代方差对比分析是利用不分离世代估计环境方差,利用 F_2 代表型方差与不分离世代方差的对比估计出 F_2 代总遗传方差。但不能估计控制数量性状基因的数目,也无从知道有关基因位于何处。主—多基因分析把总遗传方差分剖为主基因遗传方差和多基因遗传方差两部分,说明控制数量性状的基因中存在效应较大的数量基因,并估计出主基因和多基因各解释多少遗传变异;主—多基因分析还估计了可能存在的主基因的数目,但不知主基因位于何处。QTL 分析把控制数量性状的基因(染色体片段)寻找出来,估计其位置和数目,并估计每个 QTL 解释的遗传变异。由此可见,这 3 种分析方法是随着统计方法的研究进展和分子标记手段的使用逐步出现的,这使得对数量性状遗传的研究逐步深化和细化。可以认为,世代方差分析、主—多基因分析和 QTL 定位反映出数量性状遗传研究的 3 个层次。在此基础上进一步完成数量性状基因的精细定位,即可逐步找到控制数量性状的基因甚至核苷酸,进而实施分子标记辅助选择的遗传控制与育种。

王健康和盖钧镒等(1996,1997,1998,2000,2003)在前人研究基础上,针对植物数量性状能提供大样本容量等优点,运用统计学方法提出了一套分离分析方法,称为"植物数量性状遗传体系主基因—多基因混合遗传模型分离分析法",已广泛用于鉴别数量性状的主—多基因混合遗传模型并估计有关的遗传参数。袁有禄等(2002)、殷剑美等(2003)和王淑芳等(2006)采用这一方法,对棉纤维品质性状的主—多基因遗传进行了研究与分析。

袁有禄等(2002)于 1998—1999 年以 5 个具有不同强度纤维品质的亲本配制了高强×低强、低强×低强和高强×高强共 14 个组合,在江苏南京和海南三亚进行试验,试验结果列于表 4-26,从表中可知:

表 4-26　6 个世代与 5 个世代联合估计的纤维品质性状的遗传参数

世代	性状	比强度					马克隆值				长度				
	组合	$V51F_2$	NJ $F_{2:3}$	HN $F_{2:3}$	$V54F_2$	$V31F_2$	NJ $F_{2:3}$	HN $F_{2:3}$	$V41F_2$	$V52F_2$	$V51F_2$	NJ $F_{2:3}$	HN $F_{2:3}$	$V31F_2$	$V42F_2$
	最适模型	C-0	D-1	D-1	C-0	D-1	D-2	D-2	D-2	D-2	C-0	D-2	D-2	C-0	D-1
	d	—	1.07	1.04	—	−1.2	−0.1	−0.16	0.18	0.36	—	0.63	0.89	—	−0.3
	h	—	−1.2	−1.2	—	0.43	0	0	0	0	—	0	0	—	−0.0
	[d]	3.93	3.08	3.12	1.65	1.06	−0.4	−0.26	−0.09	−0.34	1.97	1.68	1.42	0.3	0.17
	[h]	−1.2	1.47	0.7	0.02	−0.8	0.15	−0.1	−0.26	−0.06	−0.03	0.94	1.81	0.45	0.89
B_1	σ_P^2	4.3	—	—	9.98	3.92	—	—	0.05	0.08	2.28	—	—	0.72	1.32
	h_{mg}^2	—	—	—	—	0	—	—	0	0.17	—	—	—	—	0.03
	h_{pg}^2	0.76	—	—	0.49	0.44	—	—	0	0.41	0.72	—	—	0.16	0.25
B_2	σ_P^2	2.16	—	—	8.43	4.55	—	—	0.08	0.08	1.95	—	—	0.66	1.62
	h_{mg}^2	—	—	—	—	0.04	—	—	0.04	0.45	—	—	—	—	0.02
	h_{pg}^2	0.53	—	—	0.40	0.47	—	—	0.32	0.17	0.67	—	—	0.09	0.39
F_2	σ_P^2	3.62	3.61	3.62	10.1	3.87	0.22	0.22	0.09	0.12	2.8	2.799	2.80	0.49	1.55
	h_{mg}^2	0.03	—	0.19	0.19	—	0.43	0.33	0.32	0.42	0.65	—	0.112	0.14	—
	h_{mg}^2	0.36	0.72	0.52	0.52	0.50	0	0.48	0.48	0.06	0.07	0.77	0.656	0.63	0
$F_{2:3}$	σ_P^2	—	4.53	1.72	—	—	0.14	0.16	—	—	—	1.554	1.63	—	—
	h_{mg}^2	—	—	0.24	0.49	—	—	0.02	0.43	—	—	—	0.142	0.30	—
	h_{mg}^2	—	—	0.72	0.44	—	—	0.92	0.54	—	—	—	0.774	0.66	—

（注：d-主基因加性效应，h-主基因显性效应，[d]-多基因加性效应，[h]-多基因显性效应，σ_P^2-群体表型方差，h_{mg}^2-主基因遗传率，b_{pg}^2-多基因遗传率。）

（1）纤维比强度。对高强 7235×低强 TMl 组合的 6 世代分析，C-0 遗传模型的 AIC 值最小，适合性检验全部通过，由多基因加性—显性遗传模型控制，未能预测出主基因。结合南京及海南 $F_{2:3}$家系结果分析，均以 1 对主基因与多基因加性—显性遗传模型(D-1)的 AIC 值相对较小，适合性检验全部通过。在 F_2群体中，主基因遗传率为19.6%，多基因遗传率占 52.2%；南京 $F_{2:3}$主基因遗传率占 23.6%；海南 $F_{2:3}$群，主基因遗传率占 49.42%，多基因遗传率占 44.19%。海南 $F_{2:3}$解释的主基因遗传变异最多，遗传效应分解为主基因显性(−1.18)与加性效应(1.04)大小相当，但负向显性；多基因以加性为主(3.12)。在总的遗传效应的估测中，以加性遗传效应为主(4.16)，显性效应为−0.48。对高强 7235×高强 HS42 组合的 6 世代联合分析，多基因加显模型的 AIC 值相对较小，适合性检验全部通过，其以多基因加性为主，显性很小。低强 MD51×低强 TMl 的 6 世代联合分析同样以 D-1 模型较合适，主基因与多基因加性效应大小相当，但方向相反，主基因与多基因的显性方向也相反，总体显性为−0.41。在回交群体中，主基因效应很小，但在 F_2群体中，主基因效应占 42.6%，无多基因存在。

(2) 马克隆值。对高强 7235×低强 TMl 组合的 6 个世代分析，C-0 模型的 AIC 值最小，但所有模型的适合性检验均未通过。结合 $F_{2:3}$分析，以 1 对主基因加性和多基因加性—显性模型为最适模型(D-2)。F_2中主基因效应占 32.6%；在 $F_{2:3}$群体中，南京 $F_{2:3}$主基因效应仅 2.2%，而海南 $F_{2:3}$为最高，占 42.7%。在海南 $F_{2:3}$中，主基因加性和多基因加性与显性全部为负，且以加性为主，显性较小。在其余的 6 个世代分析中，均预测到了主基因的存在，以 1 对主基因加性和多基因加—显性模型为最适模型(D-2)，其主基因与多基因的总体加性与显性效应均接近于 0。高强 MD51×低强 TMl 组合在回交及 F_2世代主基因的遗传率为 3.28%～30.56%，多基因遗传率为 4.17%～30.86%；高强 7235×高强 PD69 主基因加性效应值大，在 B_2和 F_2中主基因遗传率较高，为 42.2%～64.7%。

(3) 纤维长度。在高强 7235×低强 TMl 组合的 6 个世代分析中，纤维长度以多基因遗传，不存在主基因为最适模型，结合 $F_{2:3}$群体分析，全部表现为 1 对主基因加性与多基因加性—显性遗传模式(D-2)。南京 $F_{2:3}$家系中主基因遗传率为 14.22%，海南 $F_{2:3}$家系中主基因遗传率为 30.29%。主基因加性与多基因加性—显性遗传效应均为较高的正值，以加性为主。纤维长度的短×短组合 MD51×TMl 中，以多基因模型为最适模型，不存在主基因；中×中组合 HS42×PD69 预测到了主基因的存在，以主基因加性和显性与多基因加性—显性为最适模型(D-1)。在分离群体中，主基因的遗传率仅为 1.98%～2.73%，多基因的遗传率为 25.2%～39.47%，多基因显性效应高(0.89)。仅在 TMl×7235 组合中估测到了效应值较大的主基因。

综上所述，在该项研究中，以不同性状、不同组配方式配制的 14 个组合中，有 12 个存在主基因，表明了纤维品质性状主基因存在的普遍性，以 $F_{2:3}$家系的预测效果最好。双亲纤维品质性状均存在较大差异的组合—7235×TMl F_2代比强度主基因的遗传率为 0.196%，马克隆值为 0.320%，长度为 0.139%，回交世代的主基因遗传率小。除纤维长度总的显性效应为较高的正值外，其余各纤维性状的主基因显性与多基因显性的总和为负值或接近 0。杂合状态下大多数纤维品质性状表型值会偏向中亲值或低亲值，单纯依靠表型选择效率低。

殷剑美等(2003)以泗棉 3 号×CARMEN 组合为材料，研究棉纤维品质性状主—多基因遗传的结果列于表 4-27 和表 4-28。从表 4-27 和表 4-28 可知，纤维长度、比强度的最适遗传模型均为 D 模型，即 1 个主基因+多基因模型，马克隆值、整齐度的最适遗传模型为 C-1 模型，即无主基因的多基因；适合性检验基本通过。纤维长度主基因效应和显性效应均为负效应，主基因遗传率为 24.1%，多基因遗传率为 74.1%，总遗传率达 98.2%。比强度主基因加性效应为 1.005，显性效应为负效应-1.850，主基因遗传率为 38.7%，多基因遗传率为 54.6%，总遗传率达到 93.3%。马克隆值不存在主基因，多基因的加性效应和显性效应值为 0.010，且为负效应，多基因遗传率为 96.2%。

表 4-27　纤维品质性状模型及 AIC 值

性状	长度(mm)	纤维强度(cN/tex)	马克隆值
模型	D	D	C-1
AIC	514.644	744.302	103.264

表 4-28　4 世代联合估计的棉纤维品质性状遗传参数

参数	长度(mm)	纤维强度(cN/tex)	马克隆值
d	-0.770	1.005	—
h	-0.400	-1.850	—
[d]	—	—	-0.010
[h]	—	—	-0.010
σ_P^2	0.837	2.128	0.105
h_{mg}^2	0.241	0.387	—
h_{pg}^2	0.741	0.546	0.962

王淑芳(2006)以 2 个高强纤维品质材料与 2 个黄河流域主栽抗虫棉品种配制的 2 个组合为材料，利用主—多基因遗传分析方法，对棉纤维品质性状进行 5 世代联合分析，分析结果见表 4-29 和表 4-30。对比强度而言，两组合均以 D-2 模型为最适模型。组合(Ⅰ)主基因没有显性效应，表现为加性效应。多基因也以加性效应为主，且加性效应和显性效应方向相反。主基因的加性和多基因的加性方向相同。在分离群体中，主基因的效应较小，在 F_2 群体中占 14.36%，在 $F_{2:3}$ 群体中占 11.44%。总遗传率 F_2 中为 50.37%，$F_{2:3}$ 中为 88.70%。组合(Ⅱ)的遗传方式与组合(Ⅰ)相同。在 F_2 群体中主基因占总效应的 8.40%，在 $F_{2:3}$ 群体中主基因占 7.87%。总遗传率 F_2 中为 63.48%，$F_{2:3}$ 中为90.22%。纤维长度以 D-2 模型为最适合模型。组合(Ⅰ)主基因没有显性效应，加性效应为0.28。多基因以显性效应为主。主基因与多基因的加性效应方向相反。在 F_2 群体中主基因的效应为 2.60%，在 $F_{2:3}$ 群体中为 2.53%，均以多基因效应为主。总遗传率 F_2 中为 53.01%，$F_{2:3}$ 中为 86.95%。组合(Ⅱ)遗传方式与组合(Ⅰ)相同，但主基因加性效应与多基因的加性效应方向相同。在分离群体中，以显性效应为主，主基因的效应分别为 9.51%和 8.31%。总遗传率 F_2 中为 55.42%，$F_{2:3}$ 中为 88.88%。马克隆值最适模型也为 D-2 模型。组合(Ⅰ)主基因没有显性效应，加性效应为 0.01。多基因的加性效应与显性效应大小相同，方向相反。但分离群体中表现以多基因遗传为主。主基因在两个世代都是0.02%，表现稳定遗传。总遗传率 F_2 中为 37.05%，$F_{2:3}$ 中为 78.64%。组合(Ⅱ)主基因的显性效应为 0，而多基因表现较大显性效应，为-0.144。在分离群体中，多基因加性效应占主要地位。主基因在 F_2、$F_{2:3}$ 中的效应分别为 0.76%和 2.50%，差别较大。总遗传率 F_2 中为 59.27%，$F_{2:3}$ 中为 83.86%。

表 4-29　5 世代联合分析的纤维品质性状最适遗传模型、AIC 值及其各成分分布的平均值

性状	组合	模型	AIC	u1	u2	u3	u41	u42	u43	u51	u52	u53
比强度	Ⅰ	D-2	2 115.62	35.88	29.09	25.21	31.52	29.82	31.61	32.97	30.29	27.53
	28.05	Ⅱ	D-2	2 731.44	36.98	29.56	25.71	31.08	30.45	29.97	31.26	31.12
纤维长度	Ⅰ	D-2	1 435.19	29.11	29.77	28.86	30.52	29.38	31.47	30.68	29.80	28.58
	28.82	Ⅱ	D-2	1 824.81	30.47	29.02	28.34	30.39	29.21	30.26	30.8	29.59
马克隆值	Ⅰ	D-2	650.98	4.26	4.69	4.44	4.39	4.52	3.62	3.99	4.41	4.72
	4.02	Ⅱ	D-2	937.84	4.07	3.77	3.70	4.16	3.83	4.14	4.48	4.08

表 4-30　5 世代联合分析估计的纤维品质性状的遗传参数

世代	参数	比强度		纤维长度		马克隆值	
	组合	Ⅰ	Ⅱ	Ⅰ	Ⅱ	Ⅰ	Ⅱ
	m	30.744 3	30.980 6	29.380 3	29.716 1	4.272 9	4.079 9
	d	1.337 5	1.080 0	0.287 5	0.527 5	0.010 0	0.120 0
	h	0	0	0	0	0	0
	[d]	3.997 5	4.555 0	−0.162 5	0.537 5	−0.100 0	0.065 0
	[h]	−0.854 9	−1.429 4	1.153 0	−0.167 6	0.179 6	−0.144 4
F_2	σ_P^2	6.227 1	6.845 3	1.590 7	1.462 4	0.312 3	0.408 5
	h_{mg}^2	14.363 9	8.397 0	2.598 1	9.513 7	0.016 0	0.762 5
	h_{mp}^2	36.003 1	55.083 3	50.416 3	45.908 9	37.031 7	58.506 7
$F_{2:3}$	σ_P^2	5.471 7	5.186 0	1.145 4	1.170 8	0.184 1	0.201 1
	h_{mg}^2	11.442 8	7.872 0	2.525 7	8.318 2	0.019 0	2.506 2
	h_{pg}^2	77.260 1	82.346 2	84.423 8	80.545 8	78.623 0	81.352 6

四、棉纤维品质数量性状的基因定位

寻找、评价和利用控制数量性状的基因，始终是数量遗传和育种学家研究的最主要目的之一。数量性状基因定位，或称 QTL 作图是达此目的的主要手段。一个数量性状往往受多个 QTL 控制。控制数量性状的 QTL 可能分布于不同染色体或同一染色体的不同位置。利用特定的分子标记信息，可推断影响某一性状的 QTL 在染色体上的数目和位置，这就是 QTL 定位。定位的同时，还可对各 QTL 的效应及其相互关系进行分析。因此，QTL 定位的目的有三：① 明确一个数量性状究竟受多少个数量性状位点(QTL)控制；② 这些 QTL 位于哪条染色体的什么位置；③ 各个 QTL 的效应和联合效应如何。

QTL 定位对分子标记辅助选择育种、杂种优势机理探讨、种质资源遗传多样性研究、群体遗传潜势评价、数量性状遗传控制与性状表达的进一步深入研究，以及数量性状基因的分离与克隆等方面，都具有重要意义。

QTL定位(或作图)的基本原理是利用特定群体中的分子标记信息和相应的性状观测值,分析分子标记QTL的连锁关系,进而根据已知的标记连锁图,来推断QTL的遗传图谱。作图的核心是连锁分析。但与质量性状不同,数量性状与标记之间的连锁分析不能直接计算分子标记和QTL之间的重组率,而是采用一定的统计推断方法,来研究分子标记和QTL之间具有某种重组率的可能性,然后依据这种可能性,来判断分子标记和QTL是否连锁,从而确定其位置和效应。

QTL定位有多种方法,一般包括构建作图群体、筛选分子标记、检测和分析标记、构建标记的遗传图谱(若标记遗传图谱为未知)、测量数量性状和数量性状位点定位等步骤。

分子标记在QTL遗传研究中的应用日渐增多,给一度处于瓶颈的经典数量遗传学研究注入了活力。许多分子遗传学家、生物统计学家以及经典的数量遗传学家纷纷在这一领域开展研究,近二十几年来在国际上已形成了一股研究QTL的热潮。棉纤维品质性状的QTL研究也不例外。

Yu等(1998)在构建陆地棉×海岛棉种间杂种遗传图谱的基础上,鉴定出与海岛棉优质纤维品质基因(QTL)连锁的分子标记11个,其中3个纤维强度、3个纤维长度和5个纤维细度。这些QTL可解释(TM-1×3-79)海陆杂种F_2总遗传变异的35%~50%。Jiang等(1998)的研究也证明四倍体棉种(AADD)中,大部分纤维品质性状与产量性状的QTL位于D染色体亚组,四倍体棉种中A染色体亚组的祖先是有纤维的,而D染色体亚组则是光子,没有纤维。他们鉴定出的3个纤维强度QTL可解释海陆杂种F_2总遗传变异的30.9%。Shappley等(1998)利用RFLP分子标记建立陆地棉F_2连锁图,并对与马克隆值、比强度、成熟度、细度、50%跨距长度、2.5%跨距长度、伸长率等多个纤维品质性状相关的QTL定位。每个性状均定位于多个连锁群上,而且,许多性状在同一连锁群上。马克隆值、比强度、成熟度在19连锁群上;马克隆值、伸长率、细度在14连锁群上。Ulloa等(2000)预测到一个位点能解释44.6%的变异;马克隆值的QTL数目为4~15个,单个位点的效应为6.2%~43.9%;伸长率的QTL数目为2~18个,单个位点的效应为3.4%~31.6%。Mauricio等(2002)用RFLP筛选出26个QTL和农艺、纤维品质性状有关,3个和长绒比例相关,3个和纤维长度相关,4个和马克隆值相关,2个和2.5%跨距长度相关,2个和纤维强度相关。多数与纤维品质性状相关的QTL位于第1连锁群上,可见控制纤维品质性状的基因在同一染色体上连锁。Mei等(2004)通过海陆杂交F_2群体,利用RFLP、SSR、AFLP标记,分别找到13个QTL,7个和纤维品质性状有关,其中2个和纤维强度相关。

张天真等(2001)以异常棉基因渐渗而育成的高强纤维种质7235为材料,通过213对SSR引物的筛选,鉴定出与高强纤维QTL连锁的SSR标记3个,其中NAU/SSW/fs/130(大约130 bp)和NAU/SSW/fs/190(大约190 bp)紧密连锁,重组率2.3cM,标记的 QTL 占(7235×TM-1-1)F_2分离群体总遗传变异的 30.9%。该标记的 QTL 在不同年份和不同环境条件下，表现稳定，单体测验表明它位于第 10 号染色体上。这是我国通过分子标记技术，首次鉴定出的一个控制高强纤维表现的主效位点，将为我国开展棉花纤维强度的分子标记辅助选择及优质基因的克隆打下良好的基础。

袁有禄等(2001)利用 7235、TM-1 亲本(P_1、P_2)，以及(7235×TM-1)F_1、F_2(南京和美国 2 个环境)与 $F_{2:3}$(南京和海南 2 个环境)家系群体，根据 F_2 与 $F_{2:3}$的纤维品质性状表现，构建了纤维强度、细度与长度的极值 DNA 混合池。通过 221 对 SSR 引物、1 840 个 RAPD 引物对亲本和极值 DNA 混合池的筛选，共得到了 13 个多态性标记，其中 8 个标记可能与高强有关，1 个标记与低强有关；3 个标记与马克隆值有关；1 个与绒长有关。进一步对 F_2分离群体检测，连锁分析表明，与高强有关的 8 个标记(2 个 SSR 标记和 6 个 RAPD 标记)紧密连锁，覆盖 15.5cn。这一高强纤维的 QTL 在 4 个环境中均以 $FSRl_{937}$为最近，相距不超过 0.6 cm，能解释 35%的 F_2变异，53.8%的 $F_{2:3}$的表型变异，是目前纤维强度单个 QTL 效应最大的，多个环境下稳定，可以直接用于标记辅助育种。单体测验表明，该基因位于棉花的第 10 号染色体上。马克隆值的一个主效 QTL，标记 $FMRl_{603}$，在 F_2中能解释 7.8%的变异，在 $F_{2:3}$ 中能解释 25.4%的变异，同样表现为环境稳定。纤维长度的一个标记 FLR_{1550}，在 3 个环境中预测，最大能解释 9.5%的变异。

任立华等(2002)用置换了海岛棉一对染色体的陆地棉置换系，研究海陆杂种此对染色体上的基因互作。在对第 16 号染色体的置换系(简称 Sub 16)进行遗传评价的基础上，利用(TM-1×Sub 16)$F_{2:3}$家系对位于第 16 号染色体上的重要农艺性进行遗传分析，发现第 16 号染色体上有 2 个纤维长度的 QTL、1 个纤维伸长率 QTL，没有检测到纤维比强度、马克隆值的 QTL。在构建第 16 号染色体的 RAPD、SSR 分子标记连锁图的基础上，利用分子标记对相应的重要农艺性状进行区间作图，检测到纤维长度、纤维伸长率 QTL 各 1 个，在 $F_{2:3}$ 株系群体中能解释的表型变异分别为 19.7%和 11.7%。证明了第 16 号染色体与纤维长度、纤维伸长率等性状的关系。

陆地棉和海岛棉是两个不同的四倍体栽培种，在生产上各有其特点，陆地棉丰产性好，海岛棉纤维品质优良，利用其种间杂交群体定位产量和品质性状的 QTL，对于分子标记辅助的海岛棉优质纤维向陆地棉转移，具有意义。吴茂清等(2003)以 SSR 和 RAPD 为分子标记，陆地棉与海岛棉杂种(邯郸 208×Pima 90)F_2群体为作图群体，构建了一张含 126 个标记的遗传图谱，包括 68 个 SSR 标记和 58 个 RAPD 标记，可分为 29 个连锁群，标记间平均距离为 13.7 cm，总长 1 717.0 cm，覆盖棉花总基因组约 34.34%。以遗传图 126 个标记为基础，对 $F_{2:3}$家系符合正态分布的 10 个农艺性状及纤维品质性状进行全基因组 QTL 扫描，结果发现 29 个 QTL 分别与产量和纤维品质性状有关。其中与纤维长度、整齐度、比强度、伸长率和马克隆值等相关的 QTL 分别有 2 个、4 个、2 个、4 个和 1 个。各 QTL 解释的变异量在 12.42%～47.01%。其中，与比强度有关的 2 个 QTL 能够

解释的表型变异率分别为34.15%和13.8%。

贺道华等(2004)利用冀棉5号和Acala 3080两个陆地棉品种杂交产生分离群体，以SSR、RAPD和SRAP 3种方法进行纤维品质性状的分子标记分析。结果从1 120对(条)引物中仅筛选出46对(条)多态性引物，获得54个多态性位点并进行标记间的连锁性分析。分别以F_2和F_3的纤维品质性状进行单标记分析，检测出与纤维长度相关的显著标记5个，与整齐度相关的显著标记1个，与比强度相关的显著标记3个，与伸长率相关的显著标记6个，与马克隆值相关的显著标记4个。其中同时控制长度、伸长率和马克隆值的标记1个，同时控制长度和比强度的标记1个且在两个世代均被检测到。纤维比强度和马克隆值各检测到1对显著互作的标记，分别以显性与加性互作和显性与显性互作为主。

近年来对农作物QTL的研究发展很快，目前，对许多农作物中都已经进行了数量性状的QTL定位。但当前分子标记辅助的QTL定位只能是初级定位，大多分子标记定位的QTL的位置、效应随实验材料、时间和地点而异，而且成本较高。所以，至今很少真正与作物育种的实践结合起来。随着现代数量遗传学的进一步发展，高密度遗传图谱的构建，QTL位置、效应和机理的逐步探明，以及成本较低的基于PCR的分子标记技术的发展和应用，QTL定位将在包括棉花在内的作物育种中发挥巨大作用，主要体现在3个方面：一是新基因源的发掘。在育种实践中，单凭表型很难做到这一点，而利用QTL的方法是可行的。二是主效QTL的分子标记辅助选择。利用分子标记辅助选择，一方面可以聚合多个有利目标性状，另一方面可以在回交渐渗过程中，通过选择遗传背景，减少连锁累赘，加速育种进程。三是QTL的基因克隆。对QTL研究的最终目标，是将QTL上的基因克隆出来，用于基因工程操作。用传统育种方法与QTL分析相结合，是包括棉纤维品质遗传改良在内的作物育种发展的必由之路。

第五章
棉纤维品质的杂交育种

用基因型不同的品种作亲本，通过有性杂交获得杂种，继而在杂种后代中进行选择，培育出符合生产发展需要的新品种的方法，称为杂交育种，或称品种间有性杂交育种。在杂交育种中，通过人工有性杂交，可将不同亲本的优良基因组合在F_1的杂种个体中，这时的基因组合（基因型）是杂合体。F_1个体自交所形成的F_2及其后代，因基因分离重组而产生各种变异类型，即出现具有不同性状组合的变异个体，再经选择、自交纯化，就有可能获得综合性状优良一致的新品种（系）或超越双亲的新类型。经此法培育的品种属纯系品种类型。杂交育种是当前国内外作物育种中应用最广、成效最大的育种方法，是现代作物育种最基本的方法与途径。据周有耀（2003）分析，1950 年后，我国棉花生产年推广面积 6 700 hm^2以上的自育陆地棉品种中，杂交育成的，20 世纪 50 年代占 13％，60 年代占 21.2％，70 年代占 38.3％，80 年代占 54.9％，90 年代占 73.2％；80—90 年代，年推广面积在 34 万 hm^2以上的 12 个自育陆地棉品种中，杂交育成的便有 11 个，占 91.6％。

一、亲本选配

国内外作物育种实践业已证明，亲本选配是决定杂交育种工作成败的先决条件。为此，育种家在长期实践中已总结出不少亲本选配经验。《作物育种学》（西北农学院主编，1981）和《中国棉花遗传育种学》（中国农业科学院棉花研究所主编，2003）将棉花杂交育种亲本选配的经验，概括为如下四条原则：① 双亲应分别具有育种目标所需要的优良性状，而且双亲优缺点应尽可能达到互补；② 选用的亲本中应包括当地推广的品种；③ 杂交亲本之间应在生态型和亲缘关系上有所不同；④ 杂交亲本应具有较高的一般配合力。这些原则对指导棉花杂交育种中的亲本选配已产生重要作用。毋庸置疑，这些原则在今后的棉花育种中仍将发挥重要作用。

由于育种目标所涉及的经济性状大多数为数量性状，受环境条件影响较大，而且彼此间有一定相关性，仅以单一或少数几个性状，难以对亲本作出综合评价。为此，从 20 世纪 80 年代起，育种家运用多元统计分析方法，研究亲本间遗传差异，为杂交亲本选配提供科学依据。杂交育种每年要配制大量组合，但成功的少，失败的多。为减少配组盲目性，提高育种效率，育种家进行了亲本选配预测研究，并使亲本选配形成一定的模式。

（一）亲本间遗传差异分析

作物育种实践指出，在一定范围内，两亲本间的遗传差异越大，其杂种的优势也就越大，后代的分离范围就越广泛，从而获得优良个体的机会也就越多。因此，育种家把遗传差异的大小作为选配亲本的一个重要理论根据。

亲本间的遗传差异，是由不同亲本在同一基因位点上等位基因的频率不同而引起的。度量亲本间遗传差异大小的参数称为遗传距离。

以两个亲本数量性状遗传差异的大小为例。对于一个性状来说，两个个体或群体的遗传距离是指这两个个体或群体的遗传型值的离差 $|g_i - g_j|$ 与该性状的标准差的比值，即

$$G_{ij} = |g_i - g_j| / \sigma$$

如果对遗传型值进行标准化，标准化后的遗传型值为 g_i/σ，那么，两个个体或群体的遗传距离为两个标准化遗传型值的绝对离差，即

$$G_{ij} = |g_i/\sigma - g_j/\sigma|$$

考虑 n 个性状，如果各个性状独立而且具有相同的方差，那么

$$G_{ij}^2 = \sum_{k=1}^{n} (g_{ik} - g_{jk})^2$$

为两个个体或群体的遗传距离。

由上述遗传距离概念可以设想，遗传距离是在遗传型值基础上，考虑到多个性状总的遗传差异大小而提出的，会比表现型、地理差异作为差异大小参数更具有遗传基础和优越性，也比只考虑到单个性状的配合力分析全面些。

承泓良等(1998)以 5 个引自美国的品种(系)和 6 个我国自育的棉花品种为材料，调查了皮棉产量(kg/行)、铃数(个/株)、单铃子棉重(g)、衣分率(%)、纤维长度(mm)、细度(m/g)、单强(g)和断裂长度(km)等 8 个产量及纤维品质性状。采用系统聚类(欧氏距离，类平均法)方法研究 11 个品种(系)间的遗传差异。结果表明，11 个品种(系)可分为 5 类。第Ⅰ类包括美国品种 CAMAS′-1-81 和我国品种湘抗 159、湘抗 178 和 86-1 共 4 个品种(系)；第Ⅱ类包括 3 个美国品种(系)Acalal 517E-2、CAU′C-2-81 和 GPl97；第Ⅲ类包括美国品种(系)GPl78 和我国品种(系)冀合 355；第Ⅳ类和第Ⅴ类仅各有 1 个我国品种，分别为盐棉 48 和泗棉 2 号。分类结果表明，地理分布与遗传差异之间没有直接联系，来自不同地理来源的品种可以分在同一个类中。如第Ⅰ类中，有 3 个品种(系)来自中国，1 个来自美国。遗传种质资源的交流在地区间和国家间广泛开展及育种理论的发展和方法的改进，使不同国家和地区间品种遗传差异缩小。所以，在育种过程中，地理上的差异只能作为亲本选配的参考因素。类间与类内距离以及各类 8 个性状的平均

值列于表5－1和表5－2。

表5－1 类间与类内距离(D^2值)

类	Ⅰ	Ⅱ	Ⅲ	Ⅳ	Ⅴ
Ⅰ	14.70	22.45	26.40	18.09	20.51
Ⅱ		9.68	16.91	25.48	29.60
Ⅲ			11.49	24.05	27.82
Ⅳ				0	19.57
Ⅴ					0

表5－2 各类的性状平均值

类	皮棉产量(kg/hm²)	铃数(个/株)	单铃子棉重(g)	衣分率(%)	绒长(mm)	单强(g)	细度(m/g)	断裂长度(km)
Ⅰ	922.5	16.40	4.69	38.65	28.65	3.71	5 800	21.5
Ⅱ	825.0	15.71	5.26	34.87	29.61	4.37	5 900	25.8
Ⅲ	841.5	15.65	5.02	37.40	28.42	4.21	6 100	25.6
Ⅳ	972.0	17.18	4.85	39.80	29.51	3.45	5 900	20.4
Ⅴ	1 056.0	18.45	4.66	41.07	29.28	3.57	5 800	20.7

类内与类间距离，较客观地反映出亲本间遗传差异的程度。一般认为，同一类内的品种(系)，遗传上比较接近，而类间的品种(系)遗传差异较大。从表5－1可看出，类间距离明显大于类内距离。类间最大距离在类Ⅱ与类Ⅴ之间(D^2＝29.60)，而最小距离在类Ⅱ与类Ⅲ之间(D^2＝16.91)。

表5－2反映出各类在产量和纤维品质等方面的特点。类Ⅴ只包含一个泗棉2号品种，属丰产类，单株结铃数明显地超过其他类的水平，类Ⅳ的产量水平次之。类Ⅲ和类Ⅱ的纤维品质较好，尤其是类Ⅱ的四个纤维品质指标比较接近理想的育种目标的要求，单铃子棉重在所有类中最高，但衣分率偏低，单株铃数较少。

用数量方法测定杂交亲本间遗传差异的主要目的在于为合理选配亲本，减少配制杂交组合盲目性提供科学依据。一般认为，选配杂交亲本应在类间进行，避免在类内选择亲本。在具体运用这一原则时，应注意到，分在同一类的品种(系)，从总体上说，遗传上比较接近，但在个别性状上彼此间还是会存在遗传上差异的，只是有时因遗传差异太小，被环境造成的差异所掩盖。因此，在亲本选配时，除了要考虑类间差异外，也要注意到类内差异的利用。

遗传距离较大的亲本间杂交，能够创造一个遗传变异丰富的群体。程备久等(1992)以40个不同地理来源和特征特性的陆地棉品种为材料，通过因子分析，得到品种间的因子距离，并依据亲本产量高低和纤维品质优劣以及地理来源上的差异，选配了10个杂交

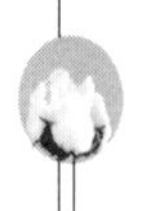

组合，通过 F_2 代产量和纤维品质性状的表型变异系数和平均值来分析因子距离大小与 F_2 代变异的关系，结果见表 5－3。

表 5－3　棉花亲本间因子距离与 F_2 性状表型变异的关系

组合	类群	因子距离	F_2 表型变异系数(%)				
			单株皮棉产量(g)	铃数(个/株)	衣分(%)	铃重(g)	纤维细度(m/g)
1×24	Ⅰ×Ⅳ	0.049 0	23.60	10.40	7.21	6.80	6 980
15×10	Ⅰ×Ⅰ	0.010 1	9.51	7.20	3.10	4.31	4 030
29×11	Ⅳ×Ⅳ	0.007 5	8.92	6.50	2.15	3.80	3 890
18×2	Ⅲ×Ⅳ	0.033 7	15.41	8.21	4.89	5.72	4 320
6×33	Ⅰ×Ⅱ	0.037 2	19.80	8.76	5.61	6.29	5 210
36×13	Ⅲ×Ⅱ	0.046 5	20.10	9.91	7.10	5.90	6 900
28×37	Ⅰ×Ⅱ	0.009 2	9.44	6.10	2.34	2.59	4 100
5×27	Ⅰ×Ⅱ	0.502 0	26.70	10.10	8.90	7.10	7 640
31×39	Ⅲ×Ⅱ	0.035 2	15.60	8.20	5.83	4.32	5 650
16×23	Ⅰ×Ⅳ	0.037 2	22.50	8.90	6.10	4.89	5 870
相关系数			0.943 9	0.966 4	0.971 1	0.869 5	0.904 6

由表 5－3 可以看出，因子距离大小与 F_2 代各性状表型变异系数的大小有显著的正相关，说明双亲的遗传差异越大，F_2 代性状的变异范围越广。从类群组成上也可以看出，同一类群内材料杂交，后代表型变异小；而不同类群间材料杂交，遗传变异要大的多。如单株皮棉产量，7 个不同类群间组合变异系数的平均值为 20.53%，而类内组合仅为 9.29%。但是，因子距离大小和 F_2 代性状均值无相关性，所以，在选配亲本时还应考虑亲本产量和纤维品质的表现。

综上所述，运用多元统计方法对现有杂交亲本进行遗传差异的测定与分析，将有助于育种家更好地从中挖掘新的、有用的遗传基因。必须指出，不应忽视统计分析结果的生物学意义，在确定杂交亲本时既要考虑类间、类内的差异，又要重视各亲本的实际表现，如产量水平、纤维品质和抗性等。这样做有利于提高配制杂交组合的针对性和预见性，减少不必要的杂交配组工作，以节工省本。

（二）杂交亲本选配模式

凡事预则立，不预则废。预测是决策的依据。杂交亲本选配模式是指亲本选配和杂种早期世代的鉴定按照一定的科学程序进行，以减少配组盲目性，摆脱由于杂交组合过多，造成的庞大工作量；同时通过对杂种早期世代的鉴定，及早淘汰不良组合，集中力量对优良组合进行选择，以提高优良材料的中选率。

承泓良等(1990)于 1985—1989 年以从美国引进的和我国自育的共 22 个品种(系)

为亲本，按照4×7NCⅡ遗传交配设计配制28个组合，并从F_2代开始选择单株，直至F_5品系为试验材料，调查皮棉量(kg/hm^2)、铃数(个/株)、单铃子棉重(g)、衣分率(%)、纤维长度(mm)、比强度(g/tex)和马克隆值等7个性状，计算亲本间的遗传距离、F_1性状的配合力和F_2组合鉴定指数等参数。将试验结果按照育种过程组配，形成如图5-1所示的陆地棉杂交亲本选配模式。

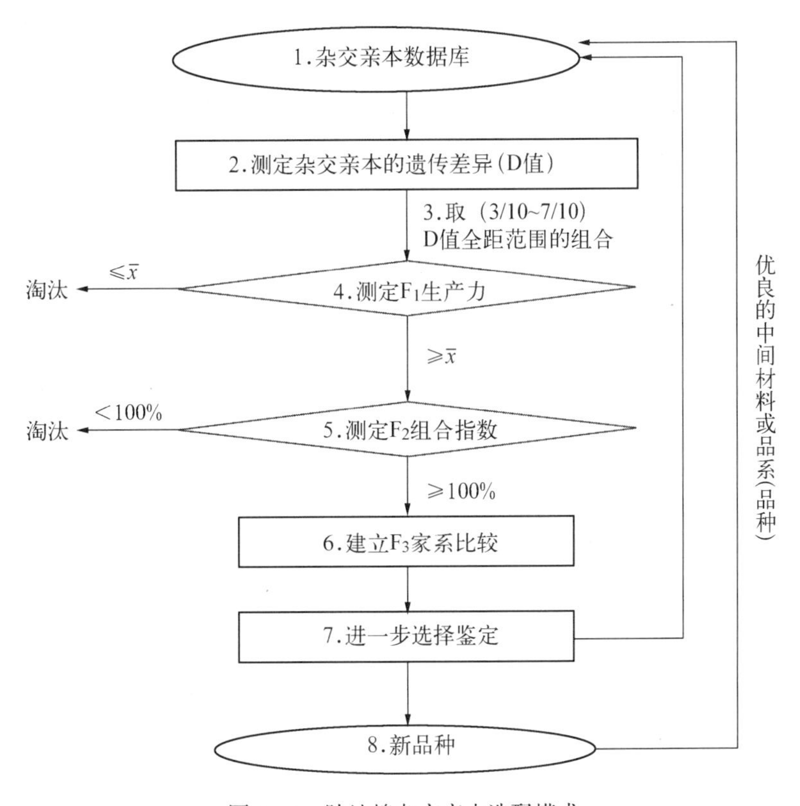

图5-1 陆地棉杂交亲本选配模式

由于棉花育种是包括创造变异、选择变异、鉴定和比较变异、育成品种等多个环节在内的一个较复杂的系统。亲本选配和杂种早期世代的鉴定仅为这个系统中的两个子系统。要提高棉花育种系统的总功能，即提高育种效率，还需研究如选择、鉴定等其他子系统的结构与功能，并协调子系统之间的关系。该模式的提出，只是对棉花育种中经典的亲本选配原则和传统的凭经验对杂种早期世代进行选择鉴定的做法，提供了有益的补充与发展。尽管模式还有待作进一步验证与完善，但它毕竟可对杂种前景作出一定概率上的判断，较之传统的做法，可以说是进了一步。按照这一模式，承泓良等(2006)育成的抗枯、黄萎病品种科棉4号与高品质棉品种科棉5号于2005年通过江苏省农作物品种审定委员会的审定，表明该模式对指导棉花育种实践有十分重要的意义和作用。

二、育种方法

从棉花生产实际出发，高产、优质始终是棉花育种的主体目标，早熟、抗(耐)枯、黄萎病、抗(耐)棉蚜、棉铃虫(红铃虫)和在不少棉区突出的抗(耐)旱(盐碱)以及其他抗逆性状是保障目标。

棉花遗传理论和育种实践证明，育种目标愈多，要求愈高，育种难度也愈大。这是因为在育种主体目标之间、育种保障目标之间、主体目标与保障目标之间，存在着一系列错综复杂的遗传上的负的联系。所以，只有打破这种联系，为理想的基因重组提供机会，才有可能选得新的优异变异。但迄今为止，对一些育种目标性状之间遗传上的负关联性的原因，研究得还不透彻。它们既可能是由于连锁，也可能是由于基因多效性，还可能是由于两者的共同作用。一般认为，连锁可能是主要的。这为打破某些育种目标性状间遗传上的负关联性指出了方向，但难度依然很大。基因多效性的本质，可能是某些基因控制的一个共同的基本生理效应为两个以上的表现型性状所共享。

通过何种育种方法才能有效地打破这种遗传上的负关联性，获得理想的重组体，育成符合育种目标要求的综合性状优良的新品种，这是国内外棉花遗传育种专家一直在努力研究的课题。

棉花育种大多采用杂交育种法，显然已取得了显著的成效，但这种方法存在显而易见的缺陷：首先是杂交次数少，不利于有利基因通过交换达到重组，不利于基因加性效应的积累，极大地限制了理想个体出现的几率；其次是难以打破皮棉产量和纤维品质性状遗传上的负相关性，难以选择出综合性状优良的个体。针对这些突出问题，国内外棉花育种工作者试验过多种育种方法。

(一) 杂种品系间互交育种法

Hanson 最早于 1959 年提出杂种品系间互交是打破连锁区段、增加有利基因重组的有效方法。美国 Pee Dee 试验站 Culp、Harrell 和 kerr 等棉花育种专家从 1946 年开始就收集高产的陆地棉品种以及美国 Beasley 所育成的纤维品质优良的亚洲棉、瑟伯氏棉、陆地棉三种杂种(ATH)作为亲本进行不同组合的杂交，在同一杂交组合的群体内选择理想的单株，在其后代中选择优良的株系，进行杂种株系间互交、系间互交和选择，周而复始地进行若干次。必要时，可以根据杂种性状的表现，加入优良品种或种质系作为新的亲本，与杂种品系互交，再继续进行选择和优良品系互交的程序。通过这种方法，增加了杂种染色体交叉和基因交换、重组的机会，加上种质资源丰富及不断地进行人工选择，育成了既保持一定产量水平又表现优良纤维品质的 Pee Dee 种质和品种。它们的单强都在 4 g 以上，细度为 5 800～6 500 m/g。杂种品系间互交育种法过程如图 5-2 所示。

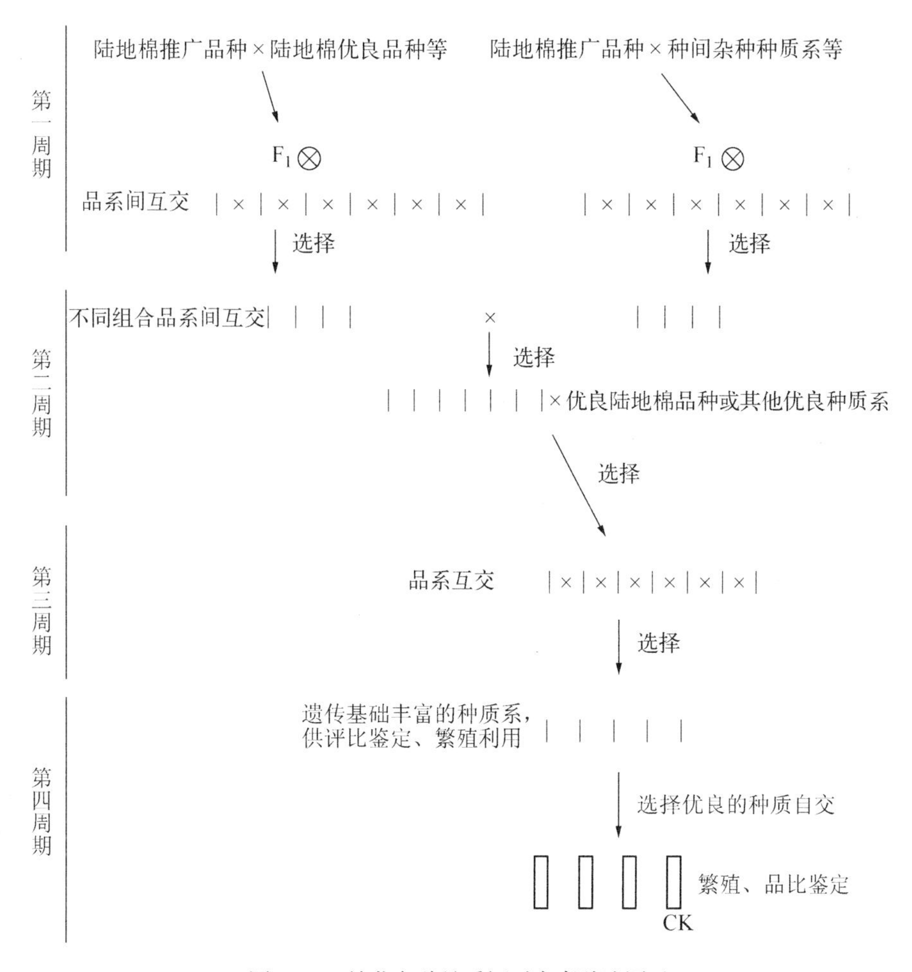

图 5-2 棉花杂种品系间互交育种法图示

该种方法证明了如下三个基本原理:

1. 杂种产量和纤维单强间相关系数的变化

经过杂种品系间互交和选择交替进行的育种程序后,皮棉产量和棉纤维单强之间的相关系数发生了明显变化,由原来的高度负相关(-0.928)变为正相关(0.448)。杂种品系间互交和选择轮回的周期愈多,原来的负相关系数的改变也愈明显,如表 5-4 所示。

表 5-4 不同杂交组合皮棉产量和棉纤维单强间的相关系数

组合	品系数	r	r^2
F	14	-0.928	0.86
FTA	18	-0.918	0.84
AC	11	-0.765	0.58
AC·FJA	39	-0.488	0.24
AC·G	28	-0.613	0.38

续表 5-4

组合	品系数	r	r^2
AC·FJA	—	—	—
AC·G	6	0.217	0.05
AC·W	9	−0.249	0.06
AC·D	12	0.045	0.002
AC·r	—	0.448	0.20
H	7	0.436	0.19

(注:F、T、A 等是不同杂交组合或同一组合不同系的代号。)

2. 杂种群体中产量和纤维单强较好植株的频率提高

杂种品系间互交的周期数愈多,杂种群体中选择出的产量和纤维品质优良的植株频率愈高(表 5-5、表 5-6)。

表 5-5　4 个 PD 品系皮棉产量和棉纤维单强间的相关系数

品系	选系					
	第一周期		第二周期		第三周期	
	品系数	r	品系数	r	品系数	r
Earlistaple	11	−0.899	24	−0.578	—	—
Line F	5	−0.946	9	−0.921	—	—
Pee Dee 2165(AC,FJA)	11	−0.478	10	−0.605	59	−0.490
Pee Dee 438(AC,G)	9	−0.477	19	−953	—	—

表 5-6　不同 Pee Dee 材料群体中产量和纤维品质优良个体频率

群体	F_2 植株数	F_2 当选植株数	发放品系	当选植株	
				优良	优异
AC·FJA	320	10	1	1～30	1～300
AC·C	320	6	1	1～50	1～300
AC·GXAC·FJA	120	8	3	1～15	1～40
H:AC·FJA	120	8	3	1～15	1～40
H:FAT·C	120	4	2	1～30	1～60

3. 不同品系皮棉产量和棉纤维单强的回归直线

亲本(1、2、8、9)和低世代的杂种品系(3～7)的回归点均落在回归线附近(图 5-3)。经若干周期的品系间互交和选择的高世代品系(10～16),其回归点逐步远离回归线,呈现离回归的趋势。

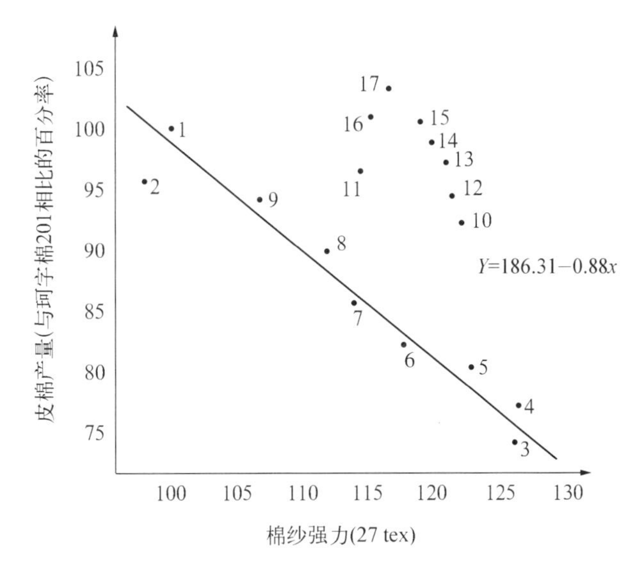

图 5-3　亲本及杂种品系皮棉产量与棉纤维单强的回归线

（注：1、2、8、9 为亲本，4～7 为低世代的杂种品系，10～16 为高世代的杂种品系。）

（二）分裂交配

分裂交配，原称分裂选择，由 Mather 等（1953，1955）提出。这一方法是指在性状有分离的原始育种群体中，从某一性状频率分布的正负两端选择个体或后代样本，只进行（负×正）的交配。由此得到一个新的分离群体，在该群体中再进行分裂交配。轮番的分裂交配，并不是指望该群体某一性状的平均值发生改变，而是希望增加某一性状的变异和频率分布的幅度。从理论上讲，分裂交配包括不相似个体间的互交，以扩大基因交换的机会，通过打破明显的互斥连锁，释放出潜在的变异性。Narayanan 等（1987）按开花迟早对 3 个棉花群体进行分裂选择，认为这种方法对改良早熟性效果好，同时也导致铃重、纤维长度、衣分的广泛变异。

鲁黄均（1998）以 4 个杂交组合为试验材料，运用分裂交配方法对棉花产量和纤维品质遗传改良效应进行了研究。该项研究将 F_1 植株上收获的种子（为 F_2 代种子）的一部分在低温库保存，作为基础群体种子，另一部分种成 F_2 群体。对 F_2 群体进行分裂选择。采用 3 个选择指标：开花最早和最晚的植株、纤维单强最好和最差的植株，以及纤维最长和最短的植株，每个植株类型各选择 5 株。从这些极端类型植株上采收的种子翌年种成株行，进行分裂交配。交配方式是早开花×晚开花（早×晚）、纤维单强好×单强差（强×弱）、纤维长×纤维短（长×短）。这些杂交种子分别称为 1 轮早×晚、1 轮强×弱、1 轮长×短。一部分杂交种子在低温库保存，其余种子继续进行分裂选择与杂交。例如，从 1 轮早×晚分离群体中继续选择早开花与晚开花类型杂交，得到 2 轮早×晚群体种子。该研究进行 2 轮分裂交配。

1995 年同时种植每个组合的 7 个群体：基础群体、1 轮早×晚群体、1 轮强×弱群体、

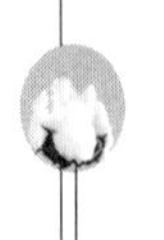

1轮长×短群体、2轮早×晚群体、2轮强×弱群体及2轮长×短群体。结果表明:① 以4个组合的平均数而言,小区皮棉产量没有显著差异,而不同组合的纤维品质显著不同(表5-7)。1轮长×短、2轮长×短和2轮强×弱的交配方式的产量明显高于基础群体和1轮早×晚群体。不同交配方式的纤维品质不存在显著差异(表5-8)。② 4个组合单株皮棉产量与纤维长度、整齐度和马克隆值之间的相关性,经1轮、2轮分裂交配后,改良效果不明显,但单株皮棉产量与比强度之间的相关性,改良效果明显。该研究中的单株皮棉产量与纤维强度的相关系数在组合4的基础群体中为-0.41(较高负相关);在组合2和组合3的基础群体中为弱正相关,分别为0.05和0.12;在组合1的基础群体中则为0.58(较高正相关)。4个组合的24个群体经1轮、2轮分裂交配后,79.1%的群体的单株皮棉产量与比强度之间的相关系数为正值。

表5-7　4个组合的小区皮棉产量及纤维品质测试平均值

组合	小区皮棉产量(g)	纤维品质			
		长度(mm)	整齐度	比强度(cN/tex)	马克隆值
1	1 872.58	29.2a*	47.7b	20.3a	3.6bc
2	1 968.58	27.7b	49.2a	20.4a	3.8ab
3	1 919.13	27.9b	49.7a	20.2a	4.0a
4	1 913.64	27.8b	47.9b	18.7b	3.5c

(注:* 表示达5%显著水平。)

表5-8　基础群体及不同分裂交配群体的产量和纤维品质

处理	小区皮棉产量(g)	纤维品质			
		长度(mm)	整齐度	比强度(cN/tex)	马克隆值
基础群体	1 764.92b*	28.3	49.0	20.3	3.8
1轮早×晚	1 779.45b	28.0	48.9	19.8	3.7
1轮强×弱	1 891.96ab	28.0	48.4	20.0	3.8
1轮长×短	2 069.17a	27.9	48.5	19.5	3.6
2轮早×晚	1 931.56ab	28.2	48.1	19.6	3.6
2轮强×弱	2 029.56a	28.2	48.7	19.7	3.7
2轮长×短	1 962.78a	28.4	48.8	20.7	3.9

(注:* 表示达5%显著水平。)

(三) 棉花混选—混交育种体系

马家璋(1987)从1982年开始,在研究和综合Culp等提出的修饰性相互交配及选择、修饰性回交、随机相互交配,Mather等提出的分裂交配,Frey提出的轮回选择的基础上,探索建立棉花混选—混交育种体系,以混交打破连锁,通过混选增加理想重组体的出现几率,育成了高产、抗枯萎病、耐黄萎病、耐旱、耐盐碱、早中熟、纤维品质中上水平的中棉所23号，在河南和新疆南部地区等棉区推广。山西省农业科学院棉花研究所运用这一体系也育成了晋棉11新品种。棉花混选—混交育种体系的基本点是：① 建立遗传基础比较丰富的育种材料。具体做法是尽可能多地采取多亲本复合杂交，或选取原来就是复交育成的材料做亲本。② 在已育成的中间材料群体间多次进行补充杂交。目的是对中间材料群体某些表现还不够理想的性状进行改进。③ 根据遗传率大小在不同世代对不同性状进行选择。先根据综合表现淘汰组合，再在入选组合内根据单株表现选择单株。遗传率高的性状着重在低世代选择；遗传率低的性状偏重在高世代汰留。④ 保持群体的基因频率。入选单株或混交单株每株等量摘收1～2个棉铃，混合留种。⑤ 大陆混选—海南混交组成一个轮次。利用在大陆性状表现的真实性，选择工作全部在大陆进行。利用在海南冬季成铃率高、异交率高的优势，混交工作主要在海南进行，并结合加代。⑥ 进行多轮次（1～3轮）混选—混交。在最后一轮混选—混交的后代群体中，严格按育种目标选择单株并按单株留种，以便于进行以后的株行、株系等产量和其他性状比较试验。

1986—1989年，马家璋等对这一育种体系进行了试验研究。1986年在河南安阳中国农业科学院棉花研究所配制了7个陆地棉杂交组合，1986年冬将杂交种子种于海南加代。按组合混收种子，形成7个F_2种子群体。1987年将上述种子种于该所。收花按组合分两种处理：① 根据抗枯黄萎病性、结铃性、早熟性和目测手感纤维品质选株，入选株各混收1个铃留种，形成$M_0S_1F_3$种子群体；② 除淘汰个别重感枯、黄病植株外，不施加选择压力，各混收1个铃留种，形成$M_0S_1F_3$种子群体。1987年冬将这两种处理的种子种于海南，开花盛期分别进行群体内不去雄混交。收花时，按群体对混交株各混收两个混交铃，形成7个$M_1S_0F_4$和$M_1S_1F_4$种子群体；同时，对混交株再各混收1个开放授粉铃，形成7个$M_0S_0F_4$和$M_0S_1F_4$种子群体。混交铃种子一分为二，一半和其他14个开放授粉铃种子贮于冷库，另一半1988年春种于该所。冬天在海南重复1987年混交过程，形成7个$M_2S_0F_4$、$M_2S_2F_4$、$M_1S_0F_4$和$M_1S_2F_4$种子群体。连同前面贮于冷库的4类种子群体，1989年把7个组合、8种类型的试验材料同时种植，试验材料分为两组：① 由基础群体（$M_0S_0F_4$）、一轮混选—混交群体（$M_1S_1F_4$）和二轮混选—混交群体（$M_2S_2F_6$）组成，进行轮次响应分析；② 由8种类型育种群体$M_0S_0F_4$、$M_0S_1F_4$、$M_1S_0F_4$、$M_1S_1F_4$、$M_1S_0F_6$、$M_1S_2F_6$、$M_2S_0F_6$、$M_2S_2F_6$组成，分别进行混选和混交的响应分析。试验结果如下：

1. 混选—混交的平均响应明显

各育种群体小区产量平均数与基础群体相比，子棉、皮棉产量除少数组合外，均有显著差异，并有随育种轮次增加而提高的趋势。早熟性多数组合有提高。纤维品质仅个别组合的少数性状表现明显改进，差异均不显著。抗枯、黄萎病性的差异不大，但都在抗枯耐黄范围内。

2. 轮次响应明显

从育种轮次的平均数改良效果看（表5－9），与基础群体相比，1轮、2轮育种群体极显

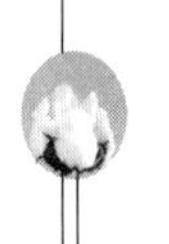

著地提高了皮棉产量，并且 2 轮高于 1 轮，接近显著水平；子棉产量表现出同样效果，2 轮优于 1 轮，达极显著水平。1 轮育种群体明显地增加了纤维长度，2 轮稍有降低，但仍高于基础群体；马克隆值随育种轮次增加而下降，2 轮的差异达显著水平；比强度有随轮次而增加的趋势；早熟性随轮次而提高，达极显著水平；抗枯萎病性在育种轮次间的差异不显著。

表 5－9　混选—混交育种轮次群体平均值及其多重比较

轮次	群体	皮棉产量(g)	子棉产量(g)	早熟性(%)	纤维长度(mm)	比强度(cN/tex)	马克隆值	枯萎病指	黄萎病指
0	$M_0S_0F_4$	1 708.1	4 366.7	45.8	28.7	20.68	4.4	1.7	27.4
1	$M_1S_1F_4$	1 795.5**	4 563.0**	50.1**	29.2*	20.78	4.3	1.6	27.5
2	$M_2S_2F_4$	1 848.0**	4 754.6**	52.3**	29.1	21.17	4.2*	1.4	27.8

（注：*、**分别表示达 5%和 1%显著水平。）

3. 混选和混交的响应明显

对群体平均数的改良作用分析可知（表 5－10），混选对子棉、皮棉产量、纤维长度、马克隆值及抗枯、黄萎病性均有极显著的改进作用，但对早熟性、比强度的响应不大。混交对提高子棉、皮棉产量和早熟性的差异达显著水平，混交 2 次优于 1 次，但未达显著水平；纤维品质除马克隆值的降低接近显著水平外，其余性状差异不大；抗枯、黄萎病性反有降低，但差异不显著。与基础群体相比，对皮棉产量，混交扩大群体变幅的响应较明显；混选—混交轮次虽也表现出较明显的响应，但不及混交明显；混选则相对缩小了变幅。这启示人们在育种的低世代应尽量放宽混选尺度，甚至不加任何选择压力，使群体内混交时能为分裂交配和全方位的个体间相互交配提供更多机会，从而扩大变幅和增加正向超亲变异株率。混交、混选和混选、混交轮次也使纤维长度、比强度在不同程度上扩大了群体变幅，但对马克隆值变幅扩大的效果不稳定。

表 5－10　混选—混交复合群体的平均值及其多重比较

处理水平		群体		皮棉产量(g)	子棉产量(g)	早熟性(%)	纤维长度(mm)	比强度(cN/tex)	马克隆值	枯萎病指	黄萎病指
混选	不选	$M_0S_0F_4$	$M_1S_0F_4$	1 823.7b*	4 622.3b	50.4	28.8b	20.78	4.4a	1.8a	28.6a
			$M_1S_0F_6$	$M_1S_0F_6$							
	选	$M_0S_1F_4$	$M_1S_1F_4$	1 857.5a	4 726.1a	50.6	29.0a	20.78	4.3b	1.5b	26.6b
			$M_1S_2F_6$	$M_2S_2F_6$							
混交	0	$M_0S_0F_4$	$M_1S_0F_4$	1 775.3b	4 520.3b	47.3b	28.8	20.88	4.4	1.5	26.3
	1	$M_1S_0F_4$	$M_1S_0F_4$	1 857.4a	4 670.9a	50.4a	29.0	20.58	4.3	1.7	27.1
	1	$M_0S_1F_6$	$M_1S_2F_6$	1 843.5a	4 688.2a	52.5a	28.9	20.78	4.3	1.7	27.4
	2	$M_2S_0F_6$	$M_2S_2F_6$	1 886.0a	4 812.2a	52.1a	28.9	20.58	4.3	1.7	28.4

（注：* 表示达 5%显著水平。）

该育种体系在试验研究中证实了对性状改进的综合育种效果明显。但是,这种效果在不同的杂交组合间差异较大。因此,科学地选配亲本和早期汰留组合仍是选育成败的关键。此外,这种效果对不同育种目标也有差别。例如,纤维品质的改进尚不稳定,主要是因为对其选择仅凭田间目测和手感汰留,有很大的主观经验性。现在已有快速测试手段,能对众多的小棉样进行纤维品质测定,可克服这一缺陷,从而提高同步改进纤维品质的效果。至于不同类型的育种群体间都表现出较好的抗枯、黄萎病性,但差异不明显,可能是由于在育种程序中,不管哪一种选择方式,都剔除了严重罹病株的缘故。

(四)修饰回交法

这一方法由潘家驹等(1990)提出。把杂种品系间互交和回交相结合,取回交纯合进度快且后代在聚合后与轮回亲本只差一个基因区段容易选择的优点,以期弥补互交法亲本多,后代分离广,不易选择和纯合进度慢的不足。用不同的回交品系进行再杂交,以便创造更多的交换重组的机会,可克服回交法导致的后代遗传基础贫乏的缺陷。设 A 为丰产品种,用作轮回亲本;B 为优质品种,C 为抗病品种,B、C 作为授予亲本。修饰回交法如图 5-4 所示。

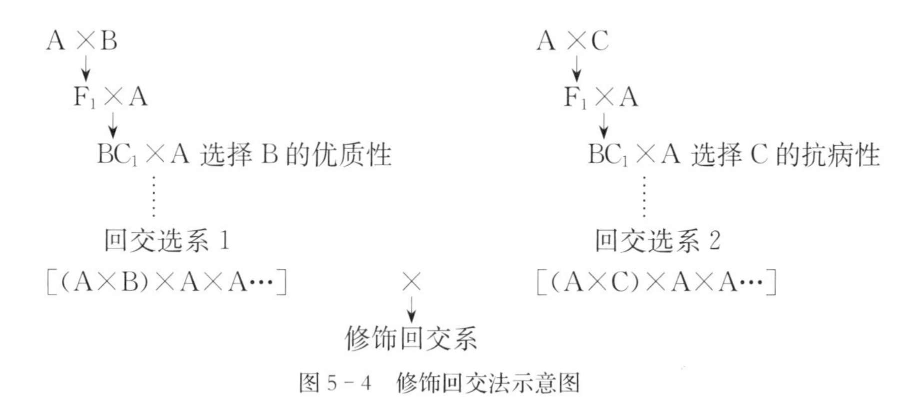

图 5-4 修饰回交法示意图

该方法相当于拟等位基因系间的互交,能将各授予亲本的目的基因聚合到轮回亲本上。此外,也可将形态特征和生态类型相似的优良种质继续加入,以丰富修饰回交系的遗传基础。

该项研究自 1980 年开始,至 1990 年进行了两轮试验研究。1984 年进行了第一轮的比较试验,包括质量性状试验 1 个、丰优试验 4 个及丰抗试验 1 个。除质量性状外,第一轮选用的亲本为:徐州 142、鲁棉 1 号、晋中 200、黑山棉 1 号、岱字棉 16 号及 SP-21。每一个试验均含有修饰回交系、回交系、单交系及亲本。除丰抗试验在江苏省常熟市碧溪乡重病地进行外,其余试验均在南京农业大学江浦农场试验站进行。同时继续选用新的丰产、优质、抗病的材料 11 个:泗棉 2 号、中棉所 10 号、86-1、PD9363、PD9364、PD2164、冀合 355、冀 339、徐 409、SP-21 及 N84-3 进行杂交、回交、修饰回交、配制新的杂种群体,于 1988 年进行了第二轮的比较试验。除亲本、单交、回交、修饰回交系外,还增加了

双交及复式杂交系。此轮包括丰优试验3个、丰抗试验2个。每个试验均分别设置在徐州地区农业科学研究所、盐城市郊及南京农业大学江浦农场试验站进行。两轮主要研究结果如下：

1. 质量性状应用修饰回交效果明显

两个授予亲本，一个为鸡脚叶，另一个为扭曲苞叶，轮回亲本是叶形和苞叶均为正常的丰产品种徐州142。在[(徐州142×鸡脚叶棉)×徐州142]×[(扭曲苞叶棉×徐州142)×徐州142]的F_2群体内，能选到既为鸡脚叶又是扭曲苞叶的重组类型，它们的株形、铃形类似徐州142，还具有徐州142的丰产性，平均每株铃数为20.8个，说明应用修饰回交法能把两个授予亲本的性状重组到丰产的轮回亲本上去。

2. 应用修饰回交法，使皮棉产量增加显著

两轮试验中，修饰回交系除个别外，均表现出皮棉产量高，比大多数亲本、单交、回交、双交及复式杂交系增产达显著水平(表5-11)。

表5-11　修饰回交系和其他品种(系)皮棉产量的比较

试验轮次		修饰回交系数			其他品种(系)数	增产率(%)	
		总数	增产系数	减产系数		幅度	平均
一		8	7	1	15	−10.2～25.0	13.1
二	(丰优组)	9	9	0	18	4～76.7	23.9
	(丰优组)	4	4	0	16	1～56.1	21.3

3. 在克服丰产性及早熟性的矛盾上，修饰回交法表现出明显的效应

两轮试验均在直线回归分析中得到了丰产早熟的修饰回交系。在第一轮试验中，除有1个修饰回交系紧靠在回归线的上方外，其余7个修饰回交系均以丰产和早熟的方向偏离回归线。在相关分析中，应用修饰回交法将丰产和早熟的相关系数由−0.9转变为+0.06。在第二轮试验的皮棉产量和早熟性直线回归分析中，6个修饰回交系均处在高产和早熟的方向上，其中两个系的回归坐标点略逊于丰产早熟的亲本，但与其他参试系相比仍处于优势。

4. 修饰回交法对削弱丰产性与抗病性状的负相关程度表现出一定效应

第一轮试验，皮棉产量和抗病指数的相关系数由−0.51转变为0.2；在第二轮试验中，无论是抗病株数与皮棉产量还是抗病指数与皮棉产量的直线回归分析，4个修饰回交系均表现以正效应方向偏离回归线，并得到了丰产潜力高及抗病的修饰回交系。

5. 修饰回交法对改变皮棉产量和纤维品质的负相关性表现出一定效应

在第二轮试验的皮棉产量和纤维比强度直线回归分析中，江浦试点除了有2个修饰回交系稍差于丰产亲本而优于其他品系外，其余7个修饰回交系全位于高产高强的方向上。在徐州试点，全部9个修饰回交系均位于上方而偏离回归线，为高产高强度的修饰

回交系。在6个纤维品质性状和皮棉产量的复相关分析中,修饰回交法能改变纤维品质复合性状与皮棉产量的关系,削弱纤维品质性状对皮棉产量的负向联系而加强其正向贡献。

6. 修饰回交法对缓解抗病性与比强度的负相关也表现出一定效应

在第二轮试验,以抗病亲本为轮回亲本的试验中,通过修饰回交将抗病株率与比强度的相关系数由-0.477 9变为-0.118 3;抗病指数与比强度的相关系数由-0.518 5变为-0.193 3。

综上所述,修饰回交法在提高陆地棉杂种群体的皮棉产量,改变其经济性状负相关方面明显优于回交、单交等方法的效应,这是因为修饰回交群体包含了更多的世代和更多的原始亲本。陆地棉经济性状间的负相关主要是由基因连锁导致的。Fehr(1987)认为,连锁可以减少某些基因型频率而增加另一些基因型的频率。回交群体间的杂交,使连锁基因处于能够进行有效交换的杂合状态。修饰回交群体都经过5代以上杂交、自交。由于多次交换,连锁区段平均长度变短,且连锁区段均不同程度地被打破,所以经济性状间的负相关得到了改变。同时,由于修饰回交群体含有更多亲本,各基因座位具有更多的等位基因,能更有效地进行基因的交换和重组;各基因座位具有有利基因的概率也增加了。这是修饰回交优于其他育种方式的另一个原因。

(五)保持基因流动性育种杂种种质库体系建设

张风鑫等从1981年开始着手棉花育种保持基因流动性育种杂种种质库的建设,提出了棉花综合育种体系。

1. 体系建设的总体思路

现代真核生物分子遗传学的进展,使有关生物进化的观点也在发生进化。现业已明确,生物的基因组绝非是静态的。基因组可以扩展、缩小、重排遗传信息程序。通过将不同基因片段接合,还可产生杂种基因。各种突变和遗传信息重排,并非纯粹是偶然事件,而是DNA自身的属性。在DNA遗传程序中,包含了许多遗传程序重排的指令,它们的启动比人们原先预料的要频繁得多。生物利用重排遗传信息程序,随机地产生若干不同的遗传程序,在内、外环境作用下,一些程序被淘汰,另一些程序被保留(通常是因为对环境具有适应力),通过演化和自我复制,形成新的遗传行为。DNA按照这一方式,显示出一种完备的"自我实验"的能力,实验结果的积累使生物不断发生分歧和进化。由此,生物能够充分利用重组所提供的一切机会,对付环境的挑战。

病害并非是寄主的固有属性,植物的抗性也非一成不变。研究结果证明,植物抗性的产生,是寄主—病原(包括逆境、虫害)—共生生物体—环境开放复合系统的一种适应性自组织结果。这一自组织行为深深扎根于DNA的自我实验特性。因而,多种多样的抗性是可以通过适当的途径来获得的。

育种上难以把各种有益性状集合在一个基因型中，是由于存在性状间的不利相关性。这种相关性来自连锁、多因一效、一因多效，但主要是连锁。要从根本上解决这一问题，只有通过遗传信息序列的广泛重组。

基于上述分析，把育种群体作为一个动态基因库来处理，通过多个亲本多次的相互交配（含分裂交配）及随时根据需要输入新种质，通过遗传的高度杂合化，打破原有亲本的遗传系统，促成遗传信息序列的广泛重组；打破遗传连锁，释放出潜在的有益变异；再按育种目标施以相应的（病、虫、逆境、产量、纤维品质）选择压力，干涉遗传信息序列的分歧方向；并通过不断的轮回选择，聚合大量有利基因及其重组体。如此，不但可在一个育种周期内基本实现其综合育种目标，而且随其杂种库的丰富、改进、演化，可不断创造出新品种。

2. 体系的技术程序

该体系是循环的，每一循环包括 4 个环节：① 建立基础育种群体；② 基础育种群体的多抗性轮回选择；③ 科学选择，发掘优良重组基因型；④ 轮回选择，建立次级杂种库。这一体系的实际操作程序比较繁杂，且时间较长。其中吸收了 Culp 的相互交配和选择、Freyd 的轮回选择以及 Bird 的多抗育种体系中的有益技术，同时也组合了张凤鑫等提出的创新技术。

（1）建立基础育种群体。选择在丰产性、适应性、抗性和纤维品质等方面有突出特点的 4 个或 4 个以上亲本进行单交、双交、双交间互交（二次），如此，使不相似个体（含极端型个体）进行 4 轮以上的相互交配，达到打破连锁的目的。

（2）基础育种群体的多抗轮回筛选。其步骤是：杂种种子硫酸脱绒；配制 1.5%清水琼脂培养基；平板上摆播脱绒种子，在空气中感染霉菌和细菌 8 小时；在 13.5 ℃条件下保湿培养；1 周后剔除感染霉菌和细菌的种子及发芽过快发芽不正常、下胚轴弯曲的种子；在过筛土壤中接种 0.5%（W/W）棉子枯萎病培养物及 0.1%（W/W）苗病（立枯病、炭疽病等）培养物，装钵；播入抗霉菌生长和细菌的萌动种子，保温育苗；出苗后 35 天内淘汰感染病苗、枯萎病幼苗，健苗移入黄萎病圃，或针刺接种黄萎病（3.6×10^{6}/fu）；3 周后淘汰发病重及恢复力差的个体；开花期进行健株间混合交配；混收混交种子，翌年重复上述筛选过程。如此，产生多抗性初级杂种库。该筛选法是 Bird 间接选择法和 Saphenfield 直接选择法的综合。

（3）科学选择，发掘优良重组基因型。多目标性状的选择是综合育种的一大难题。已有的单项依次选择法、独立水平法、选择指数法都不适合综合育种的多目标性状选择。为此，在该研究中，将综合育种涉及的所有性状先划分为产量、纤维品质、多抗性、株冠结构、种子性状五大性状群，用研究两组变量关系的方法，以产量性状群为核心，依次分析两群间关系。在保证有最大相关前提下，找出两群中起主导作用的性状，然后分别检查其遗传相关，在不发生重大冲突前提下，最终确定全部性状的选择重点。各性状的选择标准，以推广的对照品种或杂交种群体该性状均值为起点。如此，将综合育种的数十个性状选择简化为子棉、皮棉产量、10 月 10 日前收花率、株铃数、衣分率、单铃籽数、单铃皮棉重、纤维比强度、枯萎病抗性、黄萎病抗性、株高和种仁蛋白含量共 12 个性状。经两轮选择试验，比较结果，证明有良好的同步改良功效。

(4) 轮回选择，建立次级杂种库。完成第一轮选择后，选拔优良基因型，进行 1～2 轮的轮回选择，当认定有必要输入新种质时，可结合轮回选择输入新种质。轮回改良后的群体，再进行 1～2 轮的多抗性筛选，产生次级杂种库，并开始新的一轮选择。以后照此循环，产生多级杂种库。

张凤鑫等经过 20 余年的努力，先后育成了川碚 2 号、渝棉 1 号以及一系列新品系。其中尤以渝棉 1 号的纤维品质最为突出。其选育过程如图 5－5 所示。同时在丰产性、纤维品质及多抗性的简单相关和遗传相关分析中证明，多数相关向有利方面改变。如皮棉产量与比强度的遗传相关为＋0.36；与纤维长度也是正相关，为＋0.45；与马克隆值几乎无相关，为＋0.02；与枯萎病指、黄萎病指、苗病死苗率均为有利的负相关，分别为－0.54、－0.31 和－0.50。纤维比强度与枯萎病指、黄萎病指以及苗病死苗率的遗传相关也都为有利的负相关，分别为－0.29、－0.29 和－0.49。此外，还扩大了衣分的变异范围，变异系数从 8.1％提高到 11.7％；比强度的变异范围也扩大了，变异系数从 11.3％提高到 16.7％，并且使衣分同比强度之间不呈明显的遗传相关。

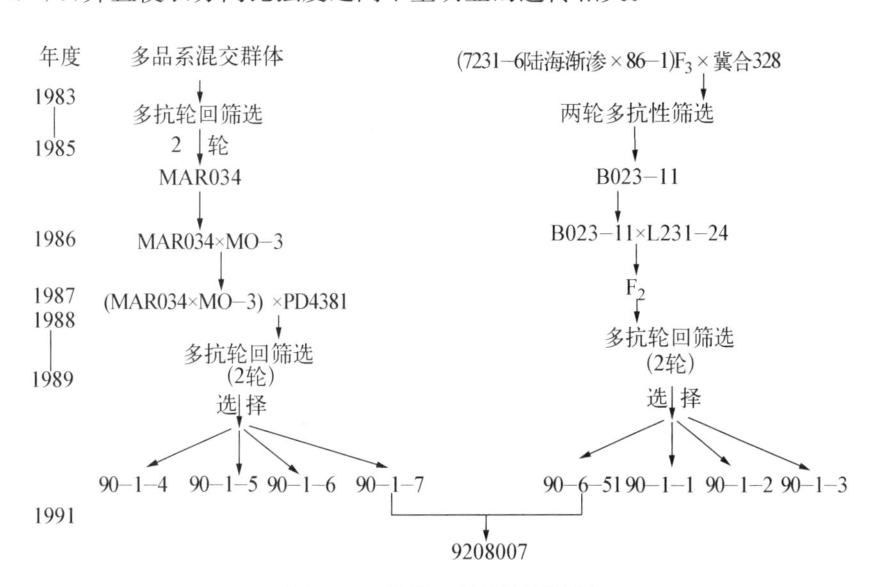

图 5－5 渝棉 1 号的选育过程

第六章 杂种优势在棉纤维品质育种中的应用

两个不同遗传型的亲本杂交产生的杂种一代(F_1),其性状表现优于双亲的现象,称为杂种优势。农作物杂种优势的利用始于欧洲,1761—1766 年,法国学者首次育成了早熟优良的烟草杂种。在以后的 100 多年时间里,各国学者陆续发现了许多作物的杂种优势现象,并逐渐将研究的重点集中于异花授粉的玉米上。由于玉米的杂种优势强,杂交制种方便,因而成为第一个大面积应用杂种优势的大田作物。与此同时,利用雄性不育系的杂交高粱也获成功,开创了常异花授粉作物的杂种优势的利用范例。值得一提的是杂交水稻,在研究和应用上,我国一直处领先水平。1964 年开始研究,1973 年获得成功,并迅速在我国南方各省大面积推广。1990 年,杂交水稻种植面积达到 1 600 万 hm^2,占全国水稻面积的 50%左右,首先在世界上突破了自花授粉作物利用杂种优势的难题。我国油菜杂种优势利用研究也在 20 世纪 80 年代取得成功,1990 年种植面积超过 40 万 hm^2,处于国际领先地位。

棉花杂种优势应用最早在 1894 年,Mell 首次描述了陆地棉与海岛棉种间杂交的杂种优势表现。1907 年,Balls 也报道了陆地棉与埃及棉种间杂种一代,在株高、早熟性、绒长和子指等性状上的优势现象。此后,世界各产棉国对棉花杂种优势利用进行了大量的试验研究。

我国棉花杂种优势研究始于 20 世纪 20 年代。冯泽芳等(1923)研究并发现了亚洲棉品种间的杂种优势。奚元龄(1936)研究证明,亚洲棉不同生态型的品种间杂种一代的植株高度、衣指、单铃子棉重、单铃种子数及纤维长度等性状都表现出显著或微弱的杂种优势。1947 年,杜春培等以鸿系 265－5 与斯字棉 2B 杂交,开创我国陆地棉品种间杂种优势利用研究之先河。研究结果认为,杂种一代的多数性状有明显的优势,绒长、衣分和单铃重介于双亲之间,生育期偏向早熟亲本。50—60 年代的研究工作以陆地棉与海岛棉种间杂种优势利用为主。70 年代以后转入陆地棉品种间的杂种优势利用研究,但直到 90 年代,棉花杂种优势利用才得到迅速发展。1990 年全国杂交棉种植 1.47 万 hm^2,占全国棉田面积的 0.3%,而后,基本呈直线上升趋势,到 1999 年全国杂交棉种植面积达39.93 万 hm^2,占全国棉田面积的 10.8%。目前,我国杂交棉的面积仅次于印度,居世界第二位;从国内主要农作物杂交种的种植面积看,棉花仅次于玉米、水稻和油菜,列居第四位。

一、杂种优势的度量

杂种优势一般都是指数量性状的表现，为研究方便，需对杂种优势进行度量，常用的方法有以下3种。

1. 中亲优势

就某一性状而言，杂种一代(F_1)的表现和双亲(P_1与P_2)平均表现的差值的比率。计算公式为：

$$中亲优势(MH\%)=\frac{F_1-(P_1+P_2)/2}{(P_1+P_2)/2}\times100\%$$

2. 超亲优势

指杂种一代(F_1)的性状表现与高值亲本(HP)同一性状差值的比率。计算公式为：

$$超亲优势(AH\%)=\frac{F_1-HP}{HP}\times100\%$$

3. 竞争优势

指杂种一代(F_1)的性状表现与推广品种(CK)同一性状差值的比率。计算公式为：

$$竞争优势(CH\%)=\frac{F_1-CK}{CK}\times100\%$$

从以上几种度量方法可知，通常所说的杂种优势，指的是超亲优势，但超亲优势有两种可能的方向，例如早熟品种和迟熟品种杂交，其杂种一代比迟熟品种更迟，或者比早熟品种更早，都可以称为超亲优势。至于利用哪个方向的超亲优势，则完全由育种的目标来确定。超亲优势能否在生产上利用，还要看是否比推广品种(CK)更为优良，这样竞争优势才有真正的实用价值。

从杂种优势的度量还可以看出，两个亲本杂交后代(F_1)的表现是多种多样的，并不是任何两个亲本杂交，都会产生可利用的超亲优势，尤其是随着对照品种水平的提高，获得超对照品种优势的困难也会增大，所以，对杂种优势的认识不能绝对化，更不能认为杂种优势利用可代替其他育种方法。

二、杂种优势的遗传假说

杂种优势在植物界广泛存在，有关它产生的原因和实质，早期的科学家认为，植物的自交导致遗传因子的纯合，而杂交促进遗传因子的杂合，由于杂合子生理活动受到刺激作用而产生杂种优势，结合的性配子杂合程度越高，产生的优势程度就越大。其把杂种优势看作是一个改变了的细胞核与一个(相对的)未改变的细胞质彼此相互作用的结果。虽然从20世纪初，人们对杂种优势产生的机理提出了种种假说，并进行了反复的研究探讨，但对于杂种优势形成机理的认识至今尚未定论。

(一) 基因的加性作用和非加性作用

数量性状表现的特点是呈连续性变异,例如株高从高到矮,生育期从早到迟。控制数量性状的基因数目较多,而每个基因的效应较小,故称为微效多基因。一般认为,微效多基因的作用是累加性的,有利基因的数目愈多,性状表现愈佳,反之亦然。具有累加性质的基因作用称为基因的加性作用,也可以称为加性效应。基因的加性作用可以稳定地遗传给后代,即使基因分离重组,也不改变基因作用的大小和方向。

除了基因的加性作用以外,还有一类称为基因的非加性作用。它来源于不同基因之间的相互作用。其中一类是等位基因之间的显性关系;另一类是非等位基因之间的相互作用。

假设一对等位基因中,基因效应 A=5,a=2,Aa=7,即表现为基因的加性作用。如果 Aa=8,表明 A 对 a 有部分显性;如果 Aa=10,表明 A 对 a 为完全显性,即 Aa 的效应值和 AA 完全相同。

再假设有两对等位基因 A=5,a=2,b=1,如果只存在加性作用,则 AAbb=12,aabb=6。但如果 bb 的效应,因另外位点上基因的不同(AA 或 aa)而发生变化,例如 AAbb=12,而 aabb=10,则后者增加的效应 10-6=4,可以看作为 aabb 相互作用所引起的,也可以写成 aa×bb=4。以上举例仅说明基因的非加性作用的意义,实际情况当然不会如此简单。基因的非加性作用会随着基因的分离重组而发生变化,遗传上不稳定,但却为杂种优势的利用提供了条件。

孙济中等(1994)汇总了国内外 200 多篇棉花杂种优势数量遗传的研究报道,按分析其主要经济性状的基因效应的文献数列于表 6-1。

表 6-1　棉花杂种优势的基因效应分析的文献数

性状	A	B	C	性状	A	B	C
产量	20	15	33	子指	15	9	8
铃数	19	12	13	衣指	15	13	11
铃重	18	11	15	单铃种子数	8	2	3
衣分	25	11	10	早熟性	6	4	2
绒长	29	12	15	株高	3	3	1
纤维强度	7	5	5	种子蛋白质	0	0	3
纤维细度	11	3	5	种子含油量	2	2	7

(注:A——以加性效应为主;B——加性和非加性效应同等重要;C——以非加性效应为主。)

表中数据说明,在棉花杂种优势中,产量和纤维品质等性状的遗传试验结果并未取得一致的结论,以加性效应或非加性效应为主,以及两种效应同等重要的报道都有。种子蛋白质含量和含油量的遗传以非加性效应为主的试验结果居多,衣分、绒长、子指、单铃种子数和纤维细度等性状以加性效应为主的试验结果较多。这说明基因的加性效应和非加性效应在棉花杂种优势中都是存在的，而其优势的大小则主要依赖于显性效应的高低，其上位性效应在一些情况下也不能忽视。在棉花杂种优势中也常有一些超显性现象，陆地棉与海岛棉种间杂交的纤维品质、子指，甚至产量均出现有超亲优势的报道。

（二）显性假说和超显性假说

长期以来，人们一直在探求杂种优势的遗传解释，以明了杂种优势遗传上的原因。但由于杂种优势性状表现的复杂性和研究手段的局限性，研究进展较为缓慢，至今基本上仍停留在20世纪初的假说水平。

1. 显性假说

这一假说把杂种优势的产生归结为有利基因的累加和等位基因之间的显性关系。假设基因效应 A=5，a=3，B=6，b=2，C=7，c=4，D=2，d=1。两个不同遗传型的亲本为 AABBccdd(P_1)和 aabbCCDD(P_2)，其杂交一代的基因型为 AaBbCcDd(F_1)，如果等位基因之间没有显性关系，则：

$$P_1=5+5+6+6+4+4+1+1=32$$

$$P_2=3+3+2+2+7+7+2+2=28$$

$$F_1=5+3+6+2+7+4+2+1=30$$

这表明 F_1 为介于双亲的中间型。但如果 A 和 B 分别对 a 和 b 为完全显性，则 $F_1=5+5+6+6+7+4+2+1=36$，也就是说超过了双亲，表现为正向的超亲优势。

显然，具有显性关系的基因对的数目，以及各对显性关系的表现程度，都会影响到杂种优势的方向和大小。杂种优势的显性假说，又称作显性基因互补，其意义是较多位点具有显性基因的个体对性状表现有利。如 AaBbCcDd 在 4 个位点上存在显性基因，而 AABBccdd 和 aabbCCDD 各自只有 2 个位点存在显性基因，所以，AaBbCcDd 具有杂种优势。

2. 超显性假说

假如 P_1=AA=10，P_2=aa=4，当 A 对 a 为完全显性时，F_1=Aa=AA=5+5=10。但当 Aa=12 时，显性假说就无法作出解释。于是又提出了超显性假说。当 P_1=AA=10，P_2=aa=6，F_1=Aa=12 时，可将 F_1=12 分解为三个部分，即 F_1=5+3+4，其中 5 为 A 的基因效应，3 为 a 的基因效应，而 4 则为 A 和 a 处于杂合状态而产生的基因效应，一旦 A 和 a 处于纯合状态，这种杂合的基因效应即告消失。

除了等位基因间的杂合状态产生的基因效应(称为等位基因的交互作用)外，后来的研究表明，基因的交互作用有时更多地存在于非等位基因之间。所以，当不同位点的基因关系发生变化时，杂种优势表现也会随之改变。

以上的显性假说和超显性假说，实际上包含了基因的加性作用和非加性作用，但需要指出的是显性假说中的“显性”一词和基因非加性作用中的“显性”作用的概念是不一

致的。前者是指不同基因位点上显性有利基因的累加和等位基因间的显性关系；而后者是等位基因之间的交互作用，与显性和超显性都有关系。

3．显性假说和超显性假说的局限性

显性假说和超显性假说都是从大量的研究结果中作出的推论，虽然可解释很多杂种优势的现象，但并没有揭示杂种优势的本质。因许多假定无法与真正的遗传基础联系起来，所以，这种理论一直被称为“假说”，或者看作是科学理论的初级阶段。

（三）基因网络系统

该系统由鲍文奎(1990)提出。基因网络系统认为，各生物基因组都有一套保证个体正常生长与发育的遗传信息，包括全部的编码基因、控制基因表达的控制序列以及协调不同基因之间相互作用的部分。基因组将这些看不见的信息编码在 DNA 上，组成了一个使基因有序表达的网络，通过遗传程序将各种基因的活动联系在一起。F_1是两个不同基因组一起形成的一个新的网络系统，在这个新组建的网络系统内，等位基因成员处在最好的工作状态，从而实现杂种优势。

三、棉纤维品质的杂种优势表现

Loden 和 Richmond(1951)回顾总结了 20 世纪前 50 年棉花杂种优势利用研究后认为，陆地棉与海岛棉杂交的 F_1，在产量和纤维品质上均有明显优势；而陆地棉品种间的杂种优势，则表现无规律。Meyer(1969)总结了 20 世纪 50—70 年代棉花品种间杂交 F_1，都表现出明显的优势。周有耀(1988)综合了国内外陆地棉品种间杂交 F_1 主要经济性状的中亲优势(表 6－2)。从该表中可知，陆地棉品种间杂交 F_1，以产量的平均优势最大；其次是铃数、早熟性；衣分、纤维长度、细度的优势最小；纤维强度为负优势。

表 6－2　陆地棉品种间杂交 F_1 主要经济性状的中亲优势(%)

性状	变幅	平均	统计资料数
产量	3.5～69.7	21.99	35
铃重	2.4～13.4	7.9	26
铃数	－0.05～55.84	14.38	16
衣分	0～5.34	1.62	27
衣指	1.5～11.35	5.8	12
子指	0.9～50.1	3.4	15
纤维长度	0～3.0	1.91	22
纤维细度	－3.39～10.69	0.6	15
纤维强度	－5.87～5.6	－0.42	18
早熟性	－1.27～26.3	10.2	6

自 20 世纪 80 年代末期以来，我国棉花育种专家以低酚棉、柱头外露种质系、芽黄突变系、鸡脚叶标记的雄性不育三系、双隐性核雄性不育系、棉属野生种与陆地棉种间杂交种质系、陆地棉族系、海岛棉、转基因抗虫棉等多种材料为亲本，配制杂种 F_1，研究了棉纤维品质的杂种优势表现，取得了具有多样性的研究结果。

（一）低酚棉

朱乾浩等（1994）于 1991 年选用中棉所 13 号、浙棉 9 号、豫棉 2 号、辽棉 11 号和 1S-ABC4 等 5 个低酚棉品种进行完全双列杂交（包括正反交），共得 F_1 种子的 20 个组合和各亲本的自交种子。1992 年对 25 个基因型（20 个 F_1 和 5 个亲本）进行 3 次重复的随机完全区组试验。试验结果列于表 6-3。由表 6-3 可见，杂种 F_1 纤维长度和比强度的平均值略高于亲本平均值，平均中亲优势值为正，但平均超亲优势值为负；杂种 F_1 的马克隆值比亲本平均值高，即杂种 F_1 的纤维细度有所降低。这三个性状的平均中亲优势顺序为比强度＞马克隆值＞纤维长度。此外，杂种 F_1 的整齐度和伸长率都略低于亲本。负向超亲优势分别达显著和极显著水平，但也有部分组合表现为正向优势。这表明，杂种 F_1 纤维品质性状优势率虽不大，但也有可利用的优势。

表 6-3　低酚棉亲本及 F_1 纤维品质性状的平均值和杂种优势表现

性状	平均值		竞争优势（%）	中亲优势（%）	超亲优势（%）
	亲本	F_1			
纤维长度（mm）	28.90	29.02	0.19	0.14	−0.28
比强度（g/tex）	19.48	19.89	0.63**	0.41	−0.53
马克隆值	5.05	5.15	0.06	0.11	−0.11
整齐度（%）	48.05	47.71	−1.40**	−0.41	−0.79*
伸长率（%）	7.99	7.80	−0.70**	−0.18	−0.44**

（注：*、**分别表达 5%和 1%显著水平。）

秦素平等（2000）以鲁棉 16 号、石 135、中棉所 18 号、中棉所 22 号、中元 1051、中元 3535、冀无 252 和豫无 1309 等 8 个低酚棉品种（系）为亲本，按完全双列杂交配制 28 个组合，研究了 F_1 5 个棉纤维品质性状的竞争优势。结果表明，棉纤维长度、整齐度、比强度、伸长率和马克隆值的竞争优势的平均值分别为−2.47%、−3.62%、3.25%、0.92%和−6.04%；变化范围分别为−6.26%～1.57%、−8.71%～0.28%、−6.32%～9.53%、−5.69%～23.54%和−16.04%～25.63%。5 个棉纤维品质性状的竞争优势均在从正向到负向范围内变化；平均竞争优势中比强度与伸长率为正向，纤维长度、整齐度和马克隆值为负向。

路曦结等（1990）以河南 8044 等 6 个有酚棉品种（系）为母本，以皖无 855 和湘无 238 两个低酚棉品种（系）为父本，配制 12 个组合（F_1），F_1 棉纤维品质杂种优势表现列于表

6－4。在中亲优势方面，不同组合间有明显差异。纤维长度和比强度均有 8 个组合（占 66.67%）表现正向优势，比强度正向优势超过 10%的有 5 个组合，以湖北 545×湘无 238 的优势最大，达到 19.18%。马克隆值表现正、负向优势的组合数相同。从不同组合看，鄂棉 1 号×皖无 855 和江苏 1061×皖无 855 的纤维品质性状表现正向优势。淮北 80－2－1×皖无 855、河南 8044×湘无 238、淮北 80－2－1×湘无 238 的纤维品质性状多数表现负向优势，说明棉花杂种的优势表现具有很大的组合特异性。在超亲优势方面，纤维长度有 8 个组合具有超亲优势；比强度只有 6 个组合表现正向优势，5 个组合表现负向优势；马克隆值多数组合表现负向超亲优势。

表 6－4　12 个组合(F_1)棉纤维品质杂种优势表现

组合	中亲优势(%)			超亲优势(%)		
	纤维长度(mm)	比强度(%)	马克隆值	纤维长度(mm)	比强度(%)	马克隆值
湖北 545×皖无 855	1.49	9.30	6.67	0.99	8.99	−18.60
湖北 545×湘无 238	8.60	19.18	−13.25	6.98	9.39	−14.29
鄂棉 1 号×皖无 855	1.32	1.67	1.23	0.99	0	−4.65
河南 8044×湘无 238	6.08	10.00	−5.88	4.67	3.29	−6.98
河南 8044×皖无 855	−1.99	14.29	2.33	−2.63	11.23	2.33
淮北 80－2－1×湘无 238	−6.69	−6.70	0	−8.82	−8.46	0
江苏 1061×皖无 855	4.48	5.54	1.18	3.62	−0.99	0
鄂棉 1 号×湘无 238	2.69	−2.53	0	0.99	−9.39	−4.76
江苏 1061×湘无 238	−0.85	−5.54	0	−2.01	−7.98	0
中棉所 10 号×湘无 238	6.82	10.39	0	3.88	15.02	−7.14
淮北 80－2－1×皖无 855	−2.95	−0.52	5.88	−3.27	−7.32	4.65
中棉所 10 号×皖无 855	1.14	10.65	−3.80	0.32	2.40	−11.63

（二）柱头外露种质系

棉花柱头外露种质系的发现，为棉花杂种优势利用提供了一种新的遗传工具，开辟了一条新途径。纪家华等(1998)以中棉所 12 号等 5 个常规品种(编号 A1～A5)为母本，以 94－34 等 3 个柱头外露种质系(编号 B1－B3)为父本，按照 NCⅡ遗传交配设计配制 15 个组合(F_1)，研究 F_1 棉纤维品质性状的杂种优势。结果(表 6－5)指出，纤维长度的 AH、MH 和 CH 的平均值分别为 5.30 mm、8.55 mm 和 6.87 mm，分别有 14 个、15 个和 15 个组合具有正向杂种优势；比强度 AH、MH 和 CH 的平均值分别为 0.46%、2.69%和 4.39%，分别有 6 个、8 个和 10 个组合具有正向杂种优势；马克隆值 AH、MH 和 CH 的平均值分别为−8.15、−2.71 和 1.73，分别有 0 个、6 个和 8 个组合具有正向杂种优势。

表 6-5　F_1 棉纤维品质性状的超亲优势(AH)、中亲优势(MH)和竞争优势(CH)

组合	纤维长度(mm)			比强度(%)			马克隆值		
	AH	MH	CH	AH	MH	CH	AH	MH	CH
A1×B1	5.55	11.55	5.55	−3.46	−2.50	−3.46	−11.58	−11.82	8.88
A1×B2	5.51	5.88	6.25	6.93	8.51	6.93	−5.88	0.00	0.66
A1×B3	6.77	8.06	9.37	−1.46	−0.73	0.00	−12.00	−7.36	−2.22
A2×B1	8.72	12.40	3.81	−6.56	−5.85	8.41	−18.75	−15.21	−13.33
A2×B2	5.17	7.96	5.90	10.71	10.99	7.42	−5.88	1.05	6.66
A2×B3	6.11	10.17	9.02	2.43	5.00	3.96	−12.00	−6.38	−2.22
A3×B1	2.30	10.87	7.98	−4.43	−3.21	−3.96	−12.50	10.63	−6.66
A3×B2	4.27	6.73	10.06	18.71	20.80	19.30	3.92	1.03	8.88
A3×B3	4.93	6.51	10.76	5.36	5.88	6.93	−18.00	−14.58	8.88
A4×B1	−0.68	5.81	1.04	−1.91	0.73	1.48	−6.25	2.27	0.00
A4×B2	6.14	6.68	7.98	7.17	10.01	10.89	−3.92	7.69	8.88
A4×B3	2.71	3.06	5.20	−5.26	−4.34	−1.98	4.00	6.66	6.66
A5×B1	6.93	10.50	1.73	−10.66	−4.96	−0.49	−11.58	−13.68	−8.88
A5×B2	7.93	10.99	8.68	−6.22	0.23	4.45	−5.88	2.04	6.66
A5×B3	7.11	11.07	9.72	−4.88	−0.16	5.94	−6.00	−3.09	4.44
平均	5.30	8.55	6.87	0.46	2.69	4.39	−8.15	−2.71	1.73

（三）芽黄突变系

芽黄突变系大多受一对隐性基因或两对隐性重叠基因所控制。虽然不同芽黄品系的表现有所不同，但均属隐性基因遗传，因而都有可能作为遗传标记品系用于人工杂交制种。以芽黄系作为母本，母本不必去雄，花期人工采集父本株花粉授粉，可以在 F_1 苗床拔除表现芽黄标记的伪杂种，从而比人工去雄杂交法大大提高工效。在天然异交率较高的地区，可以利用天然杂交，适当增加 F_1 苗床播种量，拔除自交产生的芽黄苗，更可以省免人工授粉制种的手续。但是，为了达到这一目的，首先必须了解芽黄品系与其他栽培品种亲本之间在产量、产量构成因素及其他经济性状上的杂种优势表现(包括中亲、超亲优势或竞争优势)以及配合力等，以便筛选可供生产上利用的优良组合。闵留芳等(1996)于 1994—1998 年以 5 个芽黄突变系为母本，以泗棉 2 号等 14 个常规品种为父本，通过 3 轮 4 次试验共配制 95 个组合(F_1)。试验结果(表 6-6)指出，马克隆值的中亲优势、超亲优势和竞争优势均为负值，分别为−0.93、−5.67、−0.49，说明杂种 F_1 的纤维比亲本的细。纤维比强度的中亲优势和竞争优势均为正值，超亲优势为负值，但从比强度超亲优势的全距来看，最优组合的平均优势值为 11.57，仍显示一定的超亲优势趋势。纤维长度的中亲优势为正值，超亲优势和竞争优势为负值，但从纤维长度超亲优势的全距

来看，最优组合的平均优势值为6.5；从其竞争优势的全距看，最优组合的平均优势值为2.7，这说明纤维长度仍具有超亲优势和竞争优势的趋势。

表6-6　F_1的棉纤维品质杂种优势表现(%)

性状	中亲优势		超亲优势		竞争优势	
	平均优势	全距	平均优势	全距	平均优势	全距
纤维长度(mm)	1.58	−1.94～7.37	−0.63	−5.65～6.5	−2.44	−8.1～2.7
比强度(g/tex)	2.52	−7.41～14.82	−2.59	−13.7～11.57	8.06	−8.92～25.54
纤维整齐度(%)	4.33	2.7～7.5	2.37	−3.0～7.4	−1.0	−2.65～3.59
纤维伸长率(%)	−2.43	−7.2～3.2	−8.73	−3.8～14.57	2.25	−2.24～9.85
马克隆值	−0.93	−11.69～11.6	−5.67	−20.94～10.13	−0.49	−8.17～8.67

肖松华等(1996)以芽黄突变为母本、常规棉品种为父本配制的30个组合(F_1)为材料，研究F_1的产量与纤维品质性状的竞争优势。试验结果认为，除纤维伸长率的竞争优势达极显著水平外，其他纤维品质性状的优势不明显。但从皮棉产量竞争优势的大小筛选出的10个组合(表6-7)可知，这10个组合皮棉产量的竞争优势均达极显著水平，其中4个组合的纤维长度明显超过对照品种泗棉3号，5个组合的纤维比强度具有显著或极显著的竞争优势，3个组合的马克隆值极显著地低于对照品种。说明在棉花生产上利用陆地棉品种间的杂种优势，能够克服产量和品质间的不利连锁。

表6-7　优良杂交组合F_1主要经济性状的竞争优势

组合	皮棉产量		纤维长度		纤维比强度		马克隆值	
	F_1—CK	CKH%	F_1—CK	CKH%	F_1—CK	CKH%	F_1—CK	CKH%
nv_{12}×苏棉3号	648**	45.63	0.10	0.34	0.57**	2.94	−0.36*	−7.95
$v_{16}v_{17}$×鲁棉11	823**	43.87	0.46**	1.55	0.47**	2.42	0.10	2.21
nv_{12}×泗棉3号	536**	37.75	1.20**	4.05	0.43**	2.22	0.27*	5.96
nv_{12}×鲁棉11	510**	35.92	0.18	0.54	0.03	0.18	−0.06	−1.33
nv_{14}×鲁棉11	416**	29.30	0.70**	2.36	−0.17	−0.88	−0.05	−1.33
nv_{32}×苏棉5号	361**	25.42	0.20	0.67	−0.33*	−1.70	−0.10	−2.21
$v_{16}v_{17}$×泗棉3号	360**	25.35	−0.17	−0.57	1.47**	7.58	0.50**	11.04
nv_{14}×泗棉3号	348**	24.51	−0.30	−1.01	−0.87**	−4.49	−0.03	−0.66
v_{12}×鲁棉11	331**	23.31	0.70**	2.38	0.40*	2.08	−0.33**	−7.29
v_{20}×泗棉3号	318**	22.39	0.23	0.78	−0.23	−1.19	−0.33**	−7.29
$LSD_{0.05}$	43.34	—	0.32	—	0.32	—	0.23	—
$LSD_{0.01}$	59.11	—	0.43	—	0.43	—	0.31	—

(注：*、**分别表示竞争优势达5%和1%显著水平。)

（四）雄性不育系

ms_5ms_6双隐性核不育系是美国于 20 世纪 70 年代育成的，我国引进后对其研究认为，该不育系具有优良的纤维品质，不带对产量和纤维品质不利的因子。为探索这一不育系在棉花杂种优势利用上的价值，杨伯祥等（2000）于 1997—1999 年以双隐性核不育系 70416A 为母本、川棉 56 等 17 个品种（系）为父本，共配制 19 个组合（F_1），研究棉纤维品质性状的竞争优势（表 6-8）。

表 6-8　参试组合的主要纤维品质性状竞争优势

组合	纤维长度		马克隆值		比强度	
	mm	竞争优势（%）		竞争优势（%）	cN/tex	竞争优势（%）
70416A×4732	32.39	5.58	4.3	−6.52	19.30	10.68
70416A×豫棉 8 号	31.32	2.09	4.5	−2.17	20.57	17.99
70416A×川 737	31.40	2.48	4.3	−6.52	19.87	14.00
70416A×川碚 2 号	32.41	5.46	4.2	−8.70	19.96	14.50
70416A×中棉所 19	32.37	5.51	4.1	−10.87	19.55	12.20
70416A×川棉 56	31.21	1.73	4.5	−2.17	19.75	13.27
70416A×83−21	32.30	2.54	3.9	−17.02	19.21	−6.22
70416A×70257	31.20	−9.52	4.1	−12.77	20.19	−1.44
70416A×60617	29.20	−7.30	4.3	−8.50	19.31	−5.74
70416A×石远 321	31.20	9.52	3.9	−17.02	19.99	−2.39
70416A×60596	32.10	1.90	4.1	−12.77	21.07	2.87
70416A×70268	31.20	−9.52	4.4	−6.38	20.68	0.96
70416A×80206	31.70	0.64	4.1	−12.77	22.15	8.13
70416A×D5	30.50	−3.18	4.0	−14.89	19.50	−4.79
70416A×川碚 2 号	31.60	0.32	3.9	−17.02	21.67	3.83
70416A×3399	31.80	0.95	3.9	−17.02	20.09	−1.91
70416A×Bt 棉	31.10	−1.27	4.2	−10.64	20.58	0.48
70416A×4117	32.20	2.22	4.5	−4.26	19.11	−6.70
70416A×绵育 3 号	30.70	−2.54	4.3	−8.51	20.78	1.44
川棉 56（对照组，两年平均值）	31.10	—	4.7	—	18.96	—

表 6-8 结果表明：① 参试组合的纤维长度在 29.20～32.41 mm 之间，对照组分别为 30.68 mm 和 31.50 mm。其中有 13 个组合的竞争优势为正值，为 0.32%～5.58%，其余组合均为负值。从皮棉产量竞争优势达显著水平以上的组合看，纤维长度竞争优势

为正值的有 8 个组合，占组合数的 88.88%。表明双隐性核不育杂种后代纤维长度与皮棉产量间不存在负相关。② 参试组合的马克隆值在 3.9～4.5 之间，在 4.2 以内的组合有 11 个。而对照组的马克隆值分别为 4.6 和 4.7，即参试组合马克隆值的竞争优势均为负值，普遍优于对照组。③ 1998 年参试 6 个组合的比强度为19.69～20.99 g/tex，对照组为 17.79 g/tex，参试组合均优于对照，竞争优势为 10.68%～17.99%。1999 年参试组合中，对照组比强度 20.90 g/tex，参试组合为 19.60～22.60 g/tex，优于对照的有 6 个组合，占参试组合的 46.15%，其竞争优势为 0.48%～8.13%。两年试验皮棉产量比对照组增产在显著水平以上的 9 个组合中，有 6 个组合比强度的竞争优势为正值，表明比强度与皮棉产量同样不存在负相关。

王治斌等(2006)将绵 2080A(A_1)、绵 2082(A_2)、绵 2084A(A_3)、绵 2095A(A_4)4 个双隐性转基因抗虫核不育系(ms_5ms_6)作母本，将绵 10058(B_1，优质、大铃)、绵 80175(B_2，高衣分、丰产)、川棉 56(B_3，综合丰产)经连续多年自交作父本，采用不完全双列设计，组配 12 个杂交组合。杂种 F_1 棉纤维品质性状的竞争优势结果见表 6-9。从表中可知，以 B_1 所配组合长度、比强度、马克隆值均表现出良好的竞争优势，且优势比其他组合强；但与 B_2 所配组合中，有 2 个组合马克隆值为正向优势；$A_1×B_2$ 其纤维长度的负向优势达显著水平。

表 6-9 纤维品质性状的竞争优势(CH)

组合	长度		比强度		马克隆值		整齐度		伸长率	
	mm	CH(%)	cN/tex	CH(%)		CH(%)	%	CH(%)	%	CH(%)
$A_1×B_1$	32.07	3.89**	31.53	14.36**	3.80	−12.34**	85.13	1.22	6.77	3.04
$A_1×B_2$	29.38	−3.37*	28.93	4.93	4.57	5.54	84.83	0.87	6.43	−2.13
$A_1×B_3$	30.80	−0.23	28.13	2.03	4.53	4.62	85.30	1.43	6.53	−0.61
$A_2×B_1$	32.97	6.80**	30.10	9.18**	4.03	−6.93	84.57	0.56	6.33	−3.65
$A_2×B_2$	31.33	1.49	28.00	1.56	4.43	2.31	84.20	0.12	6.17	−6.09
$A_2×B_3$	32.20	4.31**	27.90	1.20	4.27	−1.39	85.00	1.07	6.43	−2.13
$A_3×B_1$	32.13	4.08**	31.43	14.00	3.93	−9.24	84.73	0.75	6.47	−1.52
$A_3×B_2$	30.90	0.10	28.47	3.26	4.10	−5.31	84.17	0.08	6.37	−3.04
$A_3×B_3$	31.33	1.49	30.33	10.01	4.37	0.92	85.67	1.87	6.63	0.91
$A_4×B_1$	32.23	4.41**	30.80	11.72	3.90	−9.93**	83.00	−1.31	6.47	−1.52
$A_4×B_2$	31.23	1.17	29.43	6.75	4.20	−3.00	85.60	1.78	6.43	−2.13
$A_4×B_3$	31.57	2.27	28.90	4.82	4.60	6.24	85.00	1.07	6.60	0.46
平均	31.55	2.20	29.50	6.99	4.23	−2.37	84.77	0.79	6.47	−1.53
川棉 56(CK)	30.87		27.57		4.33		84.10		6.57	

(注：*、**分别表示达 5%和 1%显著水平。)

陆地棉的叶片大多为阔叶，鸡脚叶是阔叶的显性突变性状，呈鸡爪形。鸡脚叶棉花具有群体通风透光性能好、对虫害有抗避性能和早熟等优点。鸡脚叶又是良好的杂种标记性状，便于制种和保障纯度。为此，朱伟、王学德等(2006)将鸡脚叶性状转育到棉花细胞质雄性不育系、保持系和恢复系中，育成了具有鸡脚叶标记的不育系、保持系和恢复系，用鸡脚叶不育系与阔叶恢复系杂交，或用阔叶不育系与鸡脚叶恢复系杂交，获得鸡脚叶标记的三系杂交棉组合，以研究其杂种优势的表现。供试亲本母本为不育系：① CLA_{17}，超鸡脚叶；② CLA_{23}，超鸡脚叶；③ 抗 A_{473}，正常叶；④ 抗 A_{475}，正常叶。父本为恢复系：⑤ CLR_3，超鸡脚叶；⑥ LR_1，鸡脚叶；⑦ LR_2，鸡脚叶；⑧ LR_3，鸡脚叶；⑨ $2R_4$，正常叶；⑩ $2R_6$，正常叶。按照 NCⅡ交配设计，2003 年和 2004 年各配 24 个组合(F_1)。试验结果列于表 6－10。由表 6－10 可以看出，有 13 个组合纤维长度显著大于对照，增幅为 1.8%～5.8%；有 4 个组合比强度显著大于对照，增幅为 1.5%～17.1%；有 6 个组合马克隆值显著高于对照，增幅为 4.5%～15.9%，其中有 3 个组合为超鸡脚叶×正常叶组合。超鸡脚叶×正常叶组合的纤维长度、比强度和马克隆值均优于超鸡脚叶×超鸡脚叶组合和超鸡脚叶×鸡脚叶组合。

总的来讲，超鸡脚叶×正常叶组合在纤维品质方面好于其他类型组合，其原因可能是超鸡脚叶×超鸡脚叶组合虽然通风透光性能好，但会早熟乃至早衰；而正常叶×正常叶组合营养生长过旺乃至徒长，群体通风透光性差，烂铃较严重。

表 6－10　杂种 F_1 纤维品质性状表现

组合	纤维长度		比强度		马克隆值	
	mm	竞争优势(%)	cN/tex	竞争优势(%)		竞争优势(%)
1×5	27.1	−2.5*	25.1	−6.7*	3.3	−25.0**
2×5	27.1	−2.5*	23.0	−14.5**	3.1	−29.5**
1×6	27.9	0.4	24.6	−8.6*	4.1	−6.8*
1×7	27.2	−2.2*	25.3	−5.9*	4.2	−4.5*
1×8	26.8	−3.6*	24.7	−8.2*	4.0	−9.1*
2×6	28.0	0.7	26.1	−3.0*	3.9	−11.4**
2×7	27.7	−0.4	26.2	−2.6*	4.4	0.1
2×8	27.4	−1.4	26.3	−2.2*	4.0	−9.1*
1×9	27.8	0.0	24.5	−8.9*	5.1	15.9**
1×10	27.6	−0.7	25.2	−6.3*	4.5	2.3
2×9	27.5	−1.1	23.7	−11.9**	5.0	13.6**
2×10	28.3	1.8*	25.0	−7.1*	4.6	4.5*
3×5	28.7	3.2*	25.6	−4.8*	3.8	−13.6**
4×5	28.4	2.2*	26.0	−3.3*	3.3	−25.0**

续表 6-10

组合	长度		比强度		马克隆值	
	(mm)	竞争优势(%)	(cN/tex)	竞争优势(%)		竞争优势(%)
3×6	29.4	5.8*	27.3	1.5*	3.8	−13.6**
3×7	29.0	4.3*	30.2	12.3**	4.2	−4.5*
3×8	28.5	2.5*	27.5	2.2*	4.0	−9.1*
4×6	28.4	2.0*	26.8	−0.4	4.4	0.1
4×7	29.0	4.1*	31.5	17.1**	4.7	6.8*
4×8	29.4	5.8*	26.6	−1.1	4.4	0.1
3×9	28.9	4.0*	27.0	0.4	4.5	2.3
3×10	28.6	2.9*	26.2	−2.6*	4.3	−2.3
4×9	28.5	2.5*	25.9	−3.7*	4.9	11.4**
4×10	28.7	3.2*	26.3	−2.2*	4.7	6.8*
中棉所 29(CK)	27.8		26.9		4.4	

(注：*、**分别表示达 5%和 1%显著水平。)

(五)棉属野生种与陆地棉种间杂交种质系

为探索不同种间杂交种质系在棉花杂种优势上的利用潜力，丰富遗传基础，拓宽杂种优势利用途径，王志忠等(1998)、张香桂等(2003)开展了这方面的研究。

王志忠等(1998)将种间杂交种质系分为两组：一组为(中 381×(邢台 6871×亚洲棉武安中棉))的选系 2 个，即陆亚 1(A1)、陆亚 2(A2)(统称陆亚种质系)；另一组为((石321×(正棉 1 号×瑟伯氏棉))×北海 2 号)选系 2 个，即陆瑟海 1(B1)、陆瑟海 2(B2)(统称陆瑟海种质系)，这些种间杂交种质系均是经过多年连续选择和自交形成的稳定种质系。配组用的 2 个父本(C_1、C_2)均为陆地棉品种。从两种不同类型组合中筛选出的子棉、皮棉产量竞争优势达显著或极显著水平的 8 个组合中(表 6-11)，4 个组合的纤维长度、6 个组合的比强度具有显著或极显著的竞争优势，4 个组合的马克隆值显著或极显著地低于对照品种。尤其是 A2×C1(陆亚 2×中棉所 12)和 B3×C1(陆瑟海 3×中棉所 12)两个组合，其子棉、皮棉产量及 3 个主要纤维品质性状的综合性较突出，竞争优势均达显著或极显著水平。说明利用种间杂交种质系与陆地棉品种间的杂种优势能够克服产量和品质间的不利连锁而达到高产优质目的。

张香桂等(2003)以 1068、1069 两个陆地棉与雷蒙德氏棉杂交的后代中定向选育出的高强纤维种质系为优质亲本，与 W1、美抗虫、苏棉 12 三个综合性状优良的陆地棉品种杂交，共配制 8 个组合进行试验。结果(表 6-12)表明，纤维品质性状中的长度、整齐度、比强度，所有参试组合的 AH、CH 均表现为正值。长度的平均 AH 为 5.60%，变幅在 0.16%～10.37%；平均 CH 为 19.41%，变幅在 9.27%～26.45%。整齐度的平均 AH

表 6-11 优良杂交组合 F_1 产量和纤维品质的竞争优势

类型和组合		子棉产量		皮棉产量		纤维长度		比强度		马克隆值	
		F_1—CK	CH%	F_1—CK	CH%	F_1—CK	CH%	F_1—CK	CH%	F_1—CK	CH%
类型Ⅰ	A1×C1	2.89	7.24	1.75	10.61	0.67*	2.37	0.83**	3.71	−0.04	−0.90
	A2×C1	5.67**	14.21	3.29**	19.94	1.26**	4.46	1.21**	5.41	−0.17	−3.84
	A2×C2	3.94*	9.87	1.22	7.39	1.28**	4.54	1.97**	8.80	−0.03	−0.68
	A3×C1	6.99*	17.51	2.87**	17.39	−0.01	−0.04	1.77**	7.91	−0.14*	−3.16
	$LSD_{0.05}$	3.48		1.45		0.66		0.56		0.12	
	$LSD_{0.01}$	4.74		1.97		0.90		0.76		0.17	
类型Ⅰ	B1×C1	6.43**	16.11	2.79**	16.91	1.91**	6.77	−0.71	−3.17	0.03	0.68
	B2×C1	8.38**	21.00	3.34**	20.24	−0.13	−0.46	1.22*	5.45	0.06	1.35
	B2×C2	18.39**	46.08	5.96**	36.12	−0.31	−1.1	1.53**	6.84	−0.36**	−8.58
	B3×C1	7.47**	18.72	3.12**	18.91	1.41**	5.00	1.69**	7.55	−0.13*	−2.93
	B3×C2	4.90*	12.28	2.11*	12.79	0.15	0.53	0.61	2.73	−0.17*	−3.84
	$LSD_{0.05}$	4.09		1.72		0.75		1.00		0.12	
	$LSD_{0.01}$	5.55		2.34		1.01		1.35		0.17	

（注：*、**分别表示达 5%和 1%显著水平。）

为 2.01%，变幅在 0.41%～3.85%；平均 CH 为 3.91%，变幅在 2.77%～6.02%。比强度的平均 AH 为 9.38%，变幅在 3.79%～24.54%；平均 CH 为 41.32%，变幅在 11.82%～65.71%。马克隆值的 AH 既有正向又有负向优势表现，其平均 AH 为 −0.44%，表现为中亲值，变幅在 −10.89%～7.37%；CH 则均表现为负向优势，平均为 −12.49%，变幅在 −21.34%～−7.14%。表明优质棉的杂种后代，纤维变细，比强度、长度提高，即能够表现出优质棉的优良特性。

表 6-12 高品质棉杂种一代主要纤维品质性状表现

项目	纤维长度			整齐度			比强度			马克隆值		
	mm	AH	CH	%	AH	CH	cN/tex	AH	CH		AH	CH
W_1×1068	33.4	3.25	21.01	85.9	1.84	3.37	35.0	7.36	42.86	4.2	−6.39	−16.02
W_1×1069	34.6	10.37	25.36	85.9	2.44	3.37	35.5	7.74	44.90	4.9	1.03	−12.5
美抗虫×1068	32.0	0.16	15.94	86.7	1.11	4.33	34.1	4.92	39.18	5.2	5.05	−7.14
美抗虫×1069	32.2	4.04	16.67	85.6	0.41	3.01	35.7	8.68	45.71	5.1	7.37	−8.93
苏棉 12×1069	34.9	9.27	9.27	85.6	1.84	3.01	33.1	11.82	11.82	5.2	5.05	−7.14
1068×W_1	33.4	7.88	26.45	87.6	3.85	5.42	40.6	24.54	65.71	4.5	−10.89	−19.64

续表 6－12

项目	纤维长度			整齐度			比强度			马克隆值		
	mm	AH	CH	%	AH	CH	cN/tex	AH	CH		AH	CH
1069×W_1	33.0	6.54	21.01	85.4	1.85	2.77	34.2	3.79	39.59	4.4	−9.28	−21.43
1069×美抗虫	—	3.29	19.57	88.1	2.74	6.02	34.5	6.15	40.82	5.2	5.05	−7.14
组合平均	—	5.60	19.41	—	2.01	3.91	—	9.38	41.32	—	−0.44	−12.49
P_1 W_1	31.0	—	—	82.7	—	—	32.1	—	—	5.4	—	—
P_2 美抗虫	30.2	—	—	85.5	—	—	31.0	—	—	5.2	—	—
P_3 1068	33.7	—	—	86.0	—	—	34.0	—	—	4.7	—	—
P_4 1069	31.7	—	—	85.0	—	—	34.7	—	—	4.3	—	—
P_5 苏棉 12	27.6	—	—	83.1	—	—	24.5	—	—	5.6	—	—

（注：*、**分别表示达 5%和 1%显著水平。）

（六）陆地棉族系种质系

国内外有关陆地棉族系种质系与陆地棉品种间杂种优势利用的研究报道甚少。陈祖海等(1994)把陆地棉与棉属野生种或陆地棉族系杂交，再用陆地棉连续回交及自交形成稳定的陆地棉族系种质系，即 22、28、29、31、32、35 等 6 个种质系，并以其为父本，以 3 个常规品种鄂荆 1 号(A)、中棉所 12 号(B)和华棉 106(C)为母本，采用 NCⅡ遗传交配设计，配制 18 个杂交组合进行试验。试验结果(表 6－13)表明，陆地棉族系种质系与陆地棉常规品种间存在杂种优势。

表 6－13　18 个 F_1 产量与纤维品质性状表现

性状	常规品种 P_1	族系种质系 P_2	F_1	MH(%)	CH(%)
子棉产量(kg/hm²)	2 307.6	2 272.2	2 478.45	7.93	8.08
皮棉产量(kg/hm²)	908.55	858.45	971.7	10.06	9.18
纤维长度(mm)	27.83	28.46	28.57	1.49	3.99
整齐度(%)	52.09	51.2	51.74	0.21	−2.8
比强度(cN/tex)	23.22	23.48	23.43	0.38	3.39
伸长率(%)	8.31	8.15	8.23	0.95	5.14
马克隆值	5.25	5.13	5.16	−0.55	3.79

陆地棉族系作为新的种质材料，遗传基础丰富，不仅引入野生种和陆地棉族系优质、抗逆性基因，而且又具现代陆地棉的细胞质。据聂以春等(1992)报道，从陆地棉野生种和族系中已发现多种能抗病虫、抗干旱、盐碱、质优等可供利用的种质资源。陆地棉族系种质为拓宽棉花杂种优势利用提供了新的技术途径。

（七）海岛棉

在多数情况下，陆地棉与海岛棉杂种 F_1 的产量显著高于海岛棉，低于陆地棉，而纤维品质达到或超过海岛棉。因此，选育兼有陆地棉与海岛棉种间杂种纤维品质优势和陆地棉种内杂种产量优势的优异杂种，对于同步改良棉花产量和品质具有重要意义。张金发等(1994)、宋宪亮等(2000)、张香桂等(2003)和崔秀珍等(2006)先后报道了这方面的研究结果，分别列于表6-14、表6-15、表6-16、表6-17。

表6-14 陆海杂种纤维品质的中亲优势

组　合	纤维长度(mm)	比强度(cN/tex)	伸长率(%)	马克隆值
徐州184×Kapmi-8	9.4	10.2	17.3	0
鄂荆1号×7124	10.4	1.4	3.1	−10.8
鄂荆1号×Kapmi-8	16.3	29.6	25.7	−12.2
鄂荆1号×Giza30	14.9	8.6	0	−14.3
中棉所16号×PimaS-3	9.3	17.7	11.4	−11.1
中棉所16号×Giza30	11.5	14.2	11.8	−14.0
中棉所10号×PimaS-3	9.4	22.5	11.8	−13.6
中棉所10号×Giza30	10.0	17.7	15.9	−11.3
陆地棉亲本平均	28.5	21.2	6.5	4.4
海岛棉亲本平均	33.6	26.3	8.7	4.0
F_1平均	34.7	27.1	8.5	3.7

表6-15 陆地棉与海岛棉种间杂种纤维品质性状的中亲优势

组　合	纤维长度(mm)	整齐度(%)	比强度(cN/tex)	伸长率(%)	马克隆值
MA×新海2号	7.8	−0.9	15.6	12.9	−10.3
MA×新海5号	9.4	−0.9	14.0	11.0	−9.1
抗A_1×新海2号	0	−0.7	18.9	14.3	−12.6
抗A_1×新海5号	5.4	−1.1	14.0	11.0	−15.9
473A×新海2号	2.1	−1.6	8.6	7.6	−14.0
473A×新海5号	1.9	−1.2	11.2	11.1	−12.6
双56×新海2号	7.1	0.2	17.2	16.2	−15.3
双56×新海5号	7.5	0.4	15.3	15.6	−14.0
陆地棉平均	29.8	49.8	19.8	6.1	4.5
海岛棉平均	34.4	48.7	28.3	8.6	4.2
F_1平均	33.7	48.9	27.5	8.2	3.8

表 6-16　陆地棉与海岛棉种间杂种 F_1 纤维品质性状的中亲优势

组　合	纤维长度(mm)	整齐度(%)	比强度(cN/tex)	伸长率(%)	马克隆值
H_1×司 35-2	14.16	8.05	11.28	47.37	-16.67
H_1×Giza30	3.93	0.72	5.12	6.19	-13.98
H_1×7124	6.48	4.02	6.96	5.00	-8.89
美抗虫×65-3030-4	14.59	4.96	6.44	47.01	-12.64
JK19×E24-3389	12.99	4.47	9.26	46.79	-21.28
司 35-2×H_1	12.33	4.81	5.86	47.37	-21.43
Giza30×H_1	9.67	4.70	13.91	6.19	-11.38
E24-3389×美抗虫	12.81	5.09	0.45	49.12	-17.24
65-3030×美抗虫	13.37	3.54	4.91	45.30	-12.64
E24-3389×JK19	13.90	3.52	-2.78	44.95	-14.89
组合平均(AH)	11.42	4.39	6.14	34.53	-15.10
陆地棉亲本平均	30.47	84.03	31.00	4.83	5.5
海岛棉亲本平均	34.56	83.82	35.08	6.72	3.5
F_1 平均	36.32	87.40	35.31	7.66	3.79

表 6-17　海岛棉与陆地棉种间杂种 F_1 品质性状的中亲优势(%)

组合	纤维长度		比强度		马克隆值	
	mm	中亲优势	cN/tex	中亲优势		中亲优势
A_1B_1	34.6	13.1	37.8	20.8	4.6	10.8
A_1B_2	35.4	17.1	36.9	34.0	4.4	-2.2
A_1B_3	36.7	18.6	41.0	23.1	3.9	-10.3
A_1B_4	36.6	20.8	35.7	25.3	4.4	2.3
A_1B_5	36.9	15.2	40.5	32.1	4.2	-1.2
A_2B_1	33.8	11.9	37.5	13.6	4.6	1.1
A_2B_2	35.4	18.2	37.6	28.8	4.5	-7.3
A_2B_3	35.1	14.5	41.9	19.6	4.1	-13.8
A_2B_4	35.2	17.4	35.3	16.9	4.4	-6.5
A_2B_5	36.4	15.0	39.3	21.3	4.4	-4.4
A_3B_1	35.4	14.4	33.9	6.1	4.8	11.8
A_3B_2	36.5	19.3	34.2	21.7	4.4	-4.4
A_3B_3	36.7	17.1	36.8	8.4	4.2	-6.7
A_3B_4	36.7	19.7	34.4	18.0	4.5	2.3
A_3B_5	38.4	18.7	38.8	24.2	4.2	-3.5

续表 6-17

组合	纤维长度		比强度		马克隆值	
	mm	中亲优势	cN/tex	中亲优势		中亲优势
A_4B_1	35.9	14.7	34.8	8.4	4.7	9.3
A_4B_2	36.9	19.0	35.2	24.6	4.8	3.3
A_4B_3	37.9	19.4	39.4	15.6	3.8	−15.6
A_4B_4	37.5	20.6	35.1	20.0	4.5	0.0
A_4B_5	37.9	15.7	38.4	22.1	3.9	−10.3
A_5B_1	36.2	21.1	35.1	8.3	4.5	0.1
A_5B_2	36.5	23.1	35.5	24.2	4.5	−7.3
A_5B_3	37.4	23.4	38.6	12.4	4.1	−12.8
A_5B_4	36.6	23.3	35.2	19.0	4.2	−9.7
A_5B_5	38.1	21.5	39.7	25.2	3.6	−20.9

(注：A_1～A_5为陆地棉，B_1～B_5为海岛棉。)

从上述四表可以清楚地看出，陆地棉与海岛棉种间杂种纤维品质的中亲优势十分明显，都超过了10%，多数组合纤维长度、马克隆值和比强度甚至超过了海岛棉亲本，表现出显性遗传。由于陆地棉与海岛棉种间有一定的不亲和性，陆地棉与海岛棉杂种F_1代出现比例较高的不孕子，因而铃小、衣分低，产量达不到陆地棉的水平。渗有海岛棉优质基因的中长绒系，铃较大，衣分较高，使海岛棉与陆地棉的遗传不亲和性减至最小。采用陆地棉与海岛棉杂交培育的具有海岛棉血缘的陆地棉中长绒品系与陆地棉杂交，更有可能育成丰产、优质的杂交棉。

（八）转基因抗虫棉

自20世纪末以来，我国转基因抗虫棉的研究与应用迅猛发展。目前，我国转基因抗虫棉面积占全球的2/3，2006年全国转基因抗虫棉面积占棉田总面积的2/3。尤其是转基因抗虫杂交棉已逐步成为长江流域棉区的主栽品种。为此，转基因抗虫棉的杂种优势利用也成为研究热点之一。

邢朝柱等(2000)以5个常规品种为母本，3个转基因抗虫棉品种(系)为父本，按NCⅡ交配设计，配制15个组合(F_1)，研究棉纤维品质性状杂种优势。结果表明：① 在中亲优势方面，纤维长度、比强度和伸长率的平均优势均为正向，其值分别为3.8%、4.1%和0.4%，变化范围分别为0.0%～7.6%、−3.5%～10.8%、−3.1%～6.6%；马克隆值与整齐度平均优势为负向，其值分别为−7.0%和−2.2%，变化范围分别为−6.4%～1.7%、−4.3%～1.4%；② 在竞争优势方面，纤维长度、比强度、马克隆值、整齐度和伸长率均表现为正向优势，其值分别为5.8%、7.6%、0.5%、1.4%和6.7%，变化范围分别为1.9%～10.9%、−2.8%～15.3%、−13.1%～10.8%、−2.4%～5.5%和−5.0%～9.4%。

崔瑞敏等(2003)分析了1997—2002年累计配制的126个转基因抗虫棉杂交组合(F_1)的棉纤维品质性状杂种优势表现后指出，转基因抗虫杂交棉(F_1)主要纤维品质性状均表现出一定的优势，纤维长度、比强度和马克隆值的中亲优势平均值分别为0.21%、－3.02%和5.92%，变化范围分别为－6.51%～7.54%、－11.68%～12.63%、－14.53%～10.11%。全部杂交组合(F_1)纤维长度平均值为29.02 mm，比对照品种长0.06 mm，65.1%组合纤维长度有所增加；比强度表现为负优势，仅12.7%组合的比强度增高；70%组合的马克隆值偏高。

左开井等(2003)报道了常规棉×常规棉、常规棉×转基因抗虫棉和转基因抗虫棉×转基因抗虫棉杂种(F_1)棉纤维品质性状的杂种优势表现(表6－18)。从该表中可知，棉纤维长度的中亲优势除一个组合外，均表现为正向，而超亲优势则相反；比强度，超亲优势与中亲优势均为一半组合表现为正向，另一半表现为负向；整齐度，中亲优势基本上表现为正向，而超亲优势全部为负向；马克隆值的中亲优势与超亲优势表现方向基本相似；伸长率的中亲优势基本表现为正向，而超亲优势的表现则相反。

表6－18　棉纤维品质性状的杂种优势表现(%)

杂交组合	纤维长度		比强度		整齐度		马克隆值		伸长率	
	MH	AH	MH	AH	MH	AH	MH	AH	MH	AH
EJ－1×S－3Bt	0.78	－1.23	0.14	2.87	0.27	－4.94	6.12	－8.54	10.14	－15.42
EJ－1×S3Bt	－4.71	－7.00	－7.49	15.12	0.65	－5.81	－1.89	－7.16	1.95	－9.00
EJ－1×MBt	5.06	－4.70	8.49	5.84	－6.19	－10.03	－5.73	－8.00	－9.62	－15.42
S－3×S3Bt	4.95	－5.13	－11.86	－17.22	3.35	－1.46	6.12	0.00	0.78	－0.62
S－3×M3Bt	2.71	0.33	0.38	－0.81	－3.48	－3.66	1.80	1.39	－5.13	－5.72
S3Bt×M3Bt	0.24	－2.50	－6.38	－11.76	2.41	－0.86	3.38	0.60	2.31	1.56

(注：EJ－1、S－3为常规品种(系)，S3Bt. MBt为转基因抗虫棉品系。)

吴征彬等(2004)将一组不同抗虫类型的陆地棉抗虫品种和一组常规棉品种作为亲本，按照不完全双列杂交(NCⅡ)遗传交配设计配制杂交组合，对亲本材料和F_1种子按照随机完全区组设计方法，鉴定棉花纤维品质。结果(表6－19)表明：在纤维长度方面，全部F_1均具有中亲优势(0.90%～5.61%)，83%的组合具有超亲优势(0.44%～5.55%)；但与对照相比，参试组合的纤维略短，其竞争优势均为负值，变化范围为－2.10%～－7.03%。杂交组合纤维略短的原因与杂交亲本的绒长偏短有关。纤维整齐度的中亲优势为－1.59%～1.21%，超亲优势为－2.04%～0.85%，竞争优势为－2.41%～0.91%。由于F_1没有出现分离，其纤维整齐度接近亲本或与亲本相当。绝大多数组合的纤维比强度略优于亲本，平均中亲优势为3.21%，平均超亲优势为1.45%。这说明利用F_1对棉花纤维比强度有一定的改良作用。与亲本相比，F_1的纤维伸长率略差，中亲优势和超亲优势的平均值分别为－1.25%和－3.26%，但各组合均具有很高的竞争优势

(21.39%)。各组合 F_1 的马克隆值与双亲的平均值相当，然从本试验的分析结果看，各 F_1 的马克隆值普遍优于超亲和对照，具有一定的超亲优势和竞争优势。

表 6-19　纤维品质性状的杂种优势表现(%)

材料	纤维长度			整齐度			比强度			伸长率			马克隆值		
	MH	AH	CH	MH	AH	CH	MH	AH	CH	MH	AH	CH	MH	AH	CH
1267F_1	0.90	0.44	−7.03	−1.04	−1.33	−1.95	−0.65	−3.12	−6.97	−1.56	−2.68	−21.17	1.08	0.64	−4.67
2367F_1	1.02	−0.76	−5.65	0.63	0.08	−0.04	−0.14	−0.32	−3.97	−3.01	−4.95	18.33	0.72	−2.60	−1.22
301F_1	2.63	2.38	−5.65	0.45	0.04	−0.35	3.98	1.11	−2.91	−1.52	−2.99	24.50	−3.00	−3.00	−8.11
302F_1	4.52	3.31	−2.10	0.55	0.35	0.12	5.68	3.48	−1.47	1.81	0.41	22.20	−3.14	−6.09	−6.09
303F_1	1.16	0.99	−3.98	0.22	0.16	0.05	1.47	0.88	−2.81	−1.89	−2.37	16.67	0.10	−0.60	0.81
304F_1	1.29	−0.10	−5.33	0.61	0.59	0.35	7.90	5.35	0.31	−1.35	−5.19	22.67	1.46	−1.22	−1.22
305F_1	5.61	5.55	−2.20	1.13	0.79	0.16	−0.39	−1.11	−8.44	1.79	−1.29	27.83	4.19	−0.65	−6.69
306F_1	3.63	2.31	−2.73	0.28	−0.31	−0.42	2.78	0.78	−2.91	−4.02	−7.72	19.50	0.65	−7.40	−6.09
307F_1	2.31	2.03	−5.46	−1.59	−2.04	−2.41	3.65	2.60	−5.00	−0.06	−0.51	28.83	5.30	0.00	−2.27
308F_1	3.44	3.39	−4.20	1.21	0.85	0.91	5.93	2.91	−0.41	0.91	−1.37	20.00	4.73	−1.89	5.48
309F_1	2.29	0.99	−3.98	−0.33	−0.43	−0.35	3.98	3.75	0.41	−4.81	−6.14	12.17	0.97	−1.89	5.48
310F_1	3.80	3.52	−4.08	0.12	−0.12	−0.04	4.33	1.07	−2.19	0.48	−4.29	22.83	−2.31	−8.11	−1.22
平均	2.72	2.00	−4.37	0.19	−0.11	−0.33	3.21	1.45	−3.03	−1.25	−3.26	21.39	0.90	−2.73	−2.54

(注:1267、305、308 为双价转基因抗虫杂交棉,2367、302、303、306、309、310 为单价转基因抗虫杂交棉,301、307、304 为非转基因杂交棉。)

纪家华等(2005)以 5 份转基因抗虫棉作母本，分别是双价 321、新棉 33B、HK-1、DP99B 和 QL42，代号依次是 A1、A2、A3、A4 和 A5。父本 6 份，包括彩色棉亲本 2 份：01-295 和 99-55(鸡脚叶)；柱头外露种质资源 2 份：96-67(红叶)和 01-308(鸡脚叶、零型果枝)；优质棉亲本 2 份：01HN06(抗虫)和惠无 3055(低酚棉)，代号依次是 B1、B2、B3、B4、B5 和 B6。按 NC Ⅱ遗传交配设计，配制 30 个组合，研究棉纤维品质性状的杂种优势表现。研究结果列于表 6-20。由表 6-20 可知，棉纤维品质主要性状均表现出较高的中亲优势和竞争优势。纤维长度的 MH、AH、CH 的平均值分别为−3.49%、2.94%和−1.56%，分别有 2 个、26 个、11 个组合具有正向的杂种优势，AH、MH、CH 同时具有正向优势的组合 1 个。整齐度 MH、AH、CH 的平均值分别为−1.70%、−0.44%和−0.93%，分别有 5 个、15 个、8 个组合具有正向的杂种优势，AH、MH、CH 同时具有正向优势的组合 4 个。比强度 MH、AH、CH 的平均值分别为−9.67%、−2.48%和−1.97%，分别有 1 个、10 个、14 个组合具正向的超亲杂种优势，AH、MH、CH 均具正向杂种优势的组合未出现。伸长率 MH、AH、CH 的平均值分别为−5.80%、−1.35%和 0.58%，分别有 7 个、13 个、17 个组合具有正向的杂种优势，AH、MH、CH 均具正向杂种优势的组合 7 个。马克隆值 MH、AH、CH 的平均值分别为−5.98%、1.31%、8.23%，分别有 9 个、16 个、25 个组合具正向的杂种优势，AH、MH、CH 均具负向杂种优势的组合 5 个。

表 6-20 F_1 棉纤维品质性状的杂种优势表现(%)

材料	纤维长度			整齐度			比强度			伸长率			马克隆值		
	MH	AH	CH	MH	AH	CH	MH	AH	CH	MH	AH	CH	MH	AH	CH
A1×B1	-6.95	3.69	-6.95	-0.47	0.12	-1.05	-2.36	2.11	-8.81	-14.10	-13.55	-2.90	10.42	17.78	8.16
A1×B2	-8.61	0.91	-8.61	-1.29	0.18	-1.86	-12.12	-0.19	-17.92	-9.09	1.45	1.45	-6.12	-5.15	-6.12
A1×B3	-4.64	0.17	-4.64	-0.59	1.07	-1.16	0.34	2.58	-6.29	-6.49	-3.36	4.35	-11.86	-2.80	6.12
A1×B4	-3.64	1.75	-3.64	-0.35	0.00	-0.93	-7.83	-0.93	0.00	-19.48	-11.43	-10.14	-3.51	4.76	12.24
A1×B5	-8.84	-5.08	-0.99	-0.23	0.23	0.12	-6.74	1.68	4.40	-10.39	-8.61	0.00	8.33	19.54	6.12
A1×B6	-1.99	0.17	-1.99	0.00	0.12	-0.35	-9.12	-2.98	-2.83	-7.79	0.71	2.90	-4.92	6.42	18.37
A2×B1	-7.42	4.36	-4.97	-0.70	0.29	-0.47	-7.72	2.30	-2.20	-8.97	-6.58	2.90	-19.30	-7.07	-6.12
A2×B2	-3.23	8.11	-0.66	-2.56	-0.71	-2.33	-13.06	4.09	-7.86	-16.22	-8.15	-10.14	-15.79	-9.43	-2.04
A2×B3	-1.61	4.63	0.99	-0.23	1.84	0.00	-10.09	-2.42	-4.72	1.35	2.74	8.70	-3.39	-1.72	16.33
A2×B4	-1.61	5.17	0.99	0.23	0.99	0.47	-4.64	-3.52	3.46	-10.81	-3.65	-4.35	0.00	0.00	16.33
A2×B5	-3.96	-1.25	4.30	1.04	1.10	1.40	-8.71	-6.20	2.20	0.00	0.00	7.25	-14.04	2.08	0.00
A2×B6	-3.65	2.84	1.99	0.35	0.64	0.58	-2.65	-2.22	4.09	2.70	10.14	10.14	-8.20	-5.08	14.29
A3×B1	-2.23	10.83	1.66	-2.52	-0.87	-0.93	-14.85	-0.93	0.94	-6.41	-0.68	5.80	-15.52	-2.00	0.00
A3×B2	-7.96	3.40	-4.30	-5.50	-3.06	-3.96	-29.97	-12.44	-16.98	-2.90	3.08	-2.90	-13.79	-6.54	2.04
A3×B3	-3.50	3.24	0.33	-1.95	0.77	-0.35	-15.92	-4.08	-0.31	-5.56	-3.55	-1.45	0.00	0.85	20.14
A3×B4	-3.18	4.11	0.66	-3.32	-1.91	-1.75	-13.53	-9.70	2.52	-7.25	-3.03	-7.25	-3.45	-2.61	14.29
A3×B5	-5.79	-3.74	2.32	-1.60	-0.98	0.00	-10.61	-8.05	5.97	-4.05	-0.70	2.90	-6.90	11.34	10.20
A3×B6	2.23	6.47	6.29	-1.60	-0.64	0.00	-6.90	-2.09	10.83	5.80	9.77	5.80	-11.48	-9.24	10.20
A4×B1	-8.28	2.21	-8.28	-1.75	-0.88	-1.75	-5.35	2.21	-5.35	-11.54	-6.12	0.00	4.08	12.09	4.08
A4×B2	-2.32	7.86	-2.32	-4.19	-2.49	-4.19	-13.21	1.47	-13.21	-10.14	-4.62	-10.14	0.00	0.00	0.00
A4×B3	-2.98	1.91	-2.98	-0.81	1.13	-0.81	-4.40	1.00	-4.40	-5.56	-3.55	-1.45	-5.08	3.70	14.29
A4×B4	-0.66	4.90	-0.66	-2.10	-1.46	-2.10	-4.93	-1.06	3.14	-5.80	-1.52	-5.80	-5.26	1.89	10.20
A4×B5	-6.71	-2.86	1.32	-0.70	-0.52	-0.35	-4.21	1.19	7.23	-8.11	-4.90	-1.45	8.16	20.45	8.16
A4×B6	-1.32	0.85	-1.32	1.05	1.22	1.05	-1.76	1.52	5.03	1.45	5.26	1.45	1.64	12.73	26.53
A5×B1	-3.07	6.57	-5.96	-3.98	-1.97	-1.63	-14.89	-3.35	-4.72	-7.69	-4.00	4.35	-13.79	0.00	2.04
A5×B2	0.34	9.29	-2.65	-5.34	-2.52	-3.03	-19.94	-2.06	-10.38	-5.56	2.26	-1.45	-18.97	-12.15	-4.08
A5×B3	-3.07	0.35	-5.96	-2.84	0.23	-0.47	-18.82	-9.69	-9.12	6.94	6.94	11.59	0.00	0.85	20.41
A5×B4	-0.68	3.37	-3.64	-3.52	-1.74	-1.16	-11.24	-9.84	-0.63	-5.56	0.74	-1.45	-1.72	-0.87	16.33
A5×B5	-4.27	1.13	3.97	-2.73	-1.72	-0.35	-8.43	-8.43	2.52	0.00	1.34	7.25	-18.97	-3.29	-4.08
A5×B6	-2.05	2.75	-0.99	-2.95	-1.61	-0.58	-6.46	-4.31	4.72	-2.78	2.94	1.45	-9.84	-7.56	12.24
平均值	-3.49	2.93	-1.56	-1.70	-0.44	-0.93	-9.67	-2.48	-1.97	-5.80	-1.35	0.58	-5.98	1.31	8.23

唐文武等(2006)以 3 个国内外育成的优质棉花品种(系)为母本，与国内外育成的 8 个转基因抗虫棉品种(系)进行杂交，配制 24 个组合(F_1)，棉纤维品质性状的杂种优势表现的平均值、正向优势率及优势幅度等列于表 6-21。研究结果表明，F_1 的纤维长度一般高于中亲值，低于高值亲本，具有一定的竞争优势，其中亲优势、超亲优势、竞争优势的均值分别为 1.99%、-0.99%和 2.84%，正向优势率分别为 73.02%、36.51%和74.60%。比强度的中

亲优势、超亲优势、竞争优势均值分别为2.73%、-1.33%和4.96%，正向优势率分别为65.08%、38.10%、74.60%，表现出较好的竞争优势和中亲优势。马克隆值中亲优势、超亲优势、竞争优势的均值分别为2.42%、-3.86%和-5.10%，正向优势率分别为63.49%、26.98%、15.87%，同时具有负向优势的组合为20个，占32.26%，由于马克隆值越高，纤维细度越差，所以F_1的纤维细度具有较好的竞争优势。结果表明，利用具有优异纤维品质的品种与转基因抗虫棉配制的F_1，其纤维品质具有一定的中亲优势，部分组合表现出一定的超亲优势，抗虫杂交棉的纤维品质明显优于对照组中棉所29号。

表6-21 F_1纤维品质性状的杂种优势表现(%)

性状	中亲优势			超亲优势			竞争优势		
	优势平均值	正向优势率	优势幅度范围	优势平均值	正向优势率	优势幅度范围	优势平均值	正向优势率	优势幅度范围
纤维长度	1.99	73.02	-7.28～10.08	-0.99	36.51	-10.59～6.10	2.84	74.60	-2.44～10.56
比强度	2.73	65.08	-7.41～14.90	-1.33	38.10	-15.29～12.08	4.96	74.60	-8.21～20.91
马克隆值	2.42	63.49	-12.34～20.55	-3.86	26.98	-21.09～7.64	-5.10	15.87	-15.74～4.86
整齐度	0.41	61.91	-2.49～3.86	-0.33	39.68	-3.81～2.96	0.64	68.25	-1.34～3.58
伸长率	4.32	65.08	-10.76～24.33	-2.74	33.33	-16.13～20.56	0.35	55.56	-11.59～11.59

随着生物技术的迅速发展，通过转基因方法，获得的某一特定优良性状的棉花种质系越来越多，而这些外源基因在特异种质系中一般呈显性遗传，这为利用丰产、抗病优良品种作为杂交亲本之一，形成优势性状互补，选配高优势杂交组合提供了有利条件。

综上所述，棉纤维品质性状杂种优势的表现是比较复杂的，很难用一种方式概括，这是因为不同的组合，其亲本的遗传组成不同，遗传传递力不同，杂交亲本间的遗传差异也不同，同时棉纤维品质性状属于数量性状，其表现易受环境条件的影响。

四、亲本选配

大量研究结果业已表明，不同亲本之间杂交，其F_1所表现的优势有很大差异，就竞争优势的变幅而言，有强优势、无显著优势、负向优势。因此，有了优良的亲本，并不等于就有了优良的F_1，双亲性状的搭配、互补以及性状的显隐性和遗传传递力等都影响F_1的表现，因而有必要研究亲本选配规律，以便有效地利用杂种优势。

（一）亲子关系

对于利用F_1杂种优势的育种工作，由于双亲杂交直接决定了F_1表现的好坏，没有后代的分离选择过程。所以，亲子相关研究至关重要。亲子关系的分析方法，一般是利用亲子数据进行相关分析，通过相关系数的大小及其显著性程度来判断亲子关系的密切程度，进而指导亲本选配。

赵辉等(1989)的研究结果指出，株高、子指、衣分、单铃种子数及5个品质性状——纤维长度、整齐度、比强度、马克隆值、伸长率，其 F_1 表现与亲本均值的相关系数分别为0.684 3、0.955 2、0.923 4、0.748 7、0.912 7、0.780 3、0.933 8、0.915 2、0.826 5，都达到极显著水平。这对选择亲本，配置组合(F_1)具有参考价值。

纪家华等(2002)报道，棉纤维长度、整齐度、比强度、伸长率和马克隆值的 F_1 表现值与高亲值之间的相关系数分别为0.10、0.22、0.35、0.61和0.63，与中亲值之间相关系数分别为0.79、0.40、0.77、0.66、0.80，与低亲值之间相关系数分别为0.81、0.47、0.72、0.18和0.80。即 F_1 的5个纤维品质性状的表现值，与中亲值之间的相关系数均达1%或5%显著水平，与高亲值之间仅伸长率和马克隆值达1%显著水平，与低亲值之间有纤维长度、整齐度和马克隆值达1%或5%显著水平。这表明，F_1 棉纤维品质表现水平与双亲平均值关系较为密切。

赵淑贞(2005)的研究结果列于表6-22。从该表中可知，F_1 纤维长度与双亲平均值及高亲值均存在极显著正相关，而且与双亲差值呈极显著正相关，这说明 F_1 纤维长度受中亲和高亲影响较大，欲达到 F_1 代育种目标，亲本选配时应倾向于高亲值大的品种。F_1 的整齐度与亲本无显著相关，但与高低亲差值呈显著负相关，说明在亲本选配时双亲的差异不宜过大。黄度与高亲呈极显著正相关，说明 F_1 黄度受高亲影响大，在亲本选配时应选择高亲值小的亲本进行杂交。比强度与低亲存在极显著相关，而与双亲平均值无关，说明低亲值的大小对 F_1 比强度影响最大，亲本选配时双亲差异不宜过大。伸长率与双亲平均值和低亲存在极显著相关，而与双亲差值无关，说明欲提高或降低 F_1 伸长率，亲本选配时应主要考虑双亲平均值和低亲值。马克隆值与亲本的双亲差异呈显著相关，这表明要达到 F_1 育种目标，亲本选配时应选择双亲马克隆值差异小的亲本来杂交。气纺指标与双亲平均值和低亲存在极显著负相关，与高低亲差异存在极显著正相关，这意味着在亲本选配时要选择高低亲差值稍大的双亲作亲本杂交。反射率与高亲存在显著相关，即要使 F_1 具有较高的反射率，亲本选配时双亲的反射率应高，这样有利于接近育种目标。

表6-22　亲本与 F_1 棉纤维品质性状的相关系数

亲本	长度	整齐度	比强度	伸长率	马克隆值	反射率	黄度	气纺指标
中亲	0.989 4**	−0.128 2	0.770 3	0.999 5**	0.531 5	0.917 0	0.217 4	−0.394 83**
高亲	0.993 5**	−0.455 2	0.411 2	0.785 7	0.755 9	0.950 25**	0.917 6**	−0.201 4
低亲	0.398 8	0.545 3	0.995 7**	0.928 5**	−0.188 9	0.744 8	0.114 7	−0.948 9**
高低亲差异	0.996 8**	−0.852 8	−0.405 3	−0.587 9	0.963 12**	−0.340 1	0.003 4	0.949 6**

(注：*、**分别表示达5%和1%显著水平。)

唐文斌等(2006)研究了62个组合(F_1)的棉纤维品质性状与父本、母本之间的相关性，纤维长度、比强度、马克隆值、整齐度和伸长率与母本之间的相关系数分别为0.438、

0.600、0.280、0.696 和 0.571，与父本之间的相关系数分别为 0.702、0.691、0.357、0.715 和 0.254。F_1的 5 个棉纤维品质性状与母本、父本的相关系数均达到 5%以上显著水平，尤以纤维长度、比强度、整齐度 3 个性状的相关系数为高度相关，均达到 1%显著水平，这表明要选配出有优异纤维品质的 F_1，双亲的纤维品质一定要好。

随着计算机的广泛应用，亲子研究工作不仅仅限于亲子相关性分析，后代与双亲在某一性状上的相关关系可以采用更复杂一些的方法来进行分析。比如，采用趋势面分析。趋势面分析可以模拟杂种随亲本变化而变化的动态趋势，并在此基础上构建亲子关系的模型，依据模型可以预测杂种的表现，以指导杂交组合的选配。钱克明(1988)曾对该方法模拟亲子关系和预测杂种后代表现作过探索性研究。

设杂种与两个亲本某性状观察值分别为 F_1、P_1和 P_2，可以将其抽象为三维空间的一个点，该点在三个轴上(X、Y、Z)的投影分别为 F_1、P_1和 P_2。这个点的动态轨迹可表达为 $F_1(P_1、P_2)$，并可由曲面方程：

$$F_1=b_0+b_1p_1+b_2p_2+b_3p_1^2+b_4p_1p_2+b_5p_2^2\cdots b_mp_{21}$$

来拟合其动态轨迹。若有数量大于 m 的一组亲本及其杂种后代的数据，就可以构建一个方程组。求出 b_0、b_1、$b_3\cdots b_m$，就得到亲子关系的模型，其要求是在较低幂次下获得较高的模拟精度。

钱克明(1988)以 25 个陆地棉杂交组合及亲本为供试材料，根据随机完全区组设计、3 次重复的试验结果，进行亲子关系模拟，得到皮棉产量的模型为：

$$F_1=-564.771+8.789p_1+4.9118p_2-0.043\,7p_1^2+0.001\,6p_1p_2-0.026p_2^2$$

其他性状如单铃种子数、纤维长度、比强度、马克隆值均为 2 次曲面模型，衣指为 3 次模型。

将双亲的原始数据代入模型，得到的 F_1模拟值和实际值之间相关系数达极显著水平。用中国农业科学院棉花研究所提供的 9 个亲本的产量数值验证该模型，所得到的 F_1 的预测值与相应的 11 个 F_1的实测值呈极显著正相关。由此，钱克明认为模型具有一定通用性，可用来预测组合和选配亲本。张爱民(1994)引用中国农业大学(原北京农业大学)棉花育种组 5 个亲本双列杂交产生的 10 个 F_1单株产量的数据对上述模型进行趋势性测定。因为数据数量级不同，所以仅对预测的位次与实际的位次进行了相关分析，并用双亲平均值预测的位次与实际位次的相关进行了比较，结果见表 6-23。模型预测的位次与实际产量位次的相关系数为 0.867 7，极显著并高于用双亲平均值预测的位次与实际产量位次的相关系数(0.684 8**)，说明模型预测位次有一定的实用性。

表 6-23　10 个棉花 F_1 预测产量与实际产量的相关

组合	实际产量位次	用模型预测位次	用双亲平均值预测位次
1	7	4	4
2	3	1	1
3	1	2	2
4	4	5	6
5	8	9	8
6	10	10	10
7	2	3	3
8	6	6	7
9	9	8	5
10	5	7	9

（二）亲本间遗传差异

亲本选配是否合理与杂交亲本间的遗传差异有着密切的关系。如何衡量亲本间的遗传差异？通常认为，地理来源差异大的品种反映在形态、生态、生理和发育性状上的差异也大，也许可以用亲本地理上距离的远近代表它们的遗传差异的大小。但进一步研究表明，亲本的地理分布与其遗传差异并无直接联系。由于一个符合育种目标要求的组合(F_1)往往是许多优良性状的综合结果。因此，在亲本选配时必须考虑多个性状，不能只局限于单一性状。而采用多元统计方法获得的遗传距离可衡量亲本多个数量性状的综合遗传差异。

承泓良等(1989)以 15 个组合的 F_1(试验Ⅰ)和 10 个组合的 F_1(试验Ⅱ)为试材，调查子棉产量、皮棉产量、单株铃数、单铃子棉重、衣分率和纤维长度、比强度、马克隆值等 8 个性状。根据 F_1 产量和纤维品质等性状的实测值和利用测度双亲遗传差异的 D^2 值(欧氏距离、类平均法)两种方法进行聚类的结果列于表 6-24、表 6-25。

表 6-24　试验Ⅰ中根据实测值与双亲差异 D^2 值对组合聚类的结果

类	根据实测值	根据 D^2 值
Ⅰ	6×2,7×5	6×2,7×5,8×1
Ⅱ	6×4,7×3,7×4,8×4	6×4,7×3,7×4,8×4
Ⅲ	7×1,8×1,8×3,8×5	7×1,8×3,8×5
Ⅳ	6×1,6×5,7×2,8×2	6×1,6×3,7×2,8×2,6×5
Ⅴ	6×3	

表 6-25 试验Ⅱ中根据实测值与双亲差异 D^2 值对组合聚类的结果

类	根据实测值	根据 D^2 值
Ⅰ	1×2,2×3,2×5	1×2,2×3,2×4,2×5
Ⅱ	3×4,4×5,2×4	3×4,4×5
Ⅲ	1×5,1×3,3×5	1×3,3×5,1×5
Ⅳ	1×4	1×4,2×4

从表 6-24、表 6-25 可清楚地看出，聚类结果颇为一致。这两种聚类结果的一致率，试验Ⅰ为 86.7%，试验Ⅱ达 90.0%。这表明，根据双亲遗传差异可能推测 F_1 表现趋势。因此，在配制杂交组合前，可根据掌握的亲本资料(产量、纤维品质和抗性等)，计算出全部亲本作两两杂交之间的遗传差异(用欧氏距离测度)，而后对组合作聚类分析。按照育种目标，参考聚类结果，确定配制组合的方案。这样做，将可能提高配制组合的针对性，减少盲目性。

王学德、潘家驹(1990)以 56 个组合(F_1)为试材，经过 1986—1987 年试验后认为，棉花杂交亲本间遗传距离与杂种优势间存在显著的抛物线回归关系。遗传距离在一定范围内($0\leqslant D^2\leqslant 7$)，杂种优势随亲本间遗传距离的增大而加强；超过 $D^2=7$ 界线，杂种优势反而随遗传距离的增大而减弱。即棉花杂交亲本间的遗传距离过大或过小，均不易产生强优势组合，只有遗传距离处于中等大小($4\leqslant D^2\leqslant 11$)的材料作杂交亲本较为理想。根据杂交亲本间的遗传距离的大小，采用系统聚类法(类平均法)，将 15 个杂交亲本归为 5 类。一般认为，不同类群间的亲本遗传差异大于同一类群的亲本。表 6-26 列出从 56 个杂交组合中选出的在子棉产量上比对照(泗棉 2 号)增产的前 15 个组合。从表中可以看出，除了 2×12 组合是同一类群内的亲本间杂交外，其余 14 个优良组合均为不同类群间亲本交配而得。

表 6-26 不同类群亲本组成的 15 个优良组合及其杂种优势表现(%)

组合	类群	竞争优势	
		子棉产量	皮棉产量
4×15	Ⅲ×Ⅰ	20.58	15.21
1×8	Ⅳ×Ⅱ	17.86	−5.64
6×10	Ⅱ×Ⅰ	14.24	8.72
5×9	Ⅴ×Ⅰ	13.25	2.97
2×15	Ⅱ×Ⅰ	11.98	−2.08
2×14	Ⅱ×Ⅰ	11.82	8.37
5×8	Ⅴ×Ⅱ	11.10	−3.84
2×9	Ⅱ×Ⅰ	10.90	−5.97
5×10	Ⅴ×Ⅰ	8.73	4.54

续表 6-26

组合	类群	竞争优势	
		子棉产量	皮棉产量
5×13	Ⅴ×Ⅱ	8.65	−13.17
2×12	Ⅱ×Ⅱ	8.32	−4.95
2×10	Ⅱ×Ⅰ	7.82	2.07
2×11	Ⅱ×Ⅰ	7.29	−5.69
4×9	Ⅲ×Ⅰ	7.05	1.85
4×10	Ⅲ×Ⅰ	2.74	3.18

棉花产量和纤维品质等性状是由微效多基因控制的数量性状，这些基因间存在着复杂的互作关系。遗传距离与杂种优势呈抛物线回归关系，一方面可能是由于基因的上位性作用，部分地抵消了显性增值基因的作用，使遗传距离与杂种优势间的关系偏离直线回归关系；另一方面亦可能是杂种组合了亲本某些减值基因，虽然双亲遗传差异很大，如亲本之一的产量水平低，另一亲本则较高，但也难获得优良组合。

（三）配合力

配合力是从选育玉米自交系的工作中引出的概念，是指一个自交系与另外的自交系或品种杂交后，杂种一代的产量表现。表现高产的为高配合力，表现低产的为低配合力。目前，配合力的概念已引申到其他作物的杂种优势利用和杂交育种中。

配合力和杂种优势有密切联系，但两者含意并不完全相同。配合力专指杂种一代的经济性状，主要是指产量高低和品质优劣；杂种优势是指杂种在经济性状、生物学性状等方面超越其亲本的现象。因此，利用杂种优势时，既要注意亲本配合力的高低，又要注意它们的杂种在有利性状方面优势的强弱。

配合力有一般配合力(GCA)和特殊配合力(SCA)两种。一般配合力是指一个被测系(自交系、不育系、恢复系等)与一个遗传基础复杂的群体品种(系)杂交后，产量与品质等经济性状表现的能力，或这个被测系与许多其他系杂交后，F_1的产量与品质等经济性状的平均值；特殊配合力是指一个被测系与另一个特定的系杂交后，产量与品质等经济性状的表现的能力。因此，可以说，被测系的许多特殊配合力的平均值，就是一般配合力。在杂种优势利用的实践中，选择一般配合力高的品种(系)作杂交亲本，有可能获得高产与优质杂种，减少选配杂交组合的盲目性。所以，一般配合力高的品种(系)是选育高产优质杂种的基础。在棉花上，测定配合力用得最多的方法是双列杂交法，这一方法不仅有理论基础，而且可同时测定一般配合力和特殊配合力。

校百才(1986)以 6 个自育品种(系)陕 401、陕 3563、陕 5245、陕 1155、陕 5710 和陕 3053 为父本，以 6 个从美国引进的品种(系)岱字棉 SR-1、白 312、爱字棉 3080、爱字棉 1517/E，RAB/25 和 RAB/26 为母本，按 6×6 不完全双列杂交，配制 36 个组合(F_1)进行配合力试验。结果表明：

（1）同一经济性状的一般配合力效应值，不论是自育品种组还是引进品种组，品种间都各不相同，表明 F_1 各有关经济性状的形成，是相当复杂的。在单株结铃数方面，自育品种一般配合力效应值的变动在 0.40～0.45；引进品种的变化在 0.68～－0.61。两组相比，引进品种组的一般配合力效应值的变化幅度比自育品种组要大。在单铃子棉重、单株子棉产量、单株皮棉产量、衣分、绒长、纤维细度、强力 7 个性状上，同样出现引进品种组的变化幅度比自育品种组大的现象。另一方面，同一亲本不同性状的一般配合力效应值也截然不同。如自育组中的陕 401，产量性状的单株结铃数、单铃子棉重、单株子棉产量和单株皮棉产量的一般配合力效应值分别为 0.40、0.22、5.30 和 2.20，是 6 个参试自育品种中表现最好的一个。但纤维细度和强力则分别为－31.38 和－0.007 8，是 6 个自育品种中较差的一个。又如引进组的白 312 的铃重、单株子棉产量、单株皮棉产量、衣分、纤维长度和强力的一般配合力效应值依次为 0.58、7.54、3.70、1.06、0.245 和 0.136，在 6 个引进品种中及全试验的 12 个品种中表现最优的。但单株成铃数及纤维细度的一般配合力效应值分别为－0.03 和－128.98，表现较差或差。

（2）特殊配合力在 F_1 的 8 个经济性状，因具体组合而异，表现很复杂，很难从亲本的平均效应值推测得知。36 个杂交组合的 8 个经济性状的特殊配合力效应值各不相同。以纤维细度变动幅度（228.28～－282.15，相差 510.43）最大，单株子棉产量变动幅度（5.75～－12.54，相差 28.29）次之，而以纤维强力变动幅度（0.19～－0.17，相差 0.36）最小。8 个性状变动幅度由大到小的顺序：纤维细度＞单株子棉产量＞单株皮棉产量＞单株结铃数＞衣分＞单铃子棉重＞绒长＞纤维强力。说明决定各个经济性状在 F_1 表现程度和性状间基因的非加性效应不同，这也是判断组合优劣的内在条件。同一性状特殊配合力效应值因组合不同而有较大的差异。以单株结铃数为例，最好的组合是陕 3563×白 312，最差的是陕 245×RAB/25 组合。参试组合中的铃重，以陕 401×爱字棉 3080 较好，而以陕 1155×爱字棉 3080 最差。最能代表丰产性状的单株子棉、皮棉产量，在参试组合中均以陕 401×爱字棉 3080 和陕 3563×白 312 最优；而以陕 1155×爱字棉 3080 最差。参试组合中的纤维品质，以陕 5710×白 312 的强力最高，以陕 1155×白 312 最低；纤维细度则以陕 1155×白 312 较好，陕 5710×白 312 较差。

将上述两种配合力效应值结合分析，可以看到经济性状方面基因之间的互补作用。例如白 312 单株子棉、皮棉产量性状的一般配合力效应值较高（7.54、3.70），而纤维细度的一般配合力效应值则偏低（－128.98）。但在与陕 1155 的杂交组合中，特殊配合力效应值却很高（5.30、2.20），实现了优势互补。又如陕 401 单株子棉、皮棉产量的一般配合力效应值均较高（5.30、2.20），而纤维强力的一般配合力效应值则属于中等（－0.07 8）。但在与 RAB/25 的杂交组合中，特殊配合力效应值却较高，居第二位，也显示出优势互补作用。

王学德等（1989）通过分析 56 个不同杂交组合 F_1 的农艺性状资料，研究配合力和杂

种优势的关系。结果表明，除开花期外，16 个性状的竞争优势与母本一般配合力、父本一般配合力以及父、母本一般配合力平均效应值间均呈极显著的正相关。就皮棉产量而言，相关系数分别为 0.658 7、0.505 9 和 0.830 5。组合的特殊配合力在皮棉产量上与竞争优势的相关系数为 0.557 0。

郭介华等(1994)以陆地棉种质系为材料，研究了配合力效应与 F_1 杂种优势之间的关系。双亲的一般配合力效应与 F_1 性状表现均呈极显著的正相关，且相关系数多数在 0.8 以上；特殊配合力效应与 F_1 的相关则只有部分性状达 5%以上显著水平。肖松华等(1996)分析了陆地棉 F_1 竞争优势与配合力的相关。结果表明，所研究性状的竞争优势与父、母本一般配合力效应的平均值之间的相关皆达极显著水平。除衣分、子指外，其他性状的竞争优势与组合的特殊配合力之间亦存在着显著或极显著的相关。而竞争优势与父、母本一般配合力的相关程度在各个性状上，都明显地大于竞争优势与特殊配合力的相关程度。

邢朝柱等(2000)分析了配合力与 F_1 之间的相关性(表 6-27)。从该表中可知，15 个性状的表型值与一般配合力(GCA)之间的相关性均达显著和极显著水平，而与特殊配合力(SCA)之间的相关性除子棉产量、皮棉产量和果枝数外，均未达显著水平；且 F_1 表型值与一般配合力的相关系数在各个性状上(果枝数除外)都明显地大于 F_1 表型值与特殊配合力的相关系数，因此双亲的一般配合力值对选配组合具有指导意义。

表 6-27 配合力效应与 F_1 表型相关系数

性状	F_1 表型值与父母本 GCA	F_1 表型值与组合 SCA
子棉产量	0.988**	0.688**
皮棉产量	0.725**	0.689**
单株铃数	0.877**	0.481
单铃重	0.988**	0.156
衣分	0.899**	0.437
子指	0.927**	0.234
衣指	0.961**	0.277
纤维长度	0.874**	0.486
比强度	0.905**	0.425
马克隆值	0.958**	0.286
整齐度	0.922**	0.388
伸长率	0.952**	0.306
株高	0.933**	0.360
果枝数	0.680*	0.734**
烂铃率	0.892**	0.455

(注：差异性测验为 t 测验，*、**分别表示差异达到 5%和 1%显著水平。)

一般认为，一般配合力是由基因的加性作用决定的，也可以看作有利基因的累加，由于基因的加性作用不受基因重组的影响，所以，一般配合力比较稳定，且容易纯合固定和遗传给后代。而一般配合力高的亲本杂交，可以增强有利基因进一步聚合的可能性，也就容易配出好的组合。而杂交组合的特殊配合力是由基因的非加性作用决定的，即杂合状态的等位基因之间及非等位基因之间的交互作用。它取决于基因间特异的结合或排列状态，因而容易受基因重组影响而发生变化，在遗传上处于比较不稳定的状态。虽然如此，特殊配合力毕竟还是杂种优势的重要组成部分，它与一般配合力相互独立又相辅相成，更不能相互取代。所以，在多数情况下，选育杂交组合应该先选择一般配合力高的双亲，再选择特殊配合力强的组合。有些组合双亲的一般配合力不算高，但可能两者在遗传、生态等方面存在很大差异，具有很高的特殊配合力，这样的组合当然也有应用价值，但其亲本的通用性较差，组合的表现较容易受环境的影响，较难获得广泛的适应性。

（四）外源基因及异常种质

所谓外源基因指人工构建的或非棉属的其他物种的基因，目前主要是指转 Bt 等抗虫基因；所谓异常种质是指一般陆地棉品种不存在的一些质量性状种质，目前所涉及的主要是有无腺体（即低酚棉）、无蜜腺、鸡脚叶、超鸡脚叶、芽黄及黄花粉等性状的种质。实际上 Bt 等抗虫基因的表达也是一种异常质量性状。

在 1990 年以前的 20 多年中，我国育成的陆地棉品种间杂交棉共 13 个，当时不存在外源基因参与的可能，也没有异常种质的亲本组成的杂交棉，因此杂交棉的杂种优势并不十分显著。在 20 世纪 90 年代的 10 年中，育成了 23 个杂交棉，其中以转 Bt 基因抗虫棉为亲本的杂交棉 15 个，有异常种质即无腺体、鸡脚叶、芽黄、黄花粉等异常性状的种质参与的杂交棉 5 个（其中 3 个同时具有 Bt 基因）。这些杂交棉优势明显，生产应用效果良好。据此，汪若海、李秀兰（2001）提出，Bt 等外源基因及某些异常种质，很可能对杂交棉的杂种优势的形成有着特殊的作用。以往，人们总认为棉花的异常种质携带了被自然选择或人工选择所淘汰的不良性状。然而，以某些异常种质作亲本配制的杂交种却表现出良好结果。印度是世界上杂交棉应用最有成效的国家，该国有 1 个种植面积大而应用时间长的著名杂交棉“杂种 4 号”，其亲本之一具有无蜜腺的隐性性状。芽黄是棉花不常见的突变型，为隐性性状，而无腺体的隐性性状也是一般棉花所不具备的。据南京农业大学多年试验，陆地棉品种间的中亲优势有如下趋向：芽黄杂交棉＞无腺体杂交棉＞一般品种间杂交棉。从生产实践上看到，具有芽黄性状的杂交棉——黄杂棉在湖北省监利县表现优良，具有无腺体性状的杂交棉——皖杂 40 最大种植面积曾达 16.67 万 hm^2。陆地棉正常叶形是阔叶型，而鸡脚叶和超鸡脚叶是显性突变性状，标记杂交棉和淮杂 2 号具有此类性状，杂种优势明显，增产显著。此外，黄花粉也是显性突变性状，已被利用在推广面积很大的湘杂棉 2 号中。

历来杂交棉亲本选配的一条经验是，双亲的遗传差异既不宜过小，又不宜过大，要求有适当的差异。鉴于外源基因及异常种质形成超常优势的现状，汪若海、李秀兰(2001)就杂交棉亲本选配原则提出了双亲遗传差异要“大同小异”的新观点。大同，指双亲遗传基础基本相近，综合性状都较优良。小异，指某项性状、某些遗传物质或某个遗传位点上却有明显差异。由此会形成显著的杂种优势。如果双亲间遗传基础“雷同无异”，相当于亲缘相近的品种(系)间杂交，常无优势可言；反之，双亲间的遗传是“大异小同”，则相似于种间杂交，变异大而很难获得可利用的优势。为揭示这一新观点的内在原因，他们认为，对外源基因及异常种质形成杂交棉超常优势进行深入研究，是一项重要的应用基础研究，也是对强优势杂交棉选配研究很好的切入点，对整个杂种优势的研究起着先导、带动和关键的作用。可以考虑从育种、栽培、遗传、生理、生化、生物工程及运用分子检测的基因表达、发育水平等方面开展研究。首先，要扩大试材和试验范围，让更多的外源基因和异常种质参与，以进一步验证它们对棉花形成超常优势的真实性、可靠性及其普遍性；进而采用多种手段深入研究，查明外源基因及异常种质对形成超常优势的内在机理及其表达规律，这是该项研究的重点和难点所在；其次，在充分试验研究基础上，实现对选育杂交棉的材料与方法进行创新，并推动棉花杂种优势利用的发展。此项研究结果，将从理论上阐明棉花杂种优势的形成机理与表达的基本规律，在实践上指导棉花强优势杂交棉的选配及其种植利用，从而促进棉花杂种优势利用走上准确、快速、高效的道路。

五、棉花杂种优势利用途径

棉花杂种优势利用途径，实际上就是指杂交制种的方法。尽管杂交制种的方法各不相同，但去雄和授粉是任何杂交制种方法所共有的环节。根据去雄方式的不同，目前杂种优势利用的途径主要分为人工去雄授粉法、雄性不育系、标志性状利用和花器官变异体利用。目前，生产上应用的杂交棉以人工去雄授粉法为主，占杂交棉面积的95%以上，其次是雄性不育系的利用。

(一) 人工去雄授粉法

人工去雄授粉法制种的最大优点就是父母本选配不受限制，配制组合自由；它的缺点是制种全部需要人工操作，工作强度大，种子生产成本高。20 世纪 80 年代开始采用稀植、去早晚蕾、正反交、全株杂交等主要技术。我国最大的人工制种基地——山东省惠民县，一般制种田产量为 1 500 kg/hm^2，高产制种田可达 2 250 kg/hm^2。

(二) 棉花雄性不育系的利用

棉花雄性不育系的主要特征是雄蕊发育不正常，不能产生有功能的花粉，但它的雌蕊发育正常，能接受正常花粉而受精结实。棉花雄性不育株与正常株相比，其株型、叶型等无大的差异，只是一般雄性不育株的花冠偏小，花丝短而少，柱头略长，花药减少，空瘪干缩，或虽饱满但不开裂或很少开裂，且花药中花粉很少，花粉常呈畸形，无生活力。根据雄性不育发生的遗传机制不同，棉花雄性不育性与其他作物一样，分为质核互作不育和核不育两类。

1. 质核互作不育型

由细胞质基因和核基因互作控制的不育类型，简称质核型，或称为细胞质雄性不育。这种类型可以实现雄性不育系、雄性不育保持系和雄性不育恢复系的“三系”配套生产杂种种子，故这种制种方法称为“三系法”。

至今认为能初步配套的材料，只有美国的哈克西尼棉细胞质型“三系”材料。这一材料是 Meyer 用陆地棉双单倍体 M_8 品系与野生种哈克西尼棉杂交，再用陆地棉的罗登棉和 Ma 品系多次回交，最后分别与岱字棉 16 和 Delcot 277 回交形成的，于 1973 年育成 2 个具有哈克西尼棉细胞质的雄性不育系（DES—HAMS 16 和 DES—HAMS 277）及其 2 个相应的恢复系（DES—HAF 16 和 DES—HAF 277）。该不育系的不育性完全且稳定，一般的陆地棉和海岛棉品种均可作为它们的保持系。这两个不育系已被不少植棉国家引进，并开展利用研究。中国农业科学院棉花研究所和湖北省农业科学院经济作物研究所分别于 1979 年和 1980 年从美国引进这两套“三系”材料。

国内外对这两套“三系”材料利用研究结果表明，恢复系携带的育性恢复基因为不完全显性，对不育系育性恢复能力较差，一般只能恢复 60％～80％。此外，该不育细胞质对棉花产量有不良影响，其 F_1 产量一般比对照品种少 5％～10％，营养生长偏旺，贪青晚熟，难以筛选出竞争优势显著的组合。

针对上述“三系”存在的主要问题，国内外开展了研究。1976 年，Weaver 等发现海岛棉 PimaS－4 品种中有一个能加强育性恢复能力的基因，而后他与 Sheetz 合作，通过回交将这一基因导入到恢复系 DES—HAF 277 中，育成 Derneter 1、2、3 等恢复系。但这些新育成的恢复系和不育系配制的 F_1 产量明显低于推广品种，而且这一基因与易感染根节线虫病基因紧密连锁。为了打破这种不利的基因连锁，以培育出能为生产应用所接受的恢复系，湖北省农业科学院经济作物研究所将恢复系 HAF 277 与属间杂种（陆地棉×苘麻）F_4 选系杂交，通过对这一杂种后代测交筛选，于 1988 年育成育性、恢复能力完全的恢复系，与不育系测交，部分 F_1 组合在产量上表现出竞争优势。属间杂种（陆地棉×苘麻）带入的某些遗传基因是否就是 Weaver 等在海岛棉中发现的育性恢复加强基因，尚待研究证实。1986 年，中国农业科学院棉花研究所把来自海岛棉海 1 的 1 个显性无腺体基因导入从美国引进的具有哈克西尼棉细胞质的“三系”中，经过多次回交和人工选择，其育性和农艺性状比原“三系”有明显改进。但他们认为，原哈克西尼棉细胞质不育系存在的缺点没有完全克服，解决育性问题仍是最关键的。

2. 核不育型

这是一种由核内染色体上基因所决定的雄性不育类型，简称核不育型。现有的核不

育型多属自然发生的变异，这种类型以不育株作不育系，可育株作保持系，用不育株与可育株进行姐妹杂交，F_1群体中不育株与可育株各占一半，无需再选育保持系，品种(系)均可作为恢复系，故这种方法称为“两系法”或“一系两用法”。

在国外，自从 Justus 等(1960)首次报道了一个可遗传不完全的核雄性不育基因 ms_1 以来，迄今为止，已鉴定出 ms_1、ms_2、ms_3、Ms_4、ms_5、ms_6、Ms_7、ms_8、ms_9、Ms_{10}、Ms_{11}、Ms_{12} 10 个棉花核雄性不育材料共 12 个基因位点上的不育基因，其中 ms_1、ms_2、ms_3 表现为单基因隐性遗传，ms_5、ms_6 和 ms_8、ms_9 表现为两对基因隐性遗传，Ms_4、Ms_7、Ms_{10}、Ms_{11} 和 Ms_{12} 表现为单基因显性遗传。除 Ms_{11}、Ms_{12} 发现于海岛棉外，其余均发现于陆地棉。其中 ms_1、ms_3 表现为不完全的雄性不育，其余均表现为完全的雄性不育。至今，对这些材料的遗传研究较为深入，但在杂种优势中的应用研究报道甚少。

在我国，核雄性不育系的研究是以四川省仪陇县棉花原种场于 1975 年从洞庭 3 号中发现一株天然不育株开始的。经多家单位的协作鉴定，确认为天然雄性不育材料，并定名为“洞 A”。遗传试验结果表明，“洞 A”不育性是由一对隐性核雄性不育基因控制，并用基因符号 msc_1 表示。1991 年，冯义军和潘家驹对“洞 A”(msc_1)与从美国引进的 ms_1、ms_2、ms_3 三个核雄性不育材料作等位性测验，结果表明 msc_1 与这三个基因均是非等位的。为与国际上棉花基因命名体系相一致，他们建议把“洞 A”核雄性不育系的不育基因定名为雄性不育-13，基因符号定为 ms_{13}。

继“洞 A”之后，通过辐射诱变、天然突变株的选择等，已发现了十几个棉花核雄性不育系。遗传学鉴定表明，这些不育系的不育基因分属 7 个基因位点，它们暂时分别用基因符号 msc_1、msc_2、msc_3、Msc_4、Msc_5、Msc_6 和 msc_7 来表示。其中 msc_1、msc_2、msc_3、msc_7 为单基因隐性遗传，Msc_4、Msc_5、Msc_6 为单基因显性遗传。在 msc_1 位点上发现的是洞 A、川 A、社 A、Rs30—10A 等；在 msc_2 位点上发现的是 KKⅡ88—117A、KKⅡ88—3/20A、KKⅡ88—120A、石 A 等；在 msc_1、msc_7 两个位点上仅发现阆 A 和 81A 各 1 个不育系。

我国是首先利用核雄性不育“一系两用法”生产棉花杂交种子并大面积应用于生产的国家。而四川又是最先利用核雄性不育系来配制杂交棉的省份。早在 1978 年，该省就大面积试验、示范杂交棉，尤其是 1984 年以后，发展速度较快，平均每年种植杂交棉 3.5 万hm^2以上，占全省棉田面积的 25%以上。四川省农业科学院棉花研究所育成的川杂 4 号，是我国第一个用棉花核雄性不育配制的抗枯萎病杂交棉，比当地推广品种川 73-27 增产 18%。经湖北、江苏、浙江、陕西和山东等省引种试验，皮棉产量较对照品种 86-1 增产 15.6%～26.0%。1984—1990 年，累计推广 20 余万 hm^2。1991 年，四川省农作物品种审定委员会审定了以核雄性不育系 473A 为母本配制的新杂交棉——内杂 1 号，该组合丰产性好，增产优势显著，早熟，品质好，耐枯、黄萎病。承泓良等(2000)以核雄性不育系抗 A1 为母本配制的组合“307”，综合性状较好、竞争优势显著，于 2000 年通过江苏省农作物品种审定委员会审定，定名为苏棉 17，是该省第一个通过省审定的杂交棉。

采用"一系两用法"制种、繁殖时，都要拔除50%的可育株，浪费人力、物力，增加制种成本。且若拔除时间过晚，对制种产量影响较大，还会因昆虫传粉导致 F_1 群体中出现不育植株，影响杂交棉产量。克服这一缺点的技术途径是：① 探明在蕾期识别不育株与可育株的方法，力争在开花前拔除可育株；② 不育株上若能带上标志性状，则在苗期就可把可育株拔除。

曲辉英等(1987)研究了在蕾期识别可育株与不育株的方法，他们发现，在开花前7～10天，花蕾长到花生米大小时，可育花蕾与不育花蕾能分辨出来。可育株的花蕾饱满较圆，手指轻捏较软，若把花冠剥掉一块，摘下部分花药，用手指将花药捻开，可感觉或看到面状物，则该株为可育株。若捻碎后只有浅绿色的水，没有面状物，那么该株为不育株。在蕾期鉴定，可比在开花期鉴定提早7～10天拔除可育株，让不育株充分生长，制种产量可提高10%左右。

冯福贞(1988)育成了带芽黄标志性状的陆地棉81A核雄性不育系。经遗传学鉴定，这一不育系中的不育性和芽黄性状都是由一对隐性基因控制的，并且两性状还表现为紧密连锁或完全连锁。当81A兄妹交后代幼苗长到三四片真叶时，表现出芽黄和绿色两类不同的性状。凡苗期表现为芽黄的植株，开花时表现出雄性不育；苗期表现为绿色的植株，开花时为可育株。通过观察植株叶色，在苗期就可将可育株拔除，留下的均为雄性不育株，从而可节省人力、物力，提高制种效率。利用81A制种时，只要父母本比例配制适当，可以免去人工去雄这一工序，利用昆虫传粉或人工授粉。因绿色对芽黄呈显性，凡 F_1 群体植株表现为绿色叶的，则为真杂种，黄色叶的则为假杂种，在苗期间苗或移栽时可将假杂种剔除。国内外的许多研究证明，棉花的杂种优势不仅表现在 F_1，有些组合在 F_2 仍有一定的杂种优势可资利用。用81A不育系制种，既可用 F_1，又可用 F_2。因为用81A配制的 F_2 群体中，尽管会分离出1/4不育株，但由于这些不育株在苗期叶片即呈黄色，因此可在苗期拔除，留下的全是雄性可育株。且大面积用 F_2 易为生产部门所接受，因为用 F_1 自交产生 F_2 种子，种子生产成本可大幅度下降。

（三）标志性状的利用

棉花标志性状是因基因突变而产生的异于正常性状的突变体。如棉花正常叶色为绿色，由于基因突变而产生黄色叶片的棉株，就是一种叶色突变体，称为芽黄。在杂交制种中，利用具有隐性(或显性)标志性状的品种(系)作母本(或父本)，以具有相对显性(或隐性)性状的品种(系)作父本(或母本)，不去雄，人工辅助授粉或天然授粉，根据 F_1 标志性状的有无剔除假杂种，即可获得真杂种，从而提高制种效率，降低制种成本。迄今为止，棉花已鉴定出160多个基因突变体，但作为标志性状用于杂种优势利用的主要有芽黄、光子和无腺体。

1. *芽黄*

自1933年Killough等发现芽黄突变体并定名基因符号为 v_1 以来，国际上已鉴定出

22个不同基因位点的芽黄突变体，其基因符号依次为 v_1、v_2、v_3、v_4、v_5、v_6、v_7、v_8、v_9、v_{10}、v_{11}、v_{12}、v_{13}、v_{14}、v_{15}、v_{16}、v_{17}、v_{18}、v_{19}、v_{20}、v_{21}、v_{22}。其中 v_{18}、v_{19}、v_{20} 和 v_{22} 为我国著名棉花遗传育种专家潘家驹等发现与鉴定的。芽黄对绿色呈隐性。在制种时，以具有芽黄性状的品种(系)作母本，不去雄，与具有正常绿色叶片的品种(系)作父本进行杂交，在 F_1 1～2片真叶期，凡黄苗者为假杂种，应拔除；绿苗者为真杂种，保留。

早在20世纪60年代初，华兴鼐等就育成了陆地棉彭泽1号芽黄。这一隐性标志性状在当时利用海岛棉与陆地棉杂种优势，培育中长绒杂交棉时曾取得一定成效。

自1981年以来，潘家驹等在系统地研究芽黄遗传规律的同时，对芽黄在杂种优势利用中的应用也作了探索，取得了具有实用意义的结果：① 组合选配。1986—1987年在江浦农场试验站进行56个组合的比较试验，结果有一半组合的子棉产量超过对照泗棉2号，最高的组合增产23.09%；有6个组合的皮棉产量超过泗棉2号，最高的(湖北芽黄×PD9364)F_1 比泗棉2号增产6.60%，且这一组合的纤维品质也较好。由于湖北芽黄是鸡脚叶，因此，F_1 植株为亚鸡脚叶，从而表现出早熟、避虫、烂铃少的优点。1988年在江浦和靖江两县进行第二轮另外56个组合的比较试验，共选出7个表现较好的组合。江浦县试点的(Nv_{10}×PD9384)F_1 的子棉、皮棉产量分别比对照中棉所12号增产18.47%和19.20%；(Nv_{10}×邢台68-71)F_1 子棉、皮棉产量分别比中棉所12号增产13.31%和10.97%。在靖江县试点，有5个组合的产量超过对照中棉所12号，其中(v_{12}×鲁棉1号)F_1 的子棉产量最高，比中棉所12号增产24.11%；(v_{12}×江浦2258-61)F_1 的皮棉产量最高，比中棉所12号增产12.17%；(v_{10}×中棉所12)F_1 不仅产量比中棉所12号高12.15%，而且早熟，全生育期比中棉所12号短7天，纤维的马克隆值和比强度也较好。② 异交率测定。利用标志性状制种的效率高低，关键在于不去雄人工辅助授粉或利用昆虫等传粉的异交率。1985—1988年在南京、江浦和靖江三地测定了11个芽黄品系的天然异交率。上述三地的天然异交率分别为12.27%、19.85%和21.90%。即天然异交率因芽黄品系和地点不同而异。在南京，彭泽芽黄的天然异交率为6.12%，而湖北芽黄则达26.99%；同是简阳芽黄，在南京的天然异交率为8.92%，而在江浦可达20.21%。若采用不去雄人工辅助授粉，整个上午均授粉，异交率都在60%以上。一般而言，芽黄品系与陆地棉品种(系)之间的天然异交率只要在20%以上，就有可能用于大田生产。如再在棉田养蜂，尽可能减少治虫喷药次数，品种(系)间的天然异交率还会增加。

2. 光子

成熟的棉花种子表皮都有纤维和短绒两部分。纤维是由开花授粉后24小时的内胚珠上的表皮细胞伸长发育而成的。而短绒则是由开花后5～10天从胚珠上的第二组表皮细胞伸长发育而成的，长度短于5 mm，紧贴种皮，轧花时一般不能把短绒轧下。根据棉花种子表皮上短绒的多少，可分为三种类型：① 光子——种子上全无短绒；② 端毛子——种子的一端或两端略有短绒；③ 毛子——整个种子表皮披有短绒。研究表明，种子上短绒的有无,受显性光子基因(N_1)和隐性光子基因(n_1)控制。N_1的表现较为极端而且一致,n_1具有复等位基因,并受修饰基因的作用。

1987年,Weaver提出以光子作为标志性状生产杂交棉种子,并利用F_2杂种优势的新途径。其原理是:把正常的毛子品种(系)与显性光子品种(系)间隔种植,当年仅采收正常毛子品种(系)行上的种子。根据光子表现受母株基因型影响的遗传特点,采收下的种子均为毛子,但这些种子的遗传组成却有两种类型:一类是毛子品种(系)自交产生的种子,其基因型为n_1n_1;另一类则是毛子品种(系)与光子品种(系)杂交产生的种子,它们的基因型为N_1n_1。翌年这些F_1种子长出的植株中,基因型为n_1n_1的植株仍然只产生毛子种子;而基因型为N_1n_1的植株中,则分离出50%的基因型仍为N_1n_1的光子杂种种子。通过机械方法,把光子与毛子分开,光子杂种种子用于翌年播种。同样道理,隐性光子棉品种(系)也可用于杂交棉制种。采用隐性光子棉品种(系)制种时,要以它作母本,与作为父本的毛子品种(系)隔行种植,从光子棉品种(系)行上采收种子用于翌年播种。当年采下的种子均为光子,但F_2群体中会分离出毛子与光子两种类型的种子,其中,光子是母本种子,毛子才是杂种种子,再用机械的方法,把毛子分离出来用于翌年种植。1987年,weaver通过回交把显性光子性状转育到珂字棉315、岱字棉70品种的遗传背景上,然后用这两个光子棉品系与陆地棉品种(系)进行天然杂交制种,从中筛选出(5-219×岱90)组合,该组合在美国乔治亚州的阿森斯、米特维尔两地试验中,皮棉产量都超过亲本珂字棉315和对照种斯字棉825。

雷继清等于1984年从抗病品系80-72中发现光子突变株而育成显性光子棉新品系——光子棉1号。1989年,他们用光子棉1号与5个正常的毛子棉品种用人工去雄授粉、不去雄人工辅助授粉和天然授粉三种方法各配制5个组合。试验结果表明,所有参试F_1组合均比对照晋棉7号增产,增产幅度为0.90%~33.60%,平均13.00%。不同授粉方法生产的F_1杂种优势表现不一。人工去雄授粉的杂交棉产量最高,参试组合平均比晋棉7号增产23.80%。然后为不去雄人工辅助授粉和天然授粉,其杂交棉产量分别比晋棉7号平均增产20.50%和13.00%。

3. 无腺体

棉花植株上除花粉、种皮及木质部外,其余器官均有腺体分布。腺体一般呈球形或卵圆形,直径为100~400 μm。内溶物是多种色素物质的混合物,属于萜烯类化合物。腺体曾被称为油铃、油腺、油点、黑腺、树脂腺,20世纪70年代后,逐渐称为色素腺体。无腺体是相对于有腺体而言的一种基因突变体。1954年,McMichael首先从HopiM棉中发现胚轴、茎秆、叶柄和棉铃无腺体,但子叶、真叶仍有腺体的植株。遗传分析表明,该性状为一对隐性基因所控制,其基因符号为gl_1。自此之后,又陆续发现并鉴定出5个隐性无腺体基因gl_2、gl_3、gl_4、gl_5、gl_6以及gl_1的复等位基因gly_1,gl_2的复等位基因gls_2。但Lee(1966)认为,在上述6个位点基因中起决定作用的是gl_2、gl_3,其他基因仅起修饰作用。

目前，国内外无腺体育种中主要是利用 gl_2、gl_3。

1965 年，埃及 Bahtim 试验站 Afifi 等通过 ^{32}P 诱变，获得一个无腺体突变体，定名为 Bahtim 110，加以发放。1984 年，Kohel 对它作了遗传研究，认为其无腺体性状由位于 gl_2 位点上的部分显性突变基因所控制，定名为 gle_2。这是国际上首例由显性基因控制的棉花无腺体种质。

以隐性基因控制的无腺体品种作母本，有腺体品种作父本，进行不去雄人工辅助授粉或天然授粉，采收母本行上的种子，根据 F_1 幼苗上腺体的有无，可以鉴别真假杂种。凡有腺体的，为真杂种；反之是假杂种，间苗或移栽时剔除。1977 年浙江农业大学报道，(隐性无腺体品系 62－1×派马斯特ⅢA)F_1 1 hm^2 产皮棉 1 303.4 kg，比对照岱字棉 15 增产 29.40%。

由显性基因控制的无腺体品种(系)，在杂种优势利用中的途径主要有两条：① 作为标志性状，在苗期鉴别真假杂种。在此，应以有腺体品种(系)作母本，显性无腺体品种(系)作父本。通过不去雄人工辅助授粉或天然授粉，仅收取母本行上的种子，F_1 苗期凡有腺体的为假杂种，无腺体的为真杂种。② 培育无腺体杂交棉，把棉花杂种优势利用与低酚棉育种结合起来。由于显性无腺体性状通过回交，可以较容易地转育到任何有腺体品种和不育系遗传背景上。因此，不论采用何种途径利用杂种优势，都可利用显性无腺体基因，获得无腺体杂交棉。在"两系法"制种中，因不育系中混有 50%的可育株，很可能因可育株拔除不彻底或不及时，而导致假杂种的产生。若恢复系为显性无腺体品种(系)，则在 F_1 苗期就可较容易地把假杂种(有腺体植株)拔除。显性无腺体基因的发现与深入研究，将为棉花杂种优势利用提供新的材料与途径。

(四) 花器官变异体的利用

花器官变异体是指柱头高出雄蕊顶端 10 mm 以上的材料，因正常柱头仅高出雄蕊顶端 0～3 mm。花器官变异体在杂种后代中并不少见，但长期以来，未引起人们的注意。花器官变异体材料主要有两种类型：一类是现蕾后 15～25 天，柱头就伸出花蕾，随着花蕾的生长，直至开花前 1 天，柱头始终伸出花蕾 2～4 mm；另一类则是柱头直到开花前 1 天也不伸出花蕾。1990 年，肖杰华育成柱头伸出花蕾的新材料——陆异 1 号，并利用它配制杂交组合异优 1 号。该组合在 1992 年、1993 年湖南省棉花品种区域试验中，平均 1 hm^2 产皮棉 1 567.7 kg，分别比对照泗棉 2 号和湘棉 10 增产 3.40%和 4.54%。纤维长度 28.5 mm，比强度 20.09 cN/tex，马克隆值 5.3。由于该组合不抗病，在无病区试点，产量显著高于对照品种，分别比泗棉 2 号和湘棉 10 增产 14.10%和 17.03%。

第七章
生物技术在棉纤维品质育种中的应用

一、生物技术与作物育种

生物技术是20世纪70年代初在分子生物学、细胞生物学基础上发展起来的一个新兴领域，是人类应用生命科学的最新成就，是利用生物体系和工程技术原理定向和高效地组建有特定性状的新物种、新品系，改造生物、生产生物产品的现代化技术。它主要包括基因工程、细胞工程、发酵工程和酶工程4个部分。其中，核心内容是基因工程，也就是常说的遗传工程。当前，农作物生物技术主要是指细胞工程和基因工程。

一般认为，作物育种的成效主要取决于三个方面：一是亲本，亲本中必须包括育种目标所需的种质资源；二是采用科学的育种方法，将符合育种目标的基因重组在一起；三是准确、可靠的鉴定技术，把符合育种目标的基因型挑选出来并鉴定出它在一定的自然气候、生产条件下的适应能力和生产潜力。现代生物技术在这些方面已经发挥重要作用，并将继续发挥愈来愈重要的作用。

（一）生物技术与种质资源创新

作物育种离不开种质资源，运用生物技术可以创造出原有种质资源中所缺乏，但育种目标中又急需的目标性基因。在远缘杂交中，采用杂种幼胚培养、染色体加倍和染色体操纵技术，可以将亲缘物种中的目标基因通过创造双倍体、异附加系、异代换系和异位系等方式，转移到受体品种中去。对亲缘关系远，难于进行有性杂交的，可以通过原生质体培养和体细胞融合，通过创造体细胞杂种或不对称体细胞杂种的方式，将亲缘关系较远物种中的目标基因资源转移过来。对亲缘关系更远，连体细胞杂交都不可能的物种中的基因资源，则还可以借助DNA重组技术，将目标基因分离、克隆、重新构建，通过转化，将新基因导入栽培作物。这使作物育种的基因资源范围极大拓宽，不仅超过了种、属界限，更扩大到了细菌、真菌、动物乃至人类，甚至还可以人工合成基因，它极大地丰富了作物育种的基因资源库。这些全新基因资源的利用，毫无疑义将对未来的作物育种发挥深刻的影响。将苏云金杆菌中的Bt杀虫蛋白基因导入棉花、玉米育成的抗棉铃虫棉花和抗玉米螟的转基因玉米，将抗除草剂基因导入大豆、玉米育成的抗除草剂大豆和玉米就

是最好的例证。

（二）采用现代生物技术加快育种进程，提高育种效率

优良基因资源是作物育种的基础。但如何将优良基因重组在一起，尽快纯合并准确可靠地把它们挑选出来，则更是一门科学。为加快基因型纯合，以往主要采用温室和异地加代实现一年多代。现代生物技术为加速杂种后代的稳定、纯合开辟了一条捷径，通过花药培养诱导单倍体花粉植株，再用秋水仙碱处理，使染色体加倍，可直接获得纯合个体，并可使一些隐性性状个体提早出现，还可大大增加其在杂种后代中的出现频率。使用单倍体细胞或组织作转基因受体，可加快转基因植物纯合。在细胞组织培养过程中，在培养基中给培养材料施加某种选择压力（如高盐浓度、病原菌毒素、除草剂等）可较快地筛选出耐盐、抗病、抗除草剂等有益变异。

传统的杂交育种方法靠基因重组。基因型纯合靠一代代自交，需经历至少 8～10 个世代。各种性状的选择鉴定主要靠当地天然环境条件和多年多点试验，对病虫害和旱涝、盐碱抗性的选择常靠人工诱发鉴定和连续多代表型选择。而不同年份、不同地点、不同田块甚至于同一田块中的不同部位的条件存在差异，这势必影响试验的准确性。近二十几年来，分子生物学技术的发展为植物育种提供了一种以 DNA 变异为基础的新型分子标记。与形态标记、细胞学标记和生化标记相比，分子标记具有种类多（如 RFLP、RAPD、SSR、SCLP、AFAR、STS 等）；数量多；分子标记多态性可以在植物各生育时期检测，特别是在苗期就可以在叶片中提取 DNA 对多个性状进行分子标记检测，不必等到一定发育阶段某个性状表达方能鉴定。分子标记不受外界环境条件的影响，不需要人为创造诱发条件或特殊生长条件，以对某些性状进行鉴定。这大大方便了对抗病性和抗逆性的检测，尤其是对一些检疫性病害的检测显示出更多优越性。在育种中，为达到高产、优质、抗多种病虫害和抗不良环境等目标，需要将控制这些性状的基因聚集在一起，传统的方法需要在不同生育阶段，分别对不同性状进行鉴定选择，而生物技术是寻找与这些性状连锁的分子标记，有可能在作物生长早期，仅从几张叶片中提取 DNA，进行分子标记检测，就可以较快速地挑选出所需的基因型。因为分子标记辅助选择是直接在 DNA 分子水平上进行的，它不受环境条件影响，也不受其他因子干扰，因此，它比表型选择更准确、更可靠。

分子标记研究推动了分子作图，日益增多的分子标记，使遗传图的密度不断增加，图谱更加精细和完善，为选配亲本、制定育种方案、确定育种群体大小、采用相应的选择方法，提供了理论依据。

（三）生物技术与种子生产

一个符合育种目标的基因型育成后，并不等于一个优良品种选育任务全部完成。这个优良品种还需要尽快繁殖，产生出遗传性稳定的数量足够多的优质种子，供进一步的品种比较鉴定、生产试验、示范推广。利用传统的种子生产方法的繁殖系数较低。由于组织培养的外植体不限于种胚,许多作物的营养器官均可作为外植体诱导产生愈伤组织,而愈伤组织又可以反复继代扩繁。因此,利用组织培养方法,可以使种苗成千成万倍地增加,且世代周期也可大大缩短。除通过组织培养生产大量种苗外,还可利用茎尖培养生产脱毒苗,采用工厂化生产人工种子(苗)等。

总之,作物育种从育种目标的制定、种质资源的搜集、鉴定、利用和创新、亲本组配、杂种后代的选择、鉴定、加代,到试验、示范、推广、种子生产、种子质量检测等各个环节,都与生物技术密切相关。

二、棉纤维品质改良的基因工程

传统育种方法在棉纤维品质改良方面起到了重要作用,但由于受到育种周期长、外源种质利用困难、棉花纤维品质与产量性状之间呈现负相关等因素的限制,用这一方法培育产量、品质和抗性等综合性结合得更符合市场发展所需的新品种,难度在增大。探索新的技术途径,势在必行。通过基因工程方法可将外源基因导入棉花,已获得抗虫、抗病、抗除草剂的转基因棉花。通过基因工程方法,也有望打破产量与纤维品质之间的负相关,使产量与纤维品质得以同步提高。

(一)运用基因工程改良棉纤维品质的技术方案

运用基因工程改良棉纤维品质,是一个新兴的研究领域,也是一项较复杂的系统工程。因此,明确技术方案至关重要。夏桂先、陈晓亚(2001)就此项研究提出的技术方案是:确定目标性状、选择目的基因、建立检测目的基因功能的模式系统和选择转化方法。

1. 确定目标性状

棉纤维品质改良的第一步,是确定目标性状。目标性状的确定,必须考虑到市场需求、技术可行性、商业化时间、利润等一系列因素。棉纤维的强度、长度、细度等,是纤维品质的重要指标,基因工程不仅能加速这些性状的遗传改良,还可以给纤维增添新的品质性状。例如,与染料的高度结合、抗皱、抗缩和色泽等。John(1994)给出了纤维品质改良的几个方向和应用前景(表 7-1)。

表 7-1　纤维品质改良的一些目标和应用前景

性　状	应　用
高强度和长度	纺织
增加或降低吸水性	工业和家用吸水布料及医用品
高保暖性	冬衣等
彩色棉	纺织
与染料高度结合	纺织
抗皱、抗缩	纺织

2. 选择目的基因

用于纤维品质改良的目的基因可以来自于棉花，也可以来源于其他生物或合成基因。根据对基因的结构和功能的分析，可以选择拟用于目标性状改良的目的基因。虽然纤维品质的形成是一个复杂的过程，但仔细考虑纤维品质改良的目标及有关基因对棉花纤维发育可能发生的影响，可使得选择范围缩小至少数基因。

3. 建立检测目的基因功能的模式系统

选择目的基因后，需要检测其表达对纤维品质的影响。棉花的生长周期长，建立能在短期内检测目的基因功能的离体系统，可以极大地加速利用基因工程改良纤维品质的进程。现在棉纤维研究面临的一个重要问题就是缺少这样的系统。胚珠离体培养是研究营养、激素、环境和遗传因素对胚胎和纤维发育影响的有用体系。John 等(1998)曾试图将胚珠离体培养作为模式系统来检测目的基因的功能。他们利用基因枪法将外源基因导入了组织培养的棉纤维，但发现基因表达不能在纤维细胞内持续。此外，由于离体培养纤维的发育不规则，使得转基因的表达对纤维发育的影响也难以判断。因此，他们只好用转基因棉花来检测基因功能，但这一过程耗时最少 6 个月。由此可见，为了在短期内检测目的基因的功能，需要进一步完善胚珠离体培养体系或建立其他模式系统。

裂殖酵母是单细胞真核生物，夏桂先等(1996)尝试利用裂殖酵母系统分离棉纤维特异表达的细胞骨架和细胞伸长相关基因，并试图通过该系统初步了解所分离基因的细胞内功能。这是一条新的思路，值得深入研究，以进一步建立其他能分离和检测目的基因功能的模式体系。

4. 选择转化方法

农杆菌介导法是向棉花中导入抗虫、抗病、抗除草剂等单基因性状的可靠方法。用基因工程方法改良由多基因控制的品质性状通常要用到一个以上的基因，而由于基因枪法能向同一植株导入多个基因，因而，拟用该方法进行棉纤维品质改良。但此方法需要精密的仪器和良好的技能。此外，花粉管通道法也是可选用的转化方法。目前，我国已建立了几乎适合所有棉花品种的花粉管通道法外源基因导入体系。

（二）运用基因工程改良棉纤维品质的途径

1. 棉纤维品质基因的克隆与功能分析

运用基因工程改良棉纤维品质有两条基本途径：一是增加或减少某些与棉纤维品质相关的蛋白质或酶的表达水平；二是从其他生物中选择有潜力的目的基因。增加或减少某些与棉纤维品质相关的蛋白质或酶的表达水平，这一途径需要分离鉴定出与纤维品质相关的基因。由于与纤维品质相关的棉花基因目前还不是清楚。因此，目前的工作一般是试图分离鉴定那些仅在或主要在纤维细胞内表达的基因。一般认为在纤维细胞特异表达的基因可能对纤维发育起重要作用。现已发现了若干这样的基因，它们有的在棉纤维发育中的功能还不清楚，但它们在纤维细胞内的特异表达和表达受发育程序调控，表明纤维发育的不同阶段可能受到不同基因的控制，这些基因对棉纤维比强度、长度和细度等内在品质性状的建成可能起着重要作用。因此，分离鉴定这些基因可以为基因工程改良棉纤维品质提供目的基因。郭旺珍等(2003)将这方面研究作了归纳，结果列于表7-2。

表7-2 部分棉花纤维优势表达基因

基因	表达阶段*	特征特性	可能功能	来源
E6	5～28	编码237个氨基酸，带信号肽(747 bp ORF)	功能不清	John等，1992
H6	10～30	富含脯氨酸，编码214个氨基酸(747 bp ORF)	质膜的组成部分，参与细胞壁的构建	John等，1992
Rac9	5～35	编码196个氨基酸(579 bp ORF)，表达水平低于Rac13	控制纤维素沉积方向	Delmer等，1995
Rac13	5～35	与Rac9编码的蛋白具有92%的同源性	控制纤维素沉积方向	Delmer等，1995
FbL2A	15～35	编码354个氨基酸，富含谷氨基酸和赖氨基酸，由多基因组成(1 064 bp ORE)	参与次生细胞壁的形成	Rinehart等，1996
FS5	6～14	与E6基因具有96%的同源性	细胞壁蛋白或酶	Orford等，1997
FS6	6～14	编码脂质转移蛋白，具有120个氨基酸，带信号肽(360 bp ORE)	初级细胞壁蛋白	Orford等，1997
FS17	6～14	编码富含脯氨酸蛋白，具有276个氨基酸，带信号肽(1 133 bp ORE)	细胞壁结构蛋白	Orford等，1997
FS18	6～20	编码71个氨基酸，带信号肽(2 134 bp ORE)	功能不清	Orford等，1997
GhEx1	6～24	编码伸展蛋白，具有258个氨基酸，带信号肽(774 bp ORE)	在膨压驱动下的纤维细胞扩展	Orford等，1997
B6	15～35	编码236个氨基酸，带信号肽(789 bp ORE)	功能不清	John等，1992
LTP6 (GH3)	5～22	编码脂质转移蛋白，具有120个氨基酸，带信号肽(360 bp ORE)	合成蜡质和角质物	Ma等，1995、1997
LTP3	5～20	编码脂质转移蛋白，与LTP6基因具有67%的同源性	LTP3启动子，具有纤维发育专化性	Liu等，2000
CelA1	17～35	编码纤维素合成酶的催化亚单位，编码974个氨基酸(1 413 bp ORF)	纤维素合成	Pear等，1996

续表 7-2

基因	表达阶段*	特征特性	可能功能	来源
GhACP	2～20	编码酰载体蛋白，具有 136 个氨基酸，带信号肽（408 bp ORF）	膜质体合成	Song 等，1997
SS3	5～35	编码蔗糖合成酶	决定分配进纤维细胞的碳素，参与纤维素合成	Ruan 等，1997
GhCAP	10～17	编码腺苷环化酶相关蛋白 CAP，具有 417 个氨基酸（1 413 bp ORF）	细胞骨架改建中的信号	Kawai 等，1998
GhMYB	−9～35	6 个在纤维发育中表达的 MYB 基因，在 DNA 结合区与拟南芥 R_2R_3－MYB 同源。而在转录调控区高度可变	分 2 种类型。类型 1（MYB1－3）转录体较丰富，在所有组织中均可检测到；类型 2（MYB4－5）的转录体具组织特异性表达	Leguercio 等，1999
GhRablla GHRabllb	6	编码 GTP 结合蛋白	在纤维细胞伸长时参与细胞壁多聚物和酶从高尔基体到质膜或液泡膜的泡状运输	Hee 等，1999
CFLlp		与酵母 B－1，3－葡萄糖合成酶亚基 Fksl 同源	在纤维初生壁形成时优势表达，同时也在根中表达	Cui 等，2001
GhRGpl	2～35	可逆的糖基化多肽基因。含 1 080 bp的可读框，编码 359 氨基酸的蛋白	在纤维发育的初生壁伸长及次生壁加厚后期优势表达。参与植物细胞壁非纤维素类的多糖合成	Zhao 等，2002
Ghprpl	5～31	编码细胞壁中富含脯氨酸的蛋白，具有 299 个氨基酸的可读框	在纤维伸长阶段优势表达。同时也在根中表达	Tan 等，2001

（注：* 表示开花后的天数。）

我国于 1999 年在国家高技术研究发展计划以及国家转基因植物研究与产业化开发专项中，开始资助棉纤维发育的基因克隆与转基因育种的研究，取得了一系列研究成果。1999 年，中国科学院上海植物生理生化研究所与南京农业大学棉花研究所合作，挑选"徐州 142"纤维 cDNA 文库一定量的 cDNA 克隆点排成微阵列，用"徐州 142"和"徐州 142"无絮棉胚珠 cDNA 与其杂交，于 2002 年筛选出一批棉纤维发育特异表达基因，并验证了基因功能。北京大学朱玉贤课题组通过 cDNA 减法杂交法，以"徐州 142"及其无絮突变体为研究材料，获得 280 多个棉纤维发育中特异表达的 cDNA 克隆，它们分属于 13 个功能群，其中一些是全长 cDNA 克隆。中国科学院遗传与发育研究所薛勇彪课题组获得了 23808 棉花 cDNA 克隆，并通过微阵列技术获得约 40 个棉纤维特异表达基因。中国科学院微生物研究所夏桂先课题组获得了在棉纤维次生壁加厚期专化表达的 100 多个 cDNA 克隆及 β－微管蛋白基因。进一步研究表明，转 β－微管蛋白基因的酵母细胞表现为极性伸长。清华大学刘进元课题组也报道获得了棉纤维发育早期阶段优先表达和积累的 10

个 cDNA 克隆。

启动子是决定基因表达水平、时间以及组织特异性的 DNA 序列。运用基因工程时，为了使外源基因在目标组织中得以充分表达，不同的性状需要不同的启动子。对于抗除草剂和抗虫基因，可用组成性启动子。在棉纤维品质改良时，目的基因仅需要在纤维中特异性地表达，因而需采用纤维特异性表达的启动子。外源基因的特异性表达可避免外源基因对非目的组织生长发育的不利影响，提高目的基因的表达水平。

人们在克隆出 E6 等纤维特异性表达基因的同时，也克隆出了其相应的启动子。这些纤维特异性表达启动子的表达特点已用转基因棉株加以证明。E6 的启动子在纤维发育早期（开花后 5～20 天）起作用，FbL2A 的启动子在纤维发育后期（开花后 20～45 天）起作用，FbL2A 启动子的活性大于 E6 的启动子，HB 和 Fb－E6 启动子的活性较 E6 和 FbL2A 的弱。LTP6 基因的启动子能驱动 GUS 基因在烟草叶表皮中的专一表达，而后者也属分化的表皮细胞，可能存在与棉纤维相同的控制其组织特异性表达的调节因子。此外，在转基因棉花中，ACP 基因的 Gh－10 启动子也在纤维细胞内具有较强活性。

目前对棉花纤维发育分子机制的研究还处在单个基因的研究模式阶段，缺乏高通量的基因表达研究。而且大部分研究是从 mRNA 入手克隆纤维特异或优势表达的基因，理论上克隆到的基因大多数是下游基因，很难得到真正起关键作用的调控基因。且棉花遗传转化较难，极大地阻碍了棉花纤维相关基因的功能验证及大规模突变体库的获得。许多是通过模式植物，如拟南芥、烟草或者在酵母中间接证明某基因与纤维细胞发育有关。目前只有 *SuSy* 基因（Ruan 等，2003）和 *GhACTl* 基因（Li 等，2005）已在棉花中证明与纤维细胞发育相关。因此，若能在高通量基因表达分析、高密度分子连锁图谱的构建和棉花遗传转化三个方面取得突破，将有助于全面揭示棉花纤维发育的分子调控机制，促进棉花纤维品质分子改良。

2. 利用纤维素合成相关基因改良棉花纤维品质

成熟纤维主要由纤维素（约占 87%）及少量的果胶、半纤维素和蛋白质等组成。棉花纤维的化学组成及其分子间的排列方式决定其理化性质。因此，可以采取改变棉花纤维组成或引进新的生物大分子来改良纤维品质的育种策略。

从其他生物中选择有潜力的目的基因，将其导入棉花，以提高纤维品质。PHB（聚羟基丁酸）是理化特性类似聚丙烯的天然可降解的热塑聚合物，许多细菌能产生该物质。由于其可天然降解，因此不会造成污染。利用它的一个潜在的方法就是在棉花的胞腔内合成它，而不改变棉花的其他性能。John 和 Keller 将细菌的乙酰—CoA 还原酶和 PHA 合酶基因与棉纤维特异启动子相连后转入棉花，成功地在棉纤维中生产了 PHB，从而产生了带有化纤特性的新型棉花。虽然 PHB 的含量只占纤维总重的 0.34%，但导热性测验表明，这种转基因品系的导热性为 0.264W/(m・K)，比对照岱字棉 50 低 6.7%。保温性测定表明，在 36℃条件下，保温性比对照岱字棉 50 增加 8.6%；而在 60 ℃条件下，增加

44.5%。

天然蛋白多聚物PBPs是例如蜘蛛网、弹性蛋白、人体动脉中的一种具有橡胶那样性状的弹性纤维，Daniell提出将编码聚VPGVG(弹性蛋白的典型序列)的合成基因转入棉花，以期在棉花中生产PBPs，改变棉花的弹性、吸水性、保温性和染色性。

纤维素合成酶是调控纤维素合成的功能酶，它在棉花纤维体内的表达直接影响纤维素的合成功能和纤维强度。木醋菌属(*Acetobacter xylinum*)细菌的细胞可以形成纤维状物质，与其纤维素合成相关的纤维素合成酶操纵子基因(*acsA*，*acsB*，*acsC*和*acsD*)已经被分离(泰永华等，2007)。Li等(2008)运用真空渗透和农杆菌介导相结合的方法，将acsA和acsB基因导入棕色棉品种G007中，使转基因棉花的纤维细胞中纤维素含量增加，纤维长度和比强度比对照增加了约15%。

蔗糖是纤维素合成的重要底物，而蔗糖磷酸合酶(SPS)是蔗糖合成的限速酶。SPS基因的主要功能是调节光合细胞和贮藏器官中蔗糖的合成。Haigler等(2007)将来源于菠菜的SPS基因转入陆地棉中，转SPS基因的棉花叶片和纤维细胞内的SPS酶活性均比非转基因的对照有所提高。且在夜间15～19℃的低温胁迫下，转SPS基因棉花在棉籽重量、单籽纤维重量、纤维成熟度、束纤维强度等指标上均比非转基因对照有所提高。

3. 利用色素合成酶基因改良棉花纤维色泽

常规栽培种植的天然棉花纤维色泽较单一，主要为白色，虽然也有棕色和绿色等彩色棉，但产量较低、棉纤维性状较差、色素遗传欠稳定，需要进一步的改良。Xu等(2007)利用基因工程改良棉花色泽方面的研究备受关注。将与黑色素合成相关的基因TYRA和ORF438转入烟草中，转基因烟草表皮中可观察到黑色素的沉积。通过花粉管通道法将棉纤维特异表达启动子LTP3驱动的这2个基因导入四倍体白色棉品种，转基因棉花纤维可呈现褐色表型。中国科学院遗传与发育生物学研究所克隆了靛蓝色素相关基因BCE和红色花色素合成酶基因DFR，并将它们分别和棉花纤维特异表达启动子相串联，导入常规白色棉中，获得了靛蓝色和红色的棉花纤维。彩色棉纤维中的色素主要为类黄酮类化合物质。棕色棉中与类黄酮合成相关的5个主要基因：查尔酮异构酶(CHI)、黄烷酮3-羟化酶(F3H)、二氢黄酮醇4-还原酶(DFR)、花色素合成酶(ANS)花色素还原酶(ANR)被分离克隆，可用于对白色棉色彩基因工程改良。

4. 利用动物蛋白质基因改良棉纤维强度

陈晓亚等(2001)尝试将兔角蛋白基因转入棉花，初步分析结果表明，转基因棉花纤维在强度和弹性方面发生了有益变化。张震林等(2004)和赵丽芬等(2005)就此项工作作了进一步研究，并分别报道了研究结果。张震林等(2004)通过花粉管通道转基因技术，将E6启动子驱动的兔角蛋白基因导入高产棉花品种苏棉16。所用转基因表达载体还含有选择标记基因NPTⅡ(卡那霉素抗性基因)及GUS报告基因。对转化体后代的检测结果表明，T_1代有2.1%呈现GUS阳性，在GUS阳性株中84.6%具有卡那霉素抗性。用依据E6

启动子序列和兔角蛋白基因序列设计的两对引物对经过上述筛选的植株进行多次重复PCR检测，最终确定3株具有转兔角蛋白基因。从品质分析结果看，这3个株系成熟棉纤维的品质部分得到改良，尤其比强度有较大幅度提高，与转基因受体相比平均提高6.3 cN/tex(表7-3)。赵丽芬等(2005)采用花粉管通道法，将兔角蛋白基因导入SGK321双价抗虫棉中进行纤维品质的改良，对转化后代进行GUS基因及PCR检测，并经过南繁北育，确定有3个阳性株系的棉纤维品质得到改良，纤维长度较对照增加3.3 mm，虽然年度间有一定的波动性，但后代继续保持长纤维特性：转入当年的比强度提高6.0 cN/tex，在后代的选择中，提高幅度下降，到第三年的六世代，比对照SGK321高2.1 cN/tex。

表7-3 转兔角蛋白基因棉花纤维品质测定结果

株系	长度(mm)	比强度(cN/tex)	马克隆值
690	31.2	34.6	3.9
694	33.0	34.1	4.4
698	32.4	35.5	4.6
平均	32.2	34.7	4.3
苏棉16(CK)	31.1	28.4	4.5

转兔角蛋白基因棉是基因工程应用于纺织工业的新的研究领域，是具有毛特性的棉纤维。刘继涛(2004)从角蛋白棉纤维的超分子结构(取向、结晶性能)、热学性能、染色性能等方面进行测试分析，并提出了一些有参考价值的结论：一是根据热分析测试结果，角蛋白棉的热学性能接近于普通棉，玻璃华转变温度略高于普通棉；二是与普通棉相比，角蛋白棉具有略低的结晶度和较大的结晶尺寸，而取向度有了明显提高，从而造成了其强度有明显的提高；三是用活性染料染色，角蛋白棉织物的上染速率与普通棉相比是先慢后加快，可能是转蛋白基因在原料中加有少量的胱氨酸，其二硫键水解引起上染速度的提高，也说明角蛋白棉中已经有少量蛋白成分的存在；四是角蛋白棉与受体棉相比，在绒长和强度方面有了比较明显的提高。其性能分析表明，角蛋白棉具有较为独特的性能特点，是一种具有良好开发前景的新型纺织原料。

另有将蜘蛛丝基因移植入植物，培育出能够产生蜘蛛丝蛋白的转基因植物。解芳等(2003)报道称，在美国，将蜘蛛丝基因移植到烟叶的基因中，使得烟叶在生长时除了可以产生尼古丁外，也可以产生蜘蛛丝蛋白，随后可利用急速冷冻破碎、煮沸等方式制取含蜘蛛丝蛋白的纺丝溶液。黄全生等(2004)利用基因枪法将蜘蛛丝蛋白基因转入海岛棉中，产生强度好、韧性优的优质纤维。

5. 利用激素基因改良棉纤维品质

棉花纤维从分化到成熟的发育过程均受到激素的影响。Jehn(1999)将与生长素合成相关的基因*iaaM*和*iaaH*导入棉花中，使转基因棉花纤维中IAA含量显著增加，但是

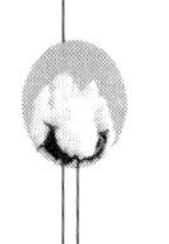

纤维长度、细度和强度与对照相比没有显著差异。同样，转异戊烯基转移酶基因(ipt)棉花中，细胞分裂素水平有所提高，但棉纤维品质未改变。这些结果表明，不同激素间的平衡共同调控纤维细胞的分化与发育，单一激素水平的改变并不一定能引起纤维品质的同步提高。

三、棉纤维品质改良的分子标记辅助选择

遗传标记是一种可遗传、特殊的、易于识别的表现形式，它在遗传学的建立和发展过程中起着举足轻重的作用，也是作物遗传育种研究中的重要工具。随着基因概念的发展，遗传标记研究也逐步深入，已从传统的以等位基因的表型识别为基础的形态标记、以染色体的结构和数目为特征的细胞学标记、具有组织与发育及物种特异性的同工酶标记拓展到以 DNA 多态性为基础的分子标记。与其他遗传标记相比，分子标记具有以下优点：① 直接以遗传物质 DNA 的形式表现，不受环境条件的影响；② 数量多，遍布整个基因组；③ 多态性高；④ 表现为“中性”，不影响目标性状的表达；⑤ 许多分子标记为共显性，能鉴别纯合与杂合基因型，可提供较完整的遗传信息。因此，分子标记一经出现，就被广泛用于植物遗传图谱的构建、基因定位、系统发育关系的分析、种质资源分类鉴定以及辅助选择等方面。

根据分子标记产生的特点，通常可以将之分为 5 类：第一类，以 southem 杂交技术为基础，如限制性片段长度多态性(RFLP)。第二类，以 PCR 技术为基础，如随机扩增多态性 DNA(RAPD)、序列标签位点(STS)、表达序列标签(EST)、序列特征扩增片段(SCAR)、酶切扩增多态性(CAP)和扩增片段长度多态性(AFLP)。第三类，以重复序列为基础，如简单序列重复(SSR)、简单序列间重复(ISSR)、单核甘酸多态性(SNP)。第四类，以单链构象多态性为基础，如单链物质多态性(SSCP)。第五类，以原位杂交技术(ISH)为基础，包括荧光原位杂交(FISH)、原位杂交(GISH)等。

利用分子标记辅助选择，可通过分析与目标性状基因紧密连锁的分子标记，来判断基因是否存在。因分子标记不受基因表达时间、显隐性关系和环境等条件的影响，故可在作物发育生长早期进行选择，甚至可在播种前用不含胚的半粒种子(含胚的半粒用于播种)进行选择。因此，分子标记辅助选择不仅减少了选择的盲目性，而且缩短了育种年限，可以大大提高选择效率。

回交转育目标性状是棉花育种常用的方法，若控制目标性状的基因为显性，选择具有目的基因的植株比较容易，但要获得纯合植株，须通过测交来验证。利用共显性的分子标记如 RFLP，则使这一选择过程变得简单化，只需选择具有分子标记的植株即可获得纯合体。当回交转育的目标性状基因为隐性时，获得纯合植株比较容易，但转育过程中每回交 1～2 代就须测交以确认目的基因的存在。如果利用分子标记，测交的步骤就可以省去了。

育种过程中，在转移目标性状基因的同时，常常会带进一些与目的基因连锁的不利性状基因，即所谓连锁累赘。如果在转育过程中，利用与目的基因紧密连锁的分子标记辅助选择，便可以减轻连锁累赘，大大减少回交转育的世代。

在利用分子标记辅助选择时，若能在目的基因两侧同时找到紧密连锁的分子标记，则会进一步提高选择的可靠性。

利用合适的遗传标记，基于双亲多态性，检测标记在分离群体中的分离情况，绘制遗传连锁图，进一步进行 QTL 区间筛选已成为确定重要农艺性状 QTL 有无及大小的主要方法。因此，从这个意义上讲，数量性状 QTL 的确定是以绘制作物遗传图谱为基础的。

Reinisch 等（1994）、Altaf 等（1997，1998）、Zhang 等（2002）、左开井等（2000）和 Shappley 等（1996）已分别报道棉花分子遗传图谱的研究结果。如 Reinisch 等（1994）的第一张详尽的棉花种间图谱，Shappley 等（1996）的第一张陆地棉种内棉花图谱，Altaf 等（1997）的第一张根据棉花三种杂交后代分离群体绘制的基因图谱，Zhang 等（2002）利用其培育的第一个异源四倍体栽培棉种加倍单倍体永久性分离群体绘制的 SSR 及 RAPD 分子图谱。找到可以稳定遗传的效应较大的 QTL，是开展标记辅助育种的前提。将具有共同亲本的不同作图群体进行比较分析，可有效发掘目标性状稳定的 QTL。Park 等（1994）在陆地棉 TM－1×海岛棉 3－79 中利用 145 个随机引物筛选出 442 个多态性片段。选取扩增产物至少在海陆亲本上出现 2 个不同多态性 DNA 片段的 85 个引物，用其分别扩增 TM－1×3－79 的 F2 的 26 个个体，共产生 231 个多态 DNA 片段。对这些片段的 t 测验表明，至少有 11 个 RAPD 标记与棉花纤维强度有关。Meredith 等（1993）对 Prema×MD5678ne 的 124 个 F_2/F_1 后代群体进行了 11 个数量性状的 RFLP 分析。Prema 低产，但高强纤维、纤维细，$MD5678_{ne}$ 高产，但纤维强度低、细度差。发现共有 113 个 RFLPs 在与产量、产量成分、纤维特性有关的 118 个位点表现多态性。统计检测表明，有 13 个 RFLP 对产量效应明显，分别占产量变异的 4.2%～14.2%。分别检测到 1 个和 4 个 RFLPs 对产量具有超显性和显性效应。大约 38 个 RFLPs 与纤维强度和细度显著相关，且 90%的正效应来自于 Prema 亲本。Reddy 等（1996）利用海岛棉 3－79×陆地棉 TM－1 的 F_2 及双亲进行 AFLP 分析，所使用的 64 对引物中，每一对引物均检测到 3～16 个 AFLP 标记，在 F_2 群体中发现了 300 个标记与亲本的长绒和高产性状有关。Shappley 等（1996，1998）基于其构建的陆地棉种内 RFLP 连锁图谱，利用区间作图法获得了与 19 个农艺和纤维品质性状相关的 100 个 QTLs，并明确了 QTL 的多因一效和一因多效作用。Jiang 等（1998）利用海、陆杂交后代群体也鉴定出 3 个纤维强度的 QTLs，遗传分析证明这 3 个 QTLs 可解释海陆杂种纤维 F_2 比强度总遗传变异的 30.9%。Altaf 等（1999）使用其 3 种杂种分离群体绘制的遗传图谱，获得与 7 个农艺性状相关的 67 个 QTLs。Kohel 等（2001）在利用该群体构建遗传图谱的基础上，鉴定出与海岛棉优质基因（QTLs）相关的分子标记 13 个，其中纤维强度 4 个、纤维长度 3 个、纤维细度 6 个，这些

QTLs 可解释(TM-1×3-79)F_2总遗传变异的 30%～60%。同样,Jiang 等(1998)利用海、陆种间杂种分离群体构建的遗传图谱,也鉴定出 3 个纤维强度的 QTLs,它们可解释海陆杂种 F_2棉纤维高强度总遗传变异的 30.9%。Shappley 等(1998)则在陆地棉品种间杂交后代中鉴定出与纤维品质基因连锁的 RFLP 标记。Ulloa 等(2000)利用陆地棉杂交后代找到 3 个与纤维强度有关的 QTLs,它们可解释 10.6%～24.6%的变异。

Zhang 等(2003)将棉属野生种异常棉渐渗的优质纤维品系 7235 与爱字棉 HS427-10、PD6992 以及海岛棉 7124 等品系配置杂交组合,研究优质纤维性状遗传模式。研究结果表明,优质纤维性状,尤其是纤维比强度表现为加性或倾向于低值亲本。利用分子标记技术已检测到与 7235 纤维品质有关的 4 个主效 QTLs,其中 2 个主效 QTLs 是与纤维强度有关的,第一个 QTL 在 F_2中解释的变异达到 35%,在 $F_{2:3}$中达到53.8%,是目前对纤维强度影响最大的单个 QTL 效应。在多个环境下种植,这些 QTL 效应均稳定。另一个 QTL 位点效应值比第一个小,但作用也较明显。这 2 个 QTLs 分别位于第 10 号和第 16 号染色体。袁有禄等(2001)报道,控制 7235 高强纤维 QTL 与 PD6992、HS427-10 和"海岛棉 3-79",具有非等位关系,即在不同品系中,对优质纤维贡献大的主基因是不同的。这一研究结果为筛选大量优质纤维基因的分子标记奠定了遗传基础,并可通过常规杂交和分子标记辅助选择,获得聚合有不同高强主基因的超高强品系。沈新连等(2001)从 1 个棉属野生种异常棉基因渐渗的优质纤维种质系 7235 中筛选出 1 个高强纤维的主效 QTL,以 7235 做亲本杂交的 4 个不同世代组合的 243 个单株为材料,用 3 个 RAPD 标记 $FSR1_{993}$和 $FSR4_{1047}$,1 个 SSR 标记 FSS_{136}研究这一高强纤维主效 QTL 的遗传稳定性及分子标记辅助选择的效果。研究证明,这 3 个分子标记的 QTL 在不同遗传背景、不同分离世代中遗传稳定,经多代自交或回交后,有、无标记个体平均纤维强度的差数变化不大,QTL 的效应稳定。用 2 个 RAPD 标记筛选后,有、无标记个体的平均纤维强度分别为 25.68 cN/tex、24.03 cN/tex 和 26.14 cN/tex、23.66 cN/tex,差异均达极显著水平。1 个 SRR 标记筛选后,纯合有标记个体的平均纤维强度为 25.94 cN/tex,无标记个体的平均纤维强度为 24.03 cN/tex,差异也达极显著水平。杂合基因型个体的平均纤维强度为 34.94 cN/tex,与另两类基因型的差异不显著。该研究证明,利用鉴定出的 1 个主效 QTL 进行分子标记辅助选择,提高棉花纤维强度是有效的。石玉真等(2005)运用与一个已定位的高强纤维 QTL 紧密连锁的 3 个 SSR 标记对 7235 的 BC_2F_2代分离群体及其家系进行分子检测,目的是验证此标记在不同的棉花遗传背景及群体中辅助选择的可行性和有效性。结果表明,与这 3 个标记相关的高强纤维主效 QTL 在不同的遗传背景,经过多代杂交、自交或回交后,能够稳定遗传,而且 QTL 的效应稳定,因此利用高强纤维主效 QTL 的分子标记进行辅助选择,提高棉花纤维强度是有效果的。

Shen 等(2005,2006,2007)利用 4 个不同来源的陆地棉高强纤维种质系 7235、HS427-10、PD6992 和渝棉 1 号构建的 4 个 F_2及 $F_{2:3}$群体,获得了 39 个与纤维品质有关的 QTLs，这些 QTLs 在不同遗传背景、不同世代中均稳定表达。其中纤维长度 11 个，纤维比强度 11 个，马克隆值 9 个，纤维伸长率 8 个。同时在 F_2 和 $F_{2:3}$ 检测到的 15 个稳定的 QTLs 可有效地用于分子标记辅助纤维优质育种。利用以 7235 和 TM－1 为亲本构建的一套陆地棉重组自交系分离群体，进行产量、品质 QTL 分子标记筛选。用复合区间作图法对 RIL 群体的所有性状按单环境分析，共筛选到 37 个纤维品质 QTLs，24 个产量性状 QTLs，其中 38 个(61.29%)QTLs 至少能在 2 种环境中检测到；多数产量性状 QTLs 与品质性状 QTLs 位于相同或相邻的区间，从而为产量与纤维品质的强烈负相关提供了分子证据。研究表明，不同来源的优质材料均检测到相同的 QTLs，如同时在 7235、HS427、渝棉 1 号等 3 个优质材料的第 7、8、9 个同源转化群上检测到纤维比强度 QTLs。推测不同的优质材料有相同的优质基因来源。

王沛政等(2008)也鉴定出一批在 3 个不同的新疆主栽群体中表现稳定的产量相关 QTL。该研究利用具有共同亲本中棉所 12 号的 2 个 F_1 杂种优势明显的 F_2、$F_{2:3}$ 分离群体，考察了与纤维品质相关的 6 个性状，其中 Pop2 中发现了 5 个能在 3 种环境稳定表达的 QTL。进一步比较分析鉴定，在 2 个群体中发现有 8 对共同 QTL，并且 4 对增效基因均来自中棉所 12 号，因此认为在这些位点存在控制相关性状的稳定 QTL。尽管遗传研究表明棉花产量和纤维品质存在严重负相关，但由于中棉所 12 号在育种研究中的高配合力特点，来源于中棉所 12 号的目标纤维品质增效基因将在今后棉花品质育种中发挥作用。

当确定了目标 QTL 供体亲本的基因型后，就可以用与 QTL 紧密连锁的 1～3 个标记进行目标 QTL 的聚合或筛选。胡文静等(2008)通过分子标记辅助目标 QTL 聚合选择已获得一批纤维长度大于 31.0 mm，纤维强度大于 42.0 cN/tex，马克隆值小于 4.0 的优质纯合品系。

石玉英等(2007)以黄河流域广泛种植的转基因抗虫棉品种 sGK321 和 sGK9708(中 41)为轮回亲本，分别与优质丰产品种太 121 和高纤维品质渐渗种质系 7235 杂交的 F_1 代材料杂交并回交，配置了杂交回交组合两套，运用与一个已定位的高强纤维 QTL 紧密连锁的 2 个 SSR 标记，对这两套杂交组合的不同世代群体的数据进行分析研究，在 sGK321 ×[(太 121×7235)×sGK321]组合的 F_2 群体、$F_{2:3}$ 群体和 sGK9708×[(太 121×7235) ×sGK9708]组合的 F_2 群体、$F_{2:3}$ 群体中，有、无标记个体的平均纤维强度分别为 29.78 cN/tex、28.19 cN/tex、29.35 cN/tex、27.97 cN/tex 和 29.74eN/tex、27.65 cN/tex，29.12 cN/tex、27.33 cN/tex，差异都达到了极显著水平。研究结果表明，此高强纤维主效 QTL 在不同的遗传背景，经过多代杂交、回交和自交后，能够稳定遗传，而且 QTL 的效应稳定；利用此高强纤维主效 QTL 的分子标记进行辅助选择，提高棉花纤维强度效果是显著的。可以在棉花的苗期或早期世代进行分子标记辅助选择，这为快速有效地改良棉花纤维品质、培育棉花新品种及新品系提供了理论依据。艾先涛等(208)将

F_2群体的180个单株和B_1群体的135个单株作为QTL定位群体，结果表明，F_2群体与B_1群体建立的连锁图谱基本一致，并发现在F_2群体或B_1群体构建的连锁图谱中，第一连锁群上的分子标记位于第10号染色体上。在F_2群体中定位了6个QTL，其中与纤维长度性状连锁的有1个，与比强度性状连锁的有3个，与整齐度、伸长率性状连锁的各1个。在B_1群体中定位了2个QTL，分别与纤维长度和比强度连锁。没有检测到与整齐度和伸长率连锁的QTL，是因为在F_2群体中检测到的与整齐度和伸长率连锁的QTL的分子标记没有在B_1群体中使用。对于纤维长度性状来说，在F_2群体中检测到的与之连锁的QTL与在B_1群体中检测到的不同，但都与标记H211连锁。同样对于比强度性状来说，在两个定位群体中都检测到与标记H111连锁的QTL，并且该QTL能较大地解释群体遗传变异。从F_2群体和B_1群体定位到的QTL解释变异的大小来看，纤维品质性状存在主基因控制，这与前人研究得到的纤维品质性状普遍存在主基因控制的结果相同。董章辉等(2009)以2个品种(系)TG41和sCKl56以及3个纤维品质优异的种质系7235、HS427－10和0－153为亲本，配制了(sGK156×HS427－10)×(0－153×7235)、(TG41×HS427－10)×(0－153×7235)和(sCK156×0－153)×(sCKl56×HS427－10)3套组合的双交F_1及F_2群体，利用3个纤维长度不同的QTLs相关的SSR标记进行辅助选择。结果表明，用3个标记分别进行单标记辅助选择时，有、无标记单株平均纤维长度之间的差异在3个群体的F_1世代中都可以达到显著或极显著水平，并且在F_2世代株行中也表现出一定差异，可以稳定表达。当用2个或3个标记同时进行聚合选择时，随着聚合QTL个数的增多，单株平均纤维长度值增大，选择效果越来越好，但在不同群体中表现有差异。可见，用分子标记辅助选择的方法对棉花纤维长度进行改良是有效的，聚合多个QTLs时，可以达到更好的效果。但有必要培育多个基因聚合并纯合的高代重组自交系材料，进一步研究多基因聚合的遗传效应。

棉花纤维品质性状大多是数量性状，受多基因控制，利用常规育种方法很难从基因水平上对目标性状进行改良。构建分子遗传连锁图谱，寻找与数量性状基因座(QTL)紧密连锁的分子标记，是进行目标数量性状改良的基础。杨鑫雷等(2009)以遗传背景差异大的陆地棉与海岛棉种间杂交衍生的F_2群体为材料，构建了包含110个SSR标记和65个AFLP标记的遗传连锁图谱，共包括42个连锁群，连锁群长度为4.5～147.3 cm，包括2～22个分子标记，标记间平均距离为11.6 cm，总长为2 030 cm，约占棉花全基因组的40.6%。共得到25个纤维品质数量性状基因座(QTL)，其中5个与纤维长度相关，4个与整齐度相关，7个与马克隆值相关，7个与断裂比强度相关，2个与伸长率相关。在LG9、LG12和Chr.21上存在QTL聚集区。该研究共构建42个连锁群，Chr.9、Chr.12和Chr.21各包括2个连锁群，Chr.15包括3个连锁群。连锁群的数量相对较多，主要是由于包含2个标记的连锁群较多，并且这些连锁群只覆盖全基因组的40.6%，表明还需要更多的“桥梁”标记把这些小的连锁群连接到一起。棉花有26条染色体，得到42个连锁群同样说明，此连锁图谱仍然存在间隙或断点，增加染色体特异分子标记将会使此连锁图谱逐渐饱和并最终把这些间隙连接起来。与已有图谱比较，此研究得到的 175 个标记中，有 90 个标记前人未曾报道，其中 SSR 标记 35 个，AFLP 标记 65 个，这为构建饱和的高密度遗传连锁图谱奠定了一定的基础。与已有的一些有关棉花纤维品质性状 QTL 定位的报道相比较，此研究获得的 QTL 有所不同，这可能与所用群体、标记种类和引物不同有关。Mei 等(2004)将 5 个纤维品质性状的 QTL 定位到 A 亚组的第 4、9 号染色体上，1 个与纤维长度相关的 QTL 定位在第 4 号染色体上，标记区间为 GlO33—All72，4 个分别与种子数、种子重量、纤维强度和纤维伸长率相关的 QTL 定位在第 9 号染色体上，标记区间分别为 JESPR297—acagac4、JESPR297—acagac4、acagac3—acagac4 和 acagac1—acagac6，且发现 A 染色体组的 QTL 多于 D 染色体组。Lin 等(2005)和 Shen 等(2005)所定位的 QL 也较多地分布于 A 染色体亚组。与 Mei 等(2004)比较，研究同样也在第 9 染色体上定位了 1 个与纤维伸长率相关的 QTL，标记区间为 BNL3627—BNL2590，2 个与马克隆值相关的 QTL，标记区间分别为 NAU8581—TMBl4、TMB14—NAU856。研究还将部分 QTL 定位到相应的染色体(Chr. 8、Chr. 12、Chr. l5 和 Chr. 21)上，并且在 LG9、LG12 和 Chr. 21 上出现了 QTL 的聚集区，这可能是进化过程中染色体重组造成的。也可能是控制这些性状的基因原先排列紧密，而在后代以单个位点分离，这些 QTL 为分子标记辅助育种(MAS)提供了有价值的信息。得出的关于纤维品质性状的 25 个 QTL，大部分表现显性和超显性效应，在种间杂交过程中对于提高经济性状的表型值是很重要的，在杂种优势研究中可能具有重要意义。

由于陆地棉的遗传基础狭窄，构建的种内遗传图谱所含的标记数较少，覆盖率较低，进行 QTL 定位时，搜索空间只占棉花全基因组的一小部分，定位结果很难有效用于育种实践中。通过选用具有共同亲本的 2 个群体构建整合遗传图谱，可大大提高连锁图的覆盖率，以明确研究性状 QTL 的位置，增加 QTL 的可靠性。为此，秦永生等(2009)利用生产上大面积推广的 2 个优异杂交种亲本，分别构建了 F_2、$F_{2:3}$ 分离群体。在利用 JoinMap3. 0(Van Ooijen 等，2001)整合了一张具有较高覆盖率的陆地棉品种间 SSR 标记遗传图谱的基础上，进行纤维品质性状的 QTL 定位研究，以发掘稳定遗传的 QTL，为了解陆地棉纤维品质 QTL 的分布及用于育种研究提供理论依据。该研究基于一张包含 245 个多态位点、全长 1 847. 81 cm 的陆地棉遗传图谱，联合湘杂棉 2 号和中棉所 28 号两个陆地棉强优势组合创建的分离群体进行了 6 个纤维品质相关性状的 QTL 研究。中棉所 28 号群体在多种环境平均值的联合分析中，检测到 22 个 QTL，在 3 种环境分离分析中检测到 39 个 QTL，其中 15 个也可在联合分析中检测到，4 个能在 2 种环境下检测到。A1、LG01 和 D7 连锁群上，分别聚集有 5 个 QTL。湘杂棉 2 号在群体联合分析中检测到 18 个 QTL；分离分析中检测到 51 个 QTL，其中 16 个也可在联合分析中检测到，有 5 个能在 3 种环境下检测到，51 个 QTL 中有 22 个聚集在 A11、D2 和 D9 上，其中 D9 上有 8

个 QTL。纤维长度、纤维强度、马克隆值和伸长率 4 个性状在 2 个群体中有 8 对共同 QTL,控制纤维强度、马克隆值和伸长率的共 4 对 QTL 均来源于共同亲本中棉所 12 号。多种环境重复检测到的和两群体共有的 QTL 可用于分子标记辅助选择育种研究中。

分子标记辅助育种选择首先应依据不同育种目标建立相应的平台/体系。许多育种专家已有成功尝试,如 Tanksley 等(1996)的 AB-QTL 法、Ribaut 等(1999)的 SLS-MAS 法等。Guo 等(2005)结合多年育种实践和已筛选获得的与目标性状紧密连锁的分子标记,提出了分子标记辅助目标性状聚合的回交及修饰回交聚合育种方法,取得较好的实践结果。我国利用 7235 优质品系、山西 94－24 抗虫品系为优质、抗虫性状供体,以推广品种为轮回亲本,进行了分子标记辅助轮回选择目标性状转育、分子标记辅助选择效率及遗传稳定性等方面的研究。在(泗棉 3 号×7235)×(泗棉 3 号)BC_1F_{4-5}高世代群体材料中,利用高强主效 QTL 的 SSR 分子标记对 BC_1F_5 辅助选择,同时进行 2 个高强纤维 QTLs 分子标记辅助选择,中选单株的纤维强度显著提高。用 3 个 SSR 标记同时选择 2 个纤维强度 QTL 位点,有、无标记植株的纤维强度达到极显著差异,差数为 4.34 cN/tex,比单个 QTL 的 MAS 选择效果显著提高。这表明利用分子标记技术不仅可以开展单个 QTL 的 MAS,同时也可聚合多个主效 QTLs,从而显著提高单株纤维强度。同时还利用 Bt 基因 PCR 标记从(泗棉 3 号×山西 94—24)BC_4 分离群体中获得遗传背景与泗棉 3 号相同,且高抗棉铃虫的新品系。将分子标记辅助选择与回交育种相结合,在获得具有长江流域推广品种——泗棉 3 号遗传背景,且分别具有优质、抗虫等目标性状的 2 套目标品系后,再进行互交和自交,利用分子标记辅助选择获得了聚合有多个目标性状的优良品系。已初步选育出产量与泗棉 3 号相当,而纤维品质有显著改善的抗虫棉品系。

近 20 多年来,分子标记的研究已经得到长足的发展,在许多作物中已定位了很多重要性状的基因,但育成品种(系)的报道较少。王淑芳等(2005)认为,其原因主要有:① 标记信息的丢失。标记并不是基因,重组使标记与基因分离,导致选择偏离方向。② QTL 定位和效应估算的不精确性。③ 上位性的存在。由于 QTL 与环境及 QTL 与 QTL 间的互作,导致不同环境、不同背景下选择效果发生偏差。④ QTL 筛选与育种过程相脱离。为了成功地筛选效应值大的 QTL,研究者总是首先选择目标性状差异大的亲本建立作图群体,一旦筛选到 QTL 后,再与商业品种回交进行标记辅助选择。这一过程不但增加了品种培育的时间,而且在不同的遗传背景下,由于上位性的作用或者与 QTL 相连锁的标记在不同亲本间多态性的消失,导致选择效果降低或 MAS 无法进行。针对上述现象,他们提出在分子标记研究中需加强以下工作:① 随着分子遗传学的发展和对基因认识的深入,开发基于 DNA 水平的多种适用的分子标记;② 发展饱和的遗传图谱,寻找与目的基因紧密连锁的两侧标记,提高基因型与表现型的一致性;③ 在全基因组水平上对 QTL 展开研究,包括 QTL 的数目、位置、效应以及 QTL 与 QTL 间、QTL 与环境的互作、QTL 的一因多效性等,充分发掘 QTL 的信息,选择最佳组合进行标记辅助选择;

④ QTL筛选与品种选育过程相结合，如选择商业品种作为作图亲本之一，或利用回交高代 QTL 方法将 QTL 筛选与育种同步进行；⑤ 将常规选择与标记辅助选择相结合，针对不同性状的特点，研究高效的选择方法。如采用两阶段选择方法，即在早代通过标记辅助选择提高 QTL 基因的频率，在后期世代结合表型选择，快速获得理想的表型。就棉花而言，仍存在标记种类单一及群体小的缺陷；能检测到的多态性位点数量十分有限，且分布不均匀；图谱饱和度不够；QTL 分析大都是围绕纤维品质性状展开；因试验材料的限制，对产量和产量构成因子等性状、生育期和早熟性相关性状的 QTLs 分析开展的较少。需要构建整合多种分子标记的饱和的分子标记遗传连锁图谱，并在多年多点重复试验的基础上，开展重要经济性状的 QTL 分析，并重视挖掘新的优异基因，以逐渐渗入到陆地棉遗传背景上。

总之，以分子标记辅助选择为手段的聚合育种与其他技术的结合是一种新的育种方式，这种方式可以迅速、有效、显著地提高棉花的产量、品质及抗性，在包括纤维品质性状在内的棉花育种中的应用前景广阔。随着生物技术的发展和棉花分子标记图谱的完善，分子标记辅助选择的方法将变得越来越重要。

第八章
优质棉生产及其产业化经营

20 世纪 80 年代以前，我国棉花产不足需，供求矛盾十分突出，棉花生产和棉花科研主要是解决原棉的数量问题。“六五”期间(1981—1985)，我国棉花生产迅速发展，产量猛增，有史以来首次出现供过于求的局面。与此同时，由于改革开放的带动和纺织技术的进步，纺织工业对原棉质量要求也越来越高。因此，80 年代后期，棉业界人士提出发展“优质棉”的概念。在科研领域，提倡培育优质棉花品种，研究优质棉栽培技术。在生产领域，国家在棉花主产省(区)先后建设了 260 个优质棉基地县(市、区)，把我国棉花生产引导到高产与优质并重的发展阶段，对我国棉花生产的发展和整体质量水平的提高起到了至关重要的作用。但什么是“优质棉”，长期以来，不同学者给出了不同的表述，至于优质棉的品质指标也是众说纷纭。有人认为颜色越白越好，也有人认为纤维越长越好，还有人认为纤维越强或越细越好等。而这些都没有顾及纤维品质指标间的综合协调与匹配。这些认识上的偏差，在我国的棉花育种、生产、收购、流通、纺织等领域都有所表现。由于概念上的含糊，导致了对优质棉评价的混乱，也影响了我国棉花总体质量水平的进一步提高。值得庆幸的是，在 2007 年中华人民共和国农业部制定并颁布的行业标准《棉花纤维品质评价方法》(NY/T 1426—2007)中，将“优质棉”定义为“符合纺织工业需要，各项纤维品质指标匹配合理的棉花”。这将对实现我国优质棉生产的可持续发展，产生积极而深远的影响。

一、不同学者对优质棉概念的表述

形式逻辑学认为“概念是思维最基本的单位，是构成判断、推理的要素。概念明确是一切正确思维的根本要求。判断、推理都是由概念组成的。因此，在研究判断、推理之前必须先研究概念。一切科学都是由概念组成的理论体系。如果科学概念不明确，就不能掌握科学的实质，就不能运用科学规律来指导实践。”

提高农产品质量是我国农业生产发展新阶段的重要特征之一。优质农产品的概念早为生产者和消费者所接受。鉴于纺织产品多元化、多层次的格局，对纺织原料势必也呈现多元化、多层次的需求。生产不同档次的纺织品，对纺织原料质量必定会有相应的要求。因此，界定优质棉的概念，对于开发优质棉具有现实意义。

（一）马家璋的观点

马家璋(1988)认为，从棉纤维的内在物理性能(品质指标)总的情况来看，凡是长的、强的、细的棉花就是优质棉。这个标准也是对的。例如，海岛棉的纤维比陆地棉长、强、细，所以，海岛棉的纤维品质优于陆地棉。陆地棉的纤维比亚洲棉、草棉长、细，虽不一定强，也可认为总体上陆地棉的纤维品质优于亚洲棉和草棉。但是原棉作为纺织品的原料，用途是多种多样的。随着纺织品的种类不同，对原棉品质的要求也不相同。这里还有一个配棉的最大经济效益问题。虽然任何棉花都能纺纱织布，但并不是任何棉花都能纺织成某一个品种织物的最优等级产品和产生最大经济效益的。从这一观点出发，优质棉就绝不可能只是一个标准。例如某一批原棉作为纺 80 支纱府绸的原料来说是优质棉，但作为纺 16 支纱的床单布的原料来说就不一定是优质棉。在全棉针织物中，汗衫、棉毛衫和绒衣对原棉的要求各异，所以对它们来说优质棉的标准也不一样。因此，优质棉的标准只能是：符合生产某一特定织物最优产品，且产生最大经济效益所需棉纱的最优配棉方案要求的原棉。优质棉既有织品对象的限制，又有经济效益的尺度，绝不能笼统一概而论。因此，绝不可能规定和生产一个模式的优质棉。优质也应该多规格、多类型。如果优质棉只有一种规格和标准的话，那么生产出来的所谓“优质棉”，根本无法满足纺织工业生产多元化、多层次纺织产品的需要，从而失去国内外纤维市场。

（二）汪若海的观点

汪若海(1998)提出的优质棉的概念包括：① 优质棉并不是指某一项纤维品质性状突出，而是指综合品质性状良好。即棉花纤维品质本身是有综合要求的，如长度、强度、细度、成熟度等各项指标必须与纺织企业和市场的需要相适应，具有较好的纺织利用价值，才是优质棉。② 优质棉不能是一个模式、一种类型。因为棉纺织品的种类和花式千千万万，对原棉品质要求必然多种多样。如 31 mm 以上的中绒棉是纺制高档织品的优质棉，而 25 mm 的中短绒棉是适合纺制牛仔布的原料，也应属优质棉范畴。因此，优质棉必须多规格、多类型，针对国内外市场需要做到适销对路，纺织部门或棉商也可从出售的各类棉花中各取所需。③ 优质棉品种绝非单纯的纤维品质优良，还必须具有较好的丰产性、早熟性、抗虫性、抗病性及适应性，以适应棉花生产的要求。

（三）何旭平的观点

何旭平等(2001)从 1996 年开始，根据棉花市场上存在的问题，开展调查研究和科学论证，于 1999 年提出了高品质棉的概念。包括两层含意：第一是纤维长度、比强度和马克隆值等主要纤维品质指标要匹配，纤维长度 31.0 mm 以上，比强度 33.0 cN/tex 以上，马克隆值 3.8～4.5(HVICC 校样值)；第二是用途，适合纺 40～60 支精梳纱。提出这一概念，主要是基于以下 4 方面的情况：

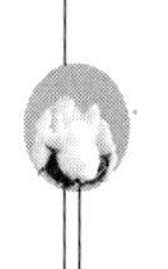

1. 纺织工业企业对原棉纤维品质的要求

我国纺织行业的骨干企业之一无锡市第一棉纺织厂认为，我国细绒棉原棉品质的平均细度、长度、强度和成熟度与国外棉花差异不大，但原棉品质指标结构不合理，成熟度、强度好的纤维偏粗，不适合纺细支纱；细度细的纤维成熟度、强度差，同样不符合纺织工业要求。多数原棉品质仅适宜于纺 32 支纱及以下的中粗支低档产品；纺 40 支普纱，国产原棉还能适应；纺 40 支精梳纱，国内尚缺乏这类原棉（细绒棉）资源，配棉时必须掺入长绒棉，这样势必增加纱线生产成本。为此，他们给出的细绒棉纤维品质指标是：比强度大于 30.3 cN/tex，马克隆值 3.8～4.5，成熟度 1.60～1.75，长度 30 mm 以上，短绒率（短于 15.5 mm）小于 13%。张树深（1990）从纺织工艺要求出发，提出不同长度棉纤维需具有相应的比强度（表 8－1）。

表 8－1　不同长度棉纤维需具有的相应比强度

纤维长度(mm)	断裂长度(km)	比强度(cN/tex)
25	21	28.4
27	22	29.7
29	23	31.0
31	24	32.3

2. 江苏省棉纤维品质的状况

1996—1999 年江苏全省主栽品种的纤维长度 27.8～30.5 mm，比强度 24.5～29.5 cN/tex，马克隆值 4.3～4.7，纤维强度偏低，马克隆值偏高，尤其是纤维细、长、强三个主要指标不配套（表 8－2），难以满足纺织工业发展对原棉品质的需求。

表 8－2　1996—1999 年江苏省棉花主栽品种纤维品质（HVICC 校样值）

品种	长度(mm)	比强度(cN/tex)	马克隆值
苏棉 8 号	27.8	26.4	4.7
泗棉 4 号	29.2	25.8	4.6
苏棉 9 号	28.8	24.3	4.3
苏棉 12 号	28.3	27.5	4.5
苏棉 14 号	28.0	26.8	4.9
苏棉 15 号	29.4	25.2	5.1
苏棉 18 号	28.8	25.6	4.9

3. 我国棉纤维品质的状况

农业部棉花品质监督检验测试中心对 1998—1999 年全国主产棉省（区）主栽品种纤维品质抽样测试结果分析认为，我国缺少纤维长度 31 mm 以上、比强度 32.5 cN/tex 以上、马克隆值 3.7～4.2 类型的原棉。据调查，适合纺 40 支以上精梳纱的原棉，国内自给率仅10%左右，缺口较大。为此，不得不依靠进口或在配棉时加入新疆长绒棉，这样势必增加纱线生产成本。

4. 国际棉花贸易市场定价

国际棉花市场从1991—1992年度起，市场售价依据由原来的长度/整齐度—强度—马克隆值改为强度—长度/整齐度—马克隆值。以强度31.0 cN/tex为基点，每增加1 cN/tex，每磅棉花加价1美分；马克隆值由4.2～4.5调整为3.5～4.2。

（四）杨伟华的观点

杨伟华等（2008）报道，2000年，农业部棉花品质监督检验测试中心承担了《棉花纤维品质评价方法》的制定任务，对“优质棉”的定义及其质量要求进行了深入的探讨。通过对棉花行业较为广泛的调研，归纳出以下三点共识：其一，尽管棉花有多种用途，但最重要的用途是做纺织工业的原料。因此，棉花的各项纤维品质指标应满足纺织工业的需要；其二，纺织工业对棉花品质的需求是多种多样的，因而“优质棉”的类型，或者说档次也应是多种多样的；其三，各项纤维品质指标之间应相互协调，尤其是品级、长度、长度整齐度、断裂比强度和马克隆值等主要纤维品质指标之间要达到科学的匹配，不能只强调某一项或几项指标而忽视其他指标。经过反复论证和专家评议，最终将“优质棉”定义为“符合纺织工业需要，各纤维品质指标匹配合理的棉花。”该定义已写入中华人民共和国农业部颁布的农业行业标准NY/T 1426—2007《棉花纤维品质评价方法》中。

二、农业行业标准（NY/T 1426—2007）对“优质棉”质量要求

按纤维长度划分为5个档次。根据目前我国的棉花品质状况，并参考国内外棉花育种、品种区域试验、品种审定以及原棉与成纱的关系等情况，配备了相应的品级、长度整齐度、断裂比强度、马克隆值、异性纤维等指标（表8-3）。

表8-3 优势棉纤维品质分档

类型	上半部平均长度(mm)	长度整齐度(%)	断裂比强度(cN/tex)	马克隆值	品级	异性纤维(g/t)
A(1A)	25.0～27.9	≥83	≥28	3.5～5.5	细绒棉1～4级	<0.40
AA(2A)	28.0～30.9	≥83	≥30	3.5～4.9	细绒棉1～4级	<0.40
AAA(3A)	31.0～32.9	≥83	≥32	3.7～4.2	细绒棉1～3级	<0.40
AAAA(4A)	33.0～36.9	≥83	≥36	3.5～4.2	长绒棉1～2级	<0.40
AAAAA(5A)	37.0及以上	≥83	≥38	3.7～4.2	长绒棉1～2级	<0.40

（注：断裂比强度为3.2 mm隔距，HVICC校验水平。）

（一）品级

皮棉的品级取决于成熟程度、色泽特征和轧工质量，主要与棉花的收获时间、棉铃位

置、吐絮情况和轧花技术有关。从《棉花细绒棉》GB 1103—2007 和《棉花长绒棉》GB 19635—2005 两个标准中关于品级条件的规定看，细绒棉在 3 级以上、长绒棉在 2 级以上较好，以下级别都有明显的缺陷。因而，将“优质棉”的品级取细绒棉 3 级以上、长绒棉取 2 级以上。考虑到相应的比强度和马克隆值匹配的问题，将 A 档和 AA 两档的品级定为 1～4 级，而将 AAA 档棉花的品级限制在 1～3 级。

（二）长度

25.0～27.9 mm、28.0～30.9 mm、31.0～32.9 mm 相当于“十五”期间棉花育种科技攻关目标中的中短绒、中绒、中长绒品种。33.0～36.9 mm 是常见的长绒棉品种，37 mm 及以上的长绒棉品种还不多见。

（三）长度整齐度

据美国棉花公司公布的资料和《棉花细绒棉》GB 1103—2007 中的长度整齐度分档表，长度整齐度在 80%～82%时为中等水平，83%以上时为较高水平。优质棉的长度整齐度取大于等于 83%。

（四）断裂比强度

《棉花细绒棉》GB 1103—2007 中 2 级、3 级棉花的断裂比强度参考指标为28 cN/tex，1 级棉花的断裂比强度参考指标为 30 cN/tex。因此，A 档与 AA 档优质棉分别取≥28 cN/tex 和≥30 cN/tex 为其断裂比强度的质量要求。而 AAA 档优质棉再上浮 2 个比强度单位。AAAA 档和 AAAAA 档优质棉的断裂比强度质量要求参考了《棉花长绒棉》GB 19635—2005 中的品级条件参考指标。

（五）马克隆值

AAA 档和 AAAAA 档优质棉分别是细绒棉和长绒棉最高档，马克隆值设在 3.7～4.2 的最佳范围；AA 档和 AAAA 档优质棉适当放宽到 B1 至 B2；A 档优质棉则将马克隆值放宽到 B1 至 C2。

（六）异性纤维

“优质棉”中应该没有异性纤维。但异性纤维在国产棉中有，进口棉中也有，故定的指标为<0.40 g/t。

由于纺织部门对棉花品质有多种需求，5 个档次的棉花适合于纺不同的棉纱，因此，都属于“优质棉”类型。在本标准中以 1～5A 表示，而没有划分为 1～5 级。这种表示方法旨在建立一种观念，即 5 个档次的棉花各有不同的用途，不刻意区分档次间的好与差。

三、我国优质棉育种发展历程

我国自 20 世纪 80 年代，国家正式将优质棉育种纳入科技攻关计划后，棉纤维品质遗传改良有了长足的进步,陆续育成并推广了一批中上品质的新品种,一些高强度结合高皮棉产量的新品种也开始问世。据袁有禄等(2003)报道,我国生产上种植的棉花品种,纤维品质改进可分为如下四个阶段。

第一阶段,20 世纪 80 年代初期及以前:纤维品质低档,纺 30 支纱以下,丰产、感病品种。以黄河流域的徐州 1818、鲁棉 1 号、冀棉 8 号及长江流域的泗棉 2 号与鄂沙 28 为代表。

第二阶段,80—90 年代:纤维品质中等,能纺 32～40 支纱,丰产、抗病品种。以中棉所 12 号为代表。中国农业科学院棉花研究所以优质陆地棉乌干达 4 号为母本与高衣分种质邢台 68－71 杂交,经病圃鉴定,优系混合,于 1983 年育成。1985—1986 年,在长江、黄河流域两棉区抗病区域试验,比对照 86－1 和晋棉 7 号分别增产 11.5%和 17.5%。纤维长度 29.9 mm,单强 3.91 g,细度 5 855 m/g,断裂长度 22.89 km,试纺 18 号纱品质指标 2 388 分,1990 年通过国家审定,1991 年种植面积达 170 万 hm^2。

第三阶段,80 年代末期—90 年代中期:纤维品质中上等,能纺 40～60 支纱,丰产、抗病品种。以中棉所 17 号为代表,纤维品质接近美国 PD 品种。由中国农业科学院棉花研究所从[(中 7259×中 6651)×中棉所 10]组合后代中选择,于 1997 年育成。中 6651 为(徐州 209×海岛棉 910 依)组合的后代与陕棉 4 号再杂交的选系。1989—1990 年,在黄河流域麦套棉区域试验,皮棉和霜前皮棉产量比对照中棉所 12 号分别增产 6.8%及 14.2%。纤维长度 31.4 mm,单强 3.94 g,细度 6 337 m/g,纤维洁白有丝光。1987 年,福建三明棉纺厂试纺 7.5 号精梳纱,质量达上等一级及部优质产品水平。1990 年和 1991 年先后经山东、河南两省及国家审定,1992 年种植 75 万 hm^2。

第四阶段,90 年代后期以来:纤维品质优级,能纺 60 支以上高支纱品种。其中表现突出的有渝棉 1 号、新陆中 9 号、赣棉 12 和科棉 3 号、5 号等。

四、发展优质棉生产的技术思路

系统科学以系统为其研究对象。而包括优质棉在内的棉花产业其内涵、层次、结构都颇为复杂,其中任何层次的生产或技术问题都可构成一系统予以研究。因此,系统科学可作为推进优质棉生产发展的指导思想和方法论的基础。

系统是指由互相依存、互相作用的若干元素结合而成的具有特定功能的有机整体。然而,不同学者也有不同解释。例如韦氏大词典中,系统一词被解释为,有组织的和被组织化了的整体形成的各种概念和原理的结合,由有规则的相互作用、相互依赖的诸要素形成的集合等。Bertalanffy(1972)认为,系统的定义可以确定为:处于一定的相互关系中并与环境发生关系的各组成部分(要素)的总体(集)。秋山穰等(1977)认为,相互间具有有机联系的组成部分结合起来,成为一个能完成特定功能的总体,这种各组成部分的有机结合体就称为系统。钱学森(1983)提出,系统是由相互作用、相互依赖的若干组成部

分结合成的具有特定功能的有机体，而且这个系统又是它所从属的一个更大系统的组成部分。

综上所述，一个构成系统的诸要素的集合体，必须具有一定的特性，或者表现出一定的行为，而这些特性或行为是它的任何一个部分都不能做到的。也可以说系统是一个可以分成许多要素构成的整体，但从它的功能表现上看，又是一个不可分的整体，如果硬要拆开，那么它将失去原来的性质，所以“系统”必须满足以下条件：

(1) 系统必须由两个以上的要素构成。如农业系统由农、林、牧、副、渔、工等部门组成，每个部门相当于一个要素。

(2) 系统各要素之间既相互作用又有分工。在农业系统中，若没有农业，就谈不上牧业、副业和加工业；同样，若没有牧业，则农业和加工业等也搞不上去。而农、林、牧、副、渔和工又各有其自身的作用与任务。

(3) 系统作为整体，必须具有目的性。农业系统的根本目的在于满足人类对吃、穿和某些工业原料的需求。

(4) 各要素不是静止的，而是流动的，或者称之为动态性质的，即随着时间的变化，各要素也在发生变化。农业系统中各要素的动态性质是不言而喻的。

上述四个条件，只要缺少其中的一个，就不能成为一个“系统”。

优质棉是一个由“天气(天)——土壤(地)——棉花(苗)——人类耕作活动(人)”交织构成的复杂系统。系统的结构如图 8-1 所示。

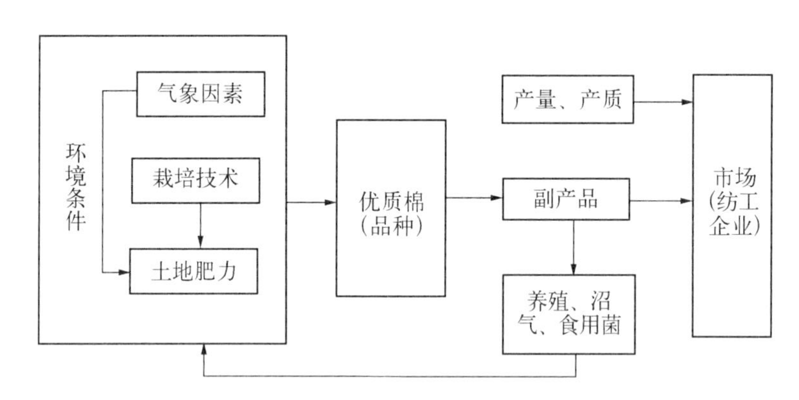

图 8-1 优质棉系统的结构

从图 8-1 可以看出：

(1) 这是一个开放性系统，即优质棉与环境发生物质和能量的交换。优质棉生长在土壤上和大气中，从大气中吸收二氧化碳，从土壤中摄取水分和养料，经过光合作用，将太阳能转化为化学能，变无机物为有机物。

(2) 这是一个目的系统。系统的总目标是以最少的投入换取最大的产出，实现高产、优质、无公害、高效益，即通常所说的经济效益、社会效益和生态效益。

(3) 结构决定功能，是一切事物的规律。要提高优质棉系统的总功能，就要使结构合理，并且在决策某项技术措施时，要求它能与环境相融洽，农业上强调因地制宜、"看天、看地、看苗"，就是这个道理。

(4) 系统总功能不等于各子系统功能之和。根据优质棉系统结构，通过正确选用品种，采用合理的调控技术，使整个系统中各子系统之间协调发展，不仅能获得子系统的增益效应，而且还能获得各子系统间相互作用的增益效应，这样整个系统的总功能便增强。

(5) 栽培技术措施是优质棉系统中的一个组成部分，其主要任务是研究生产者怎样通过技术措施的控制与调节，使优质棉的生长发育与环境条件相协调，达到高产、优质、低耗和生态平衡的总体目标。从图 8-1 可知，优质棉系统的外部环境主要包括气象因素、土壤肥力和栽培技术等三个子系统。气象因素目前人们尚难以进行控制；土壤肥力，则可通过合理轮作、科学用肥，使用地与养地结合起来；栽培技术是优质棉系统中较易为人们操纵的一个子系统，它由播种期、密度、施肥、治虫和灌溉等多种单项技术所构成。要使这一系统的输出达到最优状态，其先决条件是组建合理的系统结构和协调好系统内各单项技术之间的相互关系。因此，研究主要单项技术与产量、品质和效益等输出目标性状间的关系，建立优化技术结构，形成规范化的栽培模式，对实现优质棉的高产、优质、高效益栽培具有十分重要的意义。

(6) 品种是这一系统结构中的主体，所有环境条件只有作用于品种才能起作用，也就是说品种是"内因"，环境条件是"外因"，外因只有通过内因才能起作用。实践业已证明，选育并推广优良品种，是包括优质棉在内的作物生产不断取得进步的重要手段。一般认为，近几十年来，全世界作物增产中大约有 20%来自扩大耕地，70%来自单位面积产量的提高；而在单产的提高中，品种所起的作用占 20%～30%。

总之，品种是发展优势棉生产中的核心技术，创新栽培技术则是发展优质生产不可或缺的保障技术，这两者相辅相成，缺一不可。

五、栽培技术的创新

（一）创新的概念

创新，也叫创造。创造是根据一定目的和任务，运用一切已知的条件，产生出新颖、有价值的成果（精神的、社会的、物质的）的认知和行为活动。

江泽民同志 1998 年 11 月 24 日访问俄罗斯时，发表了一篇题为《在新西伯利亚科学城会见科技界人士的讲话》。他在讲话中指出："一个国家、一个民族，如果不紧紧跟上科技进步的时代潮流，不结合本国发展的实际努力提高科学技术水平，就会落后，就会陷入极为被动的境地""要迎接科学技术突飞猛进和知识经济迅速兴起的挑战，最重要的是坚持创新""创新是一个民族的灵魂，是一个国家兴旺发达的不竭动力"。

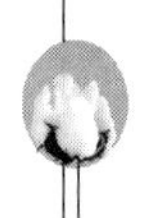

创新的最主要特点是新颖性和具有价值。新颖性包括三个层次:① 世界新颖性或绝对新颖性;② 局部新颖性;③ 主观新颖性,即只是对创造者个人来说是前所未有的。世界新颖性的价值层次最高,局部新颖性次之,主观新颖性更次之。

创新这个概念与不同事物的结合,就会形成多种多样的创新类型,诸如思维创新、知识创新、产品(服务)创新、技术创新、组织与制度创新、管理创新、营销创新、文化创新等,不一而足。在上述这些创新类型中,以思维创新最为重要,它是一切创新的前提,若思维成定势,就会严重阻碍创新。

(二)技术创新的概念

技术创新是一个国际上通用的经济学概念,起源于美籍奥地利著名经济学家熊彼特于1919年提出的"创新理论"。其基本涵义是指与新技术(包括新产品、新工艺)的研究开发生产及商业化有关的技术经济活动。近几十年来,人们把技术创新作为一门理论和一项工程来研究,关于技术创新的定义也有数十种之多。然而,在学术界比较认可的技术创新的概念是指,新产品和新工艺设想的产生(获取)、研究开发、应用于生产、进入市场销售并实现商业利益等过程的一切经济、技术活动的总和。也就是说,技术创新是横跨在技术和经济两个领域之中的社会实践活动。有人形象地将技术创新概括为:技术创新=新的创意+市场价值。要正确理解技术创新,须把握以下3个要点:

1. 技术创新是通过技术手段实现经济目的的行为

技术创新与发明创造不同,发明创造是科技行为,而技术创新则主要是经济行为。熊波特的重大功绩之一,是把发明创造与技术创新相区别,发明创造获得的仅仅是科技成果,在发明创造的基础上,把科技成果产业化和商业化的过程才是技术创新。

2. 技术创新始于研究开发而终于市场实现

任何技术创新都是从研究开发开始,没有研究开发就谈不上进行技术创新。至于一些重大的技术创新,则更需要有研究开发工作来支持。技术创新最后是以市场实现而告终,它将通过营销或推广应用环节来实现技术创新的价值。

3. 检验技术创新成功的根本标准是市场实现程度而不是技术先进程度

有人对技术创新做了望文生义的简单理解,对技术发明与技术创新不加区别,用技术指标来衡量技术创新的成效,认为既然是技术创新,就要追求技术的卓越与先进;技术越先进,技术创新的力度才越大。然而应该看到,技术创新是一种经济行为,它虽然是借助于技术手段实现的,但其成败和绩效的最终评判指标,不应该是技术指标,而应该是经济指标。

依技术创新程度可分为根本性创新和渐进性创新。渐进性创新,是指在两个技术突破之间的较小的技术改进。根本性创新和渐进性创新是相对而言的。在不同的系统中,依不同的参照系,可以有不同的划分。所谓"技术创新",当然要强调一个"新"字,即该技术应当是世界首创或至少是国内首创。但是当今世界，科学技术高度发达，在基本技术原理方面取得新的发现已越来越难，绝大部分技术创新是现有技术在不同领域和不同产业之间的移植、综合。因此，“综合就是创新”。很多重大创新（即根本性创新）就是现有技术的组合。

（三）优质棉花栽培技术创新的重点

棉花栽培技术创新并不是技术试验研究和技术推广应用的简单相加，不是1+1=2；而是技术试验研究和技术推广应用相加后的整体，是1+1>2，整体大于部分之和。换言之，技术试验研究和技术推广应用组成一个有机的整体，在这个整体中，不仅需要从技术的角度、技术发展的规律，考虑技术发展的可能性，还要以生产为导向，考虑技术试验研究与推广应用的有效性。生产引导着技术试验研究的方向，技术本身的发展规律决定着这种引导实现的状况和程度。循着这一认识途径，技术试验研究，研究成果的转移与应用，才能构成一个完整的棉花栽培技术创新过程。

植棉比较效益偏低和用工多、劳动强度大，始终是影响棉农植棉积极性，乃至影响我国棉花生产可持续发展的主要障碍因素。在市场经济条件下，农民种植什么、种多少，取决于其能给农民带来多少效益。近十几年来，种植棉花比较效益下降，对农民不再有吸引力，调整种植结构或在第二产业、第三产业就业成为农民的选择。因此，今后棉花栽培技术创新的重点应是不断提高产量，开发超高产栽培技术，作为棉农增加收入的重要而现实的技术措施之一。棉花产量和纤维品质是构成棉花生产力的两个方面，两者缺一不可。但研究结果业已表明，包括栽培技术措施在内的诸多环境因子均对纤维品质产生有利或不利的重要影响。因此，探明环境因子，尤其是栽培措施对纤维品质的影响，可为创新栽培技术提供科学依据。

1. 超高产栽培

超高产首先是由日本于1981年开始实施的“超高产水稻开发及栽培技术确立”大型合作研究项目中提出的。自此以后，我国在水稻、小麦、玉米等作物上先后开展超高产育种与超高产栽培研究。我国水稻已从超高产育种与栽培研究进入生产应用，成效显著，被誉为我国水稻生产史上的第三次革命。

作物产量潜力是指通过人为措施，在改进作物代谢机制基础上，克服某一个、几个或所有限制因子后可能达到的最高产量，即为作物产量潜力极限。作物干物重的95%来源于光合产物。现有棉花品种的光能利用率很低，就生物学产量而言，对光合有效光（可见光）的利用率为0.8%，以经济产量为准则小于0.33%；而玉米相应值则为3%和1%。Nasyror等（1978）提出设想，将棉花光能利用率增高至3%，则棉花产量可达8 t/hm^2。由此可见，棉花单产在目前的产量水平上再提高20%以上是有理论依据的。挖掘棉花产量的技术措施包括内在潜力和外在潜力。内在潜力指通过改变内部遗传基因或遗传机

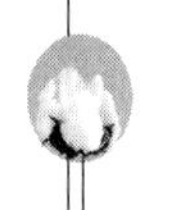

制可能获得的最高产量，外在潜力指克服生长环境中的障碍因子可能获得的最高产量。

在长期的棉花生产过程中，全国不同生态区涌现出大量的棉花超高产典型。1990 年，经中国棉花学会等单位专家验收，新疆农三师 45 团 15 连 1.4 hm^2 棉田上皮棉产量达 2 970 kg/hm^2。1999 年，新疆策勒县 0.35 hm^2 试验地皮棉产量达 3 860 kg/hm^2。新疆棉区陆地棉皮棉产量 2 250 kg/hm^2 以上的高产典型大量涌现。2001 年，新疆南疆皮棉产量 2 250 kg/hm^2 以上的面积达到 4.58 万 hm^2，其中喀什地区 2.20 万 hm^2、阿克苏地区 1.35 万 hm^2，并出现了皮棉产量 2 700 kg/hm^2 以上的田块。2004 年，新疆农二师种植 2.7 万 hm^2 棉花，平均皮棉产量 2 107.5 kg/hm^2，其中皮棉产量为 2 250～2 700 kg/hm^2 的面积达 0.95 万 hm^2，为 2 700～3 000 kg/hm^2 的面积达 420 hm^2，为 3 000 kg/hm^2 以上的面积达 293 hm^2，分别占植棉总面积的 35.19%、1.56%和 1.09%。黄河流域和长江流域棉花超高产纪录不断被刷新，山东省出现了皮棉产量 2 340 kg/hm^2 的高产田，四川省简阳市曾创皮棉产量 2 631 kg/hm^2 的植棉高产纪录。江苏省灌云县图河乡安福村，1996 年种植的 67 hm^2 移栽地膜棉，皮棉产量 2 380.5 kg/hm^2；江苏省铜山县柳新乡马楼村由于引进高产品种和推广先进的植棉技术，取得了皮棉产量 2398.5 kg/hm^2 的好成绩。这些高产实例，揭示了棉花的高产潜力，证明开发棉花超高产栽培技术是可行的。

2009 年，国家棉花产业体系建设项目在江苏省兴化市和大丰市实施“双高生态棉”研究与示范工程。其主要目的是探索长江流域棉区在现有生产条件下，棉花超高产栽培途径，并由此形成超高产栽培技术体系及操作规程。实施结果表明，兴化市安丰镇中圩村农户曹凤美所种 0.466 7 hm^2 棉田，平均子棉产量为 7 076.3 kg/hm^2，比大面积平均子棉产量增加3 189.75 kg/hm^2，增产 82.1%；折合 1 hm^2 产值达 43 383.33 元，与大面积相比 1 hm^2 增收 18 736.05 元。扣除物化成本 9 026.85 元/hm^2，高产创建棉田净产值为 34 356.48元/hm^2，比大面积净增 14 194.2 元/hm^2，净产值是大面积棉花的 1.7 倍。大丰稻麦原种场示范点的产量结果为：亚华棉 10 号、C0510 和科棉 6 号子棉产量分别为 7 111.5 kg/hm^2、7 657.5 kg/hm^2 和 7 362.0 kg/hm^2，分别比非示范区增加 3 361.5 kg、39 075 kg和3 612 kg。其效益分别为 26 486.55 元/hm^2、30 417.75 元/hm^2 和28 290 元/hm^2，分别比非示范区增加11 482.8元、15 414 元和 13 286.4 元(表 8－4、表 8－5)。

表 8－4　子棉产量

品种	面积(hm^2)	实测密度(株/hm^2)	单株成铃(个/株)	总铃数(万个/hm^2)	铃重(g)	子棉产量(kg/hm^2)
亚华棉 10 号	0.33	24 000	44.9	107.76	6.60	7 111.5
C0510	0.33	24 000	47.2	113.28	6.76	7 657.5
科棉 6 号	0.33	24 000	42.6	102.24	7.20	7 362.0

表 8-5 经济效益

品种	面积(hm^2)	子棉产量(kg/hm^2)	子棉价格(元/kg)	产值(元/hm^2)	物化成本(元/hm^2)	用工成本(元/hm^2)	纯效益(元/hm^2)
亚华棉 10 号	0.33	7 111.5	7.2	51 202.8	10 653.75	14 062.5	26 486.55
C0510	0.33	7 657.5	7.2	55 134.0	10 653.75	14 062.5	30 417.15
科棉 6 号	0.33	7 362.0	7.2	53 006.4	10 653.75	14 062.5	28 290.15
对照	0.33	4 687.5	7.2	33 750	8 621.25	10 125.0	15 003.75

兴化和大丰两市实现棉花超高产的主要技术体会是：

(1) 选择高产品种是实现棉花超高产的前提。优良品种是实现棉花超高产生产目标的核心技术。没有一个好的品种，超高产是难以实现的。高产品种往往铃重较高、结铃性较强，较易获得高产。然而，目前生产推广应用的绝大多数棉花品种高产潜力有限，一般产量水平都容易获得，但要取得超高产产量是十分困难的。试验及大面积生产结果表明，泗杂棉 3 号、科棉 6 号、亚华棉 10 和 C0510 等优良品种均具有 7 500 kg/hm^2 以上子棉的高产潜力。

(2) 促进早发壮苗是实现棉花超高产的基础。采用双膜育苗技术可提早播种、提早出苗，向前延伸了棉花生长发育时期，延长了棉花开花结铃形成经济产量的时间。而地膜覆盖移栽又可以为棉花早发创造出良好的环境条件，对棉花根系生长特别有利，从而促进了棉花的早发稳长。因此，壮苗早发对产量起着主导作用，是影响整个棉花生育进程的重要因素，它将决定棉花成铃数、铃重，最终对产量的形成起重大作用。

(3) 合理肥料投入是实现棉花超高产的重要保证。大丰市棉花超高产栽培中除有机肥外，投入的纯 N、P_2O_2、K_2O 分别为 322.25 kg/hm^2、108 kg/hm^2、108 kg/hm^2，比大面积生产的肥料投入量明显增加。而合理施肥就是要依据棉花需肥规律和各生育阶段的生长中心、营养特点，结合具体环境条件以及棉花长势长相来运筹肥料，使棉花个体与群体、地上与地下、营养生长与生殖生长协调一致，以收到高产、优质、高效的效果。

在我国，随着杂交抗虫棉的全面推广应用，在棉花生产上纯氮使用量已达到 375 kg/hm^2，部分地区已超过 450 kg/hm^2，接近或超过棉花高产栽培所要求的氮素水平。研究表明，在当前的生产水平下，棉花进一步提高产量的限制因子不是提高氮素的用量，而是钾肥和微量元素肥料的投入。因此，棉花施肥上要实行配方施肥，增施钾肥和微量元素肥料。同时，还应按照棉花的生育进程和需肥规律科学施肥，以保证棉花超高产的实现。

(4) 科学合理化调是实现棉花超高产的关键措施。棉花是大棵经济作物，具有无限生长习性。科学合理地运用化学调控技术，防止棉花旺长疯长，塑造高光效株形，减少花蕾脱落，协调营养生长与生殖生长的关系，是确保移栽地膜棉发挥增产优势，创造超高产的一项必不可少的关键措施。

(5) 主动防灾抗灾是实现棉花超高产的重要保障。棉花生产过程中,经常会遭遇一些如低温寡照、梅雨涝渍、台风暴雨等自然灾害。2009 年,大丰市大面积棉花生产前期生长较好,却因 7 月 23 日后的连续低温阴雨和台风,造成中后期苗情急转直下,导致产量大幅下降,单产比 2004 年减少三成。而超高产试验点平均子棉产量却仍能达到 7 377 kg/hm^2 以上。究其原因,一是棉田“三沟”配套,为棉花正常生长发育创造了良好的环境条件;二是梅雨前进行培土壅根,促进了棉花根系生长;三是灾后及时采取补救措施,减轻了灾害损失。因此,积极主动做好灾前防、灾来抗、灾后补的各项工作,才能有效减少损失,实现高产稳产。

2. 主要栽培措施对纤维品质的影响

(1) 种植密度、株行距配置与纤维品质。Michael 等(1998)研究了两个密度相差较大(20 000 株/hm^2 和 120 000 株/hm^2)条件下的纤维品质后发现,低密度条件下早期形成的棉铃,铃重和纤维马克隆值通常比高密度条件下高。近年来,在美国出现并正在推广一种被称为“超窄行”的棉花株行距配置方法,即在密度保持 100 000 株/hm^2 以上的基础上将行距降到 20 cm 左右。研究结果表明,“超窄行”配置有利于提高棉花冠层叶片获取光能的能力,提高光合作用速率,增加光合产物形成,促进结铃和棉铃发育。Husman 等(1999)进行的大田试验表明,与常规行距相比,“超窄行”配置不仅使棉花产量有所提高,而且棉纤维品质也得到改善,马克隆值从 5.3 降到 4.9。Galadima 等(2003)设置了15 000 株/hm^2、30 000 株/hm^2、45 000 株/hm^2、60 000 株/hm^2、75 000 株/hm^2、90 000 株/hm^2 六个密度处理配以常规行距(100 cm),研究高密度、常规行距配置对纤维品质的影响。结果表明,处理间产量和纤维强力有显著差异,但马克隆值下降不显著。赵振勇等(2003)在新疆研究了高密度对纤维品质的影响,认为种植密度对纤维长度、比强度、马克隆值、伸长率都有影响。纤维长度、比强度、马克隆值有随密度增大而下降的趋势,且纤维长度、比强度、马克隆值受密度影响状况较一致,都表现为密度 180 000 株/hm^2 和密度 225 000 株/hm^2 间的差异不显著,密度 225 000 株/hm^2 和密度 270 000 株/hm^2 间的差异不显著,但密度 180 000 株/hm^2 和密度 270 000 株/hm^2 间的差异显著,纤维长度、比强度、马克隆值分别降低了 0.70 mm、1.1 cN/tex 和 0.43。

(2) 矿质营养与纤维品质。氮、磷、钾是棉花生长不可缺少的营养元素,对纤维品质和产量都具有重要的影响。不同生育阶段,棉株对氮、磷、钾营养的吸收特点不同。苗期吸收比例不足一生的 10%,初花后吸收急剧上升,花铃期占 70%以上,吐絮期吸收氮较少,但对磷、钾仍有 10%左右的吸收。因此,在花铃期必须重施花铃肥,保证氮、磷、钾营养的充足供应,在生育后期还要保持适宜的磷、钾营养供应。与磷肥和钾肥相比,生产上对氮肥的施用比较重视,施用量有逐渐增加的趋势。但据统计,全球 130 亿 hm^2 土壤中有 43%缺磷,我国 1 亿 hm^2 耕地中有 73.4%缺磷。对于钾营养,由于钾的移动性较强、钾肥成本较高,导致不少地区棉田都缺钾。但钾是包括棉花在内的作物“品质营养元素”,

作物在整个生长发育期都需要钾肥的充足供应。如果土壤中的钾不能满足棉花发育所需，就会从叶片中吸收，导致叶片缺钾，出现缺钾症状，引起叶片生理功能下降，导致光合速率下降、棉花产量及纤维品质下降。

李迎春等(1997)认为，施用氮肥能提高纤维长度但影响不显著；增施磷肥和钾肥会降低纤维长度；氮肥和磷肥施用会提高马克隆值，使纤维变粗；钾肥能够缓解增施磷肥而引起的纤维变粗；增施氮、磷肥能提高比强度，而增施钾肥会降低比强度。海江波等(1998)认为，氮肥对纤维长度和细度的提高达显著水平，磷肥对纤维长度和细度的提高也可达显著水平，钾肥对整齐度、单纤维强力的提高达显著水平。海江波等(1999)还认为，氮、磷、钾配合对棉铃经济性状的空间分布会产生重要影响，在纤维品质方面主要表现为氮、磷、钾配合可以促进棉株中部内围、上部外围棉铃纤维的伸长，氮磷、氮钾配合有利于中部内围棉铃纤维长度的伸长，磷钾配合对上部棉铃纤维长度的作用较大。范术丽等(1999)研究结果指出，磷钾能够促进光合产物的运转，有利于纤维中纤维素的积累。朱振亚等(2000)报道，施用钾肥后纤维比强度比对照高 0.9～2.1 cN/tex，纤维长度增加 0.65～1.00 mm，含糖量降低 0.1%～0.6%。胡尚钦等(2001)研究了紫色土壤施氮对棉花纤维品质的影响，认为氮对品质有一定的影响，能提高比强度，并有降低马克隆值、增加细度的趋势；纤维品质受氮、磷、钾影响的顺序为伸长度＞马克隆值＞比强度＞整齐度＞纤维长度。

国外这方面的研究方兴未艾。Usherwood(2000)研究认为，施用钾肥不仅能增大棉铃体积，而且能够提高棉纤维马克隆值、强力和长度。Gormus 等(2002)研究结果指出，钾肥施用使纤维长度增加 0.3 mm，强力增加 0.66 cN/tex，整齐度下降 0.1 个百分点，马克隆值下降 0.1。Tewolde 等(2003)研究了氮、磷缺乏对纤维品质的影响，认为重度缺氮、缺磷会影响纤维品质指标，如纤维长度、强度和纤维次生壁厚度，中度缺氮、缺磷对纤维品质没有影响，并认为一般大田生产条件下不至于出现重度缺氮、缺磷。Bradow 等(2000)的研究结果表明，纤维成熟度与土壤中磷含量和有机质含量呈正相关。

Minton 等(1991)报道，施用 112 kg/hm^2 钾肥对纤维的长度没有影响。但 Cassman 等(1990)施用了 480 kg/hm^2 钾肥后，纤维长度有了明显的提高。Pettigrew 等(1996)以 8 个品种为试验材料，研究了钾肥对纤维品质的影响，结果表明施用 112 kg/hm^2 钾肥后，纤维长度和长度整齐度有所提高。Matocha 等(1994)研究了叶面和土壤施用钾肥对纤维长度的影响，认为叶面施用硝酸钾对产量和纤维长度无显著影响，土壤施用能够有效地提高产量，但纤维长度无显著变化。Cassman 等(1990)研究认为，钾肥施用量与纤维强度和伸长率呈正相关。

以上研究结果存在较大的差异。究其原因，一是不同生态区的温、光、水等生态条件和土壤条件存在较大的差异；二是试验品种不同，因为不同品种的遗传基础不同，对氮、磷、钾等营养元素的要求存在差异是可想而知的；三是土壤的基础肥力不同，离开土壤基

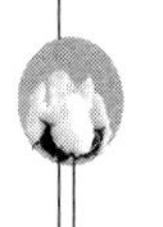

础肥力研究氮、磷、钾对纤维品质的影响缺乏较高的可信度；四是氮、磷、钾的施用量的设置和配比不同，因而结果也不尽相同。

(3) 化学调控与纤维品质。缩节安对棉花产量影响的研究相当多，但对棉纤维品质影响方面的研究不多，且结果也存在差异。Stichlet 等(1993)研究认为，缩节安能有效地调节棉花株高，提高水分利用率，降低纤维上的疵点，提高产量，改善棉纤维品质。Davidonis(1994)研究认为，缩节安有效地降低了短绒率，提高了纤维成熟度。Boman(1994)认为，缩节安降低了棉纤维反射率，提高了黄度，使得棉纤维的色泽变差，但对黄色饱和度没有影响。杨可胜等(1995)研究认为，打顶后喷施缩节安能够有效地抑制边心及赘芽的发生，减少无效花蕾的形成，提高成铃率，增加铃重和衣分，纤维长度增加 0.1～1.0 mm，霜前花增加 10.9%～17.4%，纤维整体品质得到有效改善。邢朝柱等(1996)以杂交棉为试验材料，在蕾期、初花期和花铃期采用不同缩节安用量进行化控，研究发现纤维品质变化无规律性，且差异较小，认为缩节安对纤维品质无显著影响。辛承松等(2000)研究认为，对短季棉营养钵育苗叶面喷施 10 mg/L 缩节安有利于培育壮苗，缩短移栽缓苗时间，提高成活率，促进栽后早发，具有明显的增产作用，纤维品质也有所改善。

六、优质棉的产业化经营

我国棉花流通体制，从新中国成立初期开始，长期以来都是供销社独家经营，在计划经济条件下，对促进生产、保证供应起了积极作用。但随着经济体制改革，计划经济向社会主义市场经济过渡，农业生产资料以及粮食和其他农产品相继放开，纺织品也开始放开。在这种情况下，原有体制越来越不适应市场经济的发展。因此，1993 年国务院确定江苏等省为棉花流通体制改革试点省，以求棉花生产尽快走出低谷，按照需要稳步发展。

1998 年 11 月，国务院作出“关于深化棉花流通体制改革的决定”，这是在总结 20 年改革的基础上，对棉花流通体制实行的全方位改革，也是我国棉花政策方面的一项重大转变，意味着我国棉花生产从计划经济步入市场经济轨道。2001 年 7 月，国务院又作出了“关于进一步深化棉花流通体制改革的意见”(国发〔2001〕27 号)，这是彻底结束棉花生产、流通领域的计划经济，走向市场经济的重要标志，对我国棉花生产及其产业化经营的发展具有深远影响。

(一) 棉花产业化经营的概念

发展农业产业化经营，是农业进入新阶段、增强自身发展能力的客观要求，也是农业市场化改革与发展的必然产物。农业进入新阶段最根本的标志，是农产品供求格局发生了根本性变化，农产品供给由长期短缺变为总量基本平衡、丰年有余。我国农业发展进入新的阶段，既是市场化改革的重要成果，也是农业综合生产能力显著提高的重要标志。它必然要求有新的农业组织形式和经营机制及与之相适应的新的农业经营方式和运作机制，它能够有效地解决农业新阶段面临的一系列问题。1998年党的十五届三中全会的《决定》，充分肯定了农业产业化经营这种新的农业组织形式及其内在经营机制，明确指出农业产业化经营是我国农业逐步走向现代化的现实途径之一。1998年年底召开的中央农村工作会议，明确指出“我国农业和农村经济进入了一个新的历史阶段”，同时，强调要积极推进农业产业化经营。

棉花产业是特殊的、重要的、自成系统的物质生产行业，也是天生的“弱质”产业。它是从棉花新品种选育、原棉生产到纺织加工的全过程，它的产业链很长，涉及棉花科研育种、生产、加工、储运销售、信息及纺织等环节。包括优质棉在内的棉花产业化经营是在经济全球化、农业产业化的大背景下产生的，是农业产业化经营的重要组成部分，是以棉花市场需求为导向，经济效益为中心，实现棉花的生产、收购、加工、销售、纺织、贸易一体化，保持生产与需求的平衡，达到原棉生产、收购加工、纺纱织布、市场消费四个环节的最佳效益状态，以科研、生产、流通、纺织加工等一体化为载体的产业经营体系。

（二）棉花产业化经营的作用及其模式

我国棉花产业化经营的实践证明，发展包括优质棉在内的棉花产业化经营具有以下作用：一是有利于促进生产布局和结构的调整。按照产业化经营的思路调整生产布局和结构，不是简单地多种一点或少种一点，而是按照市场需求和资源优势，通过龙头企业的带动，形成专业化生产、区域化种植的生产、加工、销售完整的产业链条，逐步建立区域优势产业带，促进生产向深度和广度进军。二是有利于增加科技含量。一方面龙头企业面对激烈的市场竞争，对新技术、新成果、新品种有强烈的需求，通过多种形式与科研、教学单位结成产学研共同体，提高科技开发水平与科技成果的转化率；另一方面凭借龙头企业的实力与农民联系，可以很快地把科技成果应用于生产。三是有利于增加棉农收入。通过龙头企业的产销一体化经营，实现加工和销售增值，并进行利润返还。同时，由于实行“订单农业”，可减少农民的市场风险。四是有利于提高农民的组织化程度。通过龙头企业把千家万户的农民组织起来，进入国内外市场，可以有效地解决小生产和大市场的矛盾。五是有利于提高棉花竞争力。我国棉花生产与世界主要出口棉花大国比，除棉花单产有优势外，在种植规模、生产成本、流通成本、政府补贴等方面都不具优势。通过棉花产业化经营，可以扩大规模种植面积，降低生产成本和流通成本，提高竞争力。

棉花产业化经营作为一种新的生产组织形式，是随着农村改革的实践而出现的。我国棉花生产力水平的多层次性，决定了我国棉花产业化模式的多样性。一是纺织企业带动型，以“纺织企业＋特约基地＋农户”为主要运作形式。主要以经资格认定的纺织企业为龙头，与有关乡（镇）政府联合，建立特约生产基地，实行划区域定点收购，自收自加。这一组织形式由于产销直接见面，减少了中间环节费用，颇受棉农欢迎。二是以供销社

轧花厂为龙头的企业带动型，以“供销社轧花厂＋棉农合作社＋经纪人＋农户”为主要运作形式。在棉花收购期间，由轧花厂委托供销社收购站和农民经纪人收购。此类型队伍比较庞大，设施俱全，收购、加工等方面比较规范，在协调乡（镇）轧花厂、供销社和农民分配关系方面发挥了较好的作用。但由于此类型是纯商业性运作，生产过程中技术服务不及时，特别是在棉花供求关系发生变化的年份与农民连接程度不紧密，“伤农害农”现象时有发生，挫伤了部分棉农的积极性。三是以农业部门良棉厂为龙头的企业带动型，以“基地＋良棉厂＋棉农合作社＋农户”为主要运作形式。其最大特点在于生产的全过程实施技术服务，与农民的联系最紧密。一般均建立了专门的生产基地和良种繁育基地，组建了棉农自己的合作社，实行生产、收购、加工销售一条龙服务。同时合作社有较完善健全的合作社章程，与农民也订立了种植和收购技术服务协议或合同，承诺实行保种棉加价收购、市场滞销年份保护价收购和盈余利润二次分配，与棉农的连接最直接、最紧密，深受棉区广大棉农的欢迎。四是科工贸联合型，以“新品种（基地）＋轧花厂＋棉农合作社＋农户”为主要运作形式。主要以自育的棉花新品种为载体，将优质的原（良）种免费供应棉农，并免费负责技术指导，合作社与植棉乡（镇）政府和棉农建立保种棉生产基地，签订收购合同，并以所属良棉加工厂为龙头与植棉乡（镇）和棉农建立棉农合作社，实行保种棉加价收购和种子加工利润的二次分配。五是经纪人带动型，以“经纪人＋加工企业＋经纪人”为主要运作形式。其前身均为运作较成功、有一定资金实力的棉花经纪人所办的私营企业，依靠原有的或新办的纺织企业取得了棉花收购、加工和经营资质，并以纺织企业为龙头广泛吸收农民经纪人，形成经纪人联合体。该形式一般由经纪人统一向棉农提供信息、技术、种子、农药、化肥等综合性服务，并与棉农签订收购协议。六是专业协会带动型，以“专业协会＋农户”为主要运作形式。主要通过行业协会发布当年棉花生产、供求和加工信息，引导农民种植，收取一定的信息费用。但由于协会没有自己的加工企业，不能参与棉花收购经营活动，加之信息发布不具权威性，时效性和真实性较差，与农户的合作关系不太稳固。

（三）产业化经营对优质棉种植、收购与加工的要求

1. 种植

棉花是易于天然杂交的农作物，如果将优良品种和低质品种混种在一起，就会自然杂交，其大多数就变成退化的杂种，棉花的产量和品质都会受到损失。而优质棉是棉花品质较好的一类原棉，只有不混种混收，才能保证其品质的一致性。因此，优质棉的种植和收购是一个事关重大、影响深远的环节。在种植环节中要把握以下几点：

（1）生产基地要实行集中连片

优质棉和其他普通棉花相比，只有集中规模种植才能形成优质原棉的批量生产和供应。这样既有利于棉农集中种植、农业部门集中指导，又有利于加工经营企业实行优质

优价集中收购，有利于纺织企业集中采购加工，从而实行产业化经营。因此，要积极推行“专品种种植”、“专区域种植”，大力度推行“一县一种”、“一乡一种”、“一个生态区一个品种”，切实解决混种混收的问题，努力扩大生产规模，促进规模生产。

(2) 自然生态条件要好

优质棉在适宜的水、肥、气条件下更能发挥其品种的特征特性，也才能保证其高产、优质。这就要求基地光热资源丰富，降温慢，霜期迟。在基地建设上，可适当选择土壤肥力高、水肥条件好、种植历史长、生产水平比较高的植棉地区进行集中连片种植。

(3) 栽培水平要高要求

基地是历史上传统的植棉地区，棉农种植水平高，年际面积波动小，接受新技术、新品种的能力强，领导对新品种、新技术重视，技术服务网络健全，这样便于农业技术部门因品种加强技术指导，提升优质棉的产量和品质。

(4) 基地建设要以订单为基础

由于优质棉品质的特殊性，在收购市场比较混乱的情况下，只有采取加价收购、优质优价，才能调动棉农的积极性，棉农才能实行分品种种植、分摘、分储、分售，也才能保证纯度，保证质量。所以，基地建设要尽量实行产销衔接，积极推行“订单生产”，力争产供加销纺配套，以产业化开发，促进优质棉的发展。

2. 收购

优质棉和其他常规棉相比，因其品质优，色泽好，深受纺织企业欢迎。但是如果和其他棉花一样混等混级，就会影响纤维品质，因此，收购中的“四分”工作尤其显得重要。具体讲要做到三个方面：

(1) 做好“四分”工作

采摘时尽量做到与一般子棉分开，与不同品种分摘；分摘的子棉在晾晒时，一定要分别摊晒，杜绝翻晒时混合，做到不混品种，不混等混级；把分摘和分晒好的子棉分品种、分等级装包，分别堆放出售，严防混杂；解交时尽量做到一车一船一个品种、一包一个标记，按品种进行搬运、堆放、过磅、检验，严防混杂。

(2) 排除异性纤维

在采摘、交售过程中要动员棉农尽量使用棉布袋采摘、包装，晾晒时挑拣掉化学纤维、丝、麻、毛发、塑料绳等异性纤维。棉花加工企业应严格按照国家标准加工棉花的要求，设立清理异性纤维的工序。加工子棉前发现混有异性纤维、色纤维及其他危害性杂质的，须组织人力挑拣干净后，方可加工。

(3) 做到优质优价

优质棉在收购过程中，要对照国家棉花标准和价格政策，防止压级压价，损伤棉农利益。有条件的地方要大力推行优质棉的“订单生产”，实行“分品种定价”和“优质优价”，让利于农，这样才能充分调动棉农种植的积极性，为纺织企业提供优质、专用原料。

3. 储藏与运输

优质棉和其他普通棉花一样要做好储藏与运输工作，具体有如下几个方面：

（1）仓库准备工作

存放优质棉的仓库必须安全、防潮、配备防火设施。对数量不大，而批数较多的优质棉，要储存在有隔离设备的仓库；对数量较大的优质棉，要大仓库堆存，并严格与其他子棉隔绝。仓库要干净、干燥。

（2）搬运和储存工作

优质棉搬运的容器和工具，应清扫干净，并检查遗留的子棉和其他物件。运输途中要专车专船，防止混杂。

（3）堆放和输送工作

在用机械运输或气流输送子棉时，必须清除设备内及各部件积留的子棉和杂尘，杜绝混杂现象；子棉进库堆存要设置通风口和管道，防止发热影响种子和皮棉质量；堆放子棉时，要控制水分不得超过10%，超水分的要烘干或晾晒后再堆存。

4. 加工

目前，国内外均采用皮辊轧花机加工优质棉。若采用锯齿轧花机加工，则锯齿轧花机锯片的锯齿在工作中对纤维长度有一定损伤，尤其在加工长纤维时表现更为明显。此外，优质棉纤维较细，总体表面积大，对杂质吸附性较强，导致产生棉结杂质含量偏高等问题，影响了皮棉的优质优价。因此，用锯齿轧花机加工优质棉必须对工艺作相应改进。

（1）剔拣异性纤维

这是确保加工质量的首要前提。为此，在收购窗口严禁塑料编织袋、麻袋及杂色布袋入内，严禁把果壳、糖纸带入花场，专设异纤异杂搜集箱。清花车间每班固定4名异纤异杂剔拣工，制定剔拣责任制，并实行质量保证金上岗制度。原棉倒入清花机的入口，然后通过疏散机，进入平面输送带，在子棉均匀地通过平面输送带的过程中，要将塑料丝、麻丝、头发丝“三丝”剔拣干净，同时对异杂物也要剔除干净，以保证原棉的质量。

（2）降低锯片转速

适当降低锯片转速是减少纤维长度损伤，确保皮棉加工质量的关键技术。生产中，子棉上纤维被锯齿钩住后，依靠锯齿与纤维间的摩擦作用，将纤维握住，嵌在齿凹。棉子及未被锯齿钩住的纤维，被子棉卷阻挡而合为一体。由于子棉卷表面线速度远远落后于锯齿表面线速度，形成了速度差，在速度差的作用下，纤维与棉子分开。提高锯片转速，单位时间内增加了锯片钩拉纤维的次数，虽然在一定程度上可以提高产量，但也大大增加了纤维受损几率。同时，因优质棉的棉子一般较大，转速过高，锯齿对棉子的冲击力过大，容易产生大量破子和带纤维子絮，严重影响皮棉质量。实践中，转速应以

620～680 rad/min 为宜。实际生产中，锯片圆筒可配备两套以上皮带轮，针对不同品级、水分的子棉配以不同的转速。

(3) 控制子棉卷密度

子棉卷必须保持一定的紧密程度，才能使子棉之间具有一定的相互挤压作用，从而具有一定的摩擦力以传递力矩，使子棉卷层层相互牵引而运动。同时，锯片滚筒给予子棉的作用力矩，必须大于工作箱壁给予子棉卷的反向摩擦力矩。生产中，子棉卷密度过大，对锯片的压力增加，棉纤维与锯片及工作箱摩擦加剧，损伤纤维，降低皮棉使用价值。适当降低子棉卷密度，可减小锯片与棉卷的相对速度，从而减少对纤维长度的损伤，而且，带纤维棉子容易下落，也可使毛头率相应增高以加强除杂效果。

(4) 掌握好子棉适宜的含水率

子棉含水率的高低对轧花质量、产量影响很大。付轧含水率低的子棉，由于干燥，纤维强力及固着力小，且弹性大，蓬松状态好，易被锯齿空刺钩拉，纤维与棉子易分离，棉卷运转轻松，不易产生棉结、索丝等疵点，不孕子等杂质也容易排除，因此，轧工质量好。付轧含水率较高的子棉，由于纤维弹性低，在子棉运转过程中，易因摩擦形成较多的棉结、索丝。同时棉子易破碎，产生破子和带纤维子絮。所有这些疵点，不易排除。在加工优质棉时，子棉含水率应控制在 8%～10%。

(5) 适当加大排杂量，以确保加工质量

加大排杂量主要从以下几方面入手：一是做好子棉收购的“四分”工作，坚持分摘、分晒、分存、分售，为轧花生产创造良好条件。二是适当加大清花机筛孔间距，尽量使子棉中的黄杂更多地在清花工序排除。在加工优质棉实际生产中应配备 2～3 套不同间距的筛网，根据子棉含杂情况进行相应调整。所选用的最大筛孔距为 25 mm。三是调整轧花机排杂工艺参数，合理设置上排杂刀的安装位置、角度、间距，以及排杂调节板的位置。通过排杂量的调节来控制皮棉杂质含量。每个生产班次均需做好各排杂部件的清洁维护工作，确保各部件随时处于良好的工作状态。

以上工艺的具体调整，应根据实际生产中不同的设备状况以及子棉的成熟度、杂质含量等情况有所区别地加以实施。总之，只要切实做到“降车速、松棉卷、控水分、放排杂”等项措施，就有可能在现有普棉设备和加工条件下，生产出符合纺织企业要求的优质原棉，并实现优质优价。

(五) 优质棉产业化经营的案例——以江苏为例

江苏省高品质棉产业化开发的实践始于 1996 年，止于 2005 年，历时 10 年，共分三个阶段：

第一阶段(1996—1998 年)主要是市场调研与高品质棉品种(组合)引育。调查研究棉纤维品质的现状、市场(尤其是纺工企业)对棉纤维品质的要求，逐步形成高品质棉的

概念，而后组织农业、纺工、供销等部门有关领导、专家论证开发高品质棉的必要性与可行性。与此同时，采取引进与自育相结合的办法，向省内外育种单位广泛征集符合高品质棉要求的品种(系、组合)进行鉴定、筛选。通过每年海南岛冬季南繁、鉴定，以空间争取时间，加快高品质棉自育新品种(组合)选育步伐。

第二阶段(1999—2002年)主要是高品质棉品种审定与应用及其产业化研究。根据第一阶段引种试验结果和《科技开发合同》的规范，从西南农业大学引进高品质杂交棉YH1和高品质常规棉渝棉1号进入江苏省区试，并于2001年、2002年分别通过审定。由江苏省科腾棉业有限责任公司育成的高品质杂交棉科腾3号于2003年通过江西省审定并定名，2004年江苏省农林厅批准引种。

优质棉产业化配套技术研究主要包括栽培技术、加工技术和市场开发等内容。生产实践业已表明，由于受天气、栽培技术等因素影响，大面积生产上实际产出的产品品质往往低于棉纤维遗传品质(即品种本身固有的品质特性)。为克服这一问题，确保优质棉的使用价值，扬州大学农学院和江苏省农业科学院经济作物研究所研究了优质棉高产保优栽培技术，并形成相关的《栽培技术规程》。

国内外加工海岛棉和陆地棉等纤维长度长、强力高、细度细的棉花一般采用皮辊轧花机，若用锯齿机加工，则会造成棉纤维长度下降0.5～1.0 mm，杂质含量严重超过国家标准规定的范围，从而降低高品质棉的纺工使用价值和市场销售价。为此，张家港市良种棉加工厂和大丰市棉花原种场良种棉加工厂就使用锯齿轧花机加工高品质棉出现的质量问题进行调查研究，在此基础上开展试验研究，找到了问题症结所在，对锯齿轧花机进行了技术改进，确保了高品质棉的加工质量，并编写出锯齿机加工高品质棉的《技术操作规程》。

高品质棉市场开发研究主要包括纺工企业对高品质棉的试纺及其评价、高品质棉产销组织模式选择和高品质棉信息网络建设。

第三阶段(2003—2005年)是将前两阶段的研究结果，组装配套，在《江苏省高品质棉产业发展规划(2003—2001)》中确定的大丰、东台、邳州、如东等7个核心县示范、推广。

1999年以来，江苏省高品棉产业化开发的结果，使全省棉花质量整体水平逐年提高。根据农业部1998—2004年对全国主产棉省(区)的主推棉花品种纤维品质抽查结果的公告，1998—2001年江苏省棉花纤维品质低于全国平均水平，2002年接近全国平均水平，2003年、2004年继续上升，2005年超过全国平均水平，居所有被抽检产棉省(区)之首位(表8-6、表8-7)。对此，新华日报(2005—5—24)、中国纺织报(2005—6—28)、江苏科技报(2005—6—15)、中国棉花网(2005—5—24)、中国棉花科技网(2005—5—24)等新闻媒体均作了报道。

表 8-6　1998—2004 年全国棉纤维品质抽检结果平均值

年份	区域	绒长(mm)	比强度(cN/tex)	马克隆值
1998	江苏	29.61	26.84	3.90
	长江流域	28.83	26.61	4.58
	全国	28.93	26.90	4.26
1999	江苏	29.09	24.90	4.40
	长江流域	29.59	26.70	4.50
	全国	30.20	28.12	4.40
2000	江苏	28.99	26.44	4.10
	长江流域	29.09	26.57	4.60
	全国	29.49	26.96	4.40
2001	江苏	29.07	27.50	4.17
	长江流域	29.29	29.42	4.16
	全国	29.28	28.68	4.35
2002	江苏	29.11	29.09	4.39
	长江流域	29.31	29.54	4.40
	全国	29.12	28.99	4.29
2003	江苏	29.10	28.10	4.20
	长江流域	29.36	29.10	4.41
	全国	28.82	28.23	4.31
2004	江苏	30.60	30.50	4.20
	长江流域	30.00	29.70	4.60
	全国	29.50	29.10	4.30

表 8-7　2005 年陆地棉纤维品质测试结果分省(区)统计表

省(区)份	绒长(mm)	比强度(cN/tex)	马克隆值
安徽	29.7	29.3	4.5
河北	29.1	28.8	4.2
河南	30.1	29.8	4.6
湖北	29.4	30.6	4.7
湖南	30.4	30.5	5.1
江苏	30.6	30.5	4.2
江西	29.3	28.3	4.7
山东	29.3	28.6	4.2
山西	27.0	27.0	4.2
四川	30.2	29.6	4.3
新疆	29.4	28.8	4.1
全国平均值	29.5	29.3	4.4

2005年底，江苏省科学技术厅组织了由我国著名棉花专家俞敬忠、汪若海等专家、教授组成的科学技术成果鉴定委员会，对江苏省农业技术推广中心和江苏省科腾棉业有限责任公司等单位完成的“高品质棉品种的引进与选育及产业化研究”科技成果进行鉴定。鉴定意见认为，该项成果“紧密结合我国棉花生产、农民增收和纺织发展需要，历时10年，研究方法具有系统性、整体性的特点，多学科、多部门相协作。研究成果整体上达到国内领先水平，其中高品质棉专用品种达到国际领先水平”。

参考文献

1. 杜珉.浅析我国棉花产业安全//中国棉花学会2006年年会暨第七次代表大会论文汇编,2006:4-7
2. 汤庆峰,文启凯,田长彦,等.棉花纤维品质的形成机理及影响因子研究进展.新疆农业科学,2003,40(4):206-210
3. 杨佑明,贾君镇,徐楚年,等.棉花纤维细胞起始及温度、植物生长物质对其影响.中国农业大学学报,1999,4(3):15-22
4. 王华锋,陈宇岳,林红.棉纤维的研究进展及发展趋势.苏州大学学报(工科版),2003,23(4):12-19
5. 梁予,陈战国.棉纤维表面结构的电镜分析.西安石油学院学报(自然科学版),2000,15(3):56-58
6. 张玉忠,陈秀兰.棉花纤维超微结构的扫描隧道显微镜观察.生物化学与生物物理学报,2000,32(5):521-523
7. 刘继华,洪博,鸿鸣.棉花纤维的伸长发育.中国棉花,1995,22(4):38-39
8. 李玉青,王清连,胡根海.棉纤维次生壁加厚期的研究进展.辽宁农业科学,2007(6):17-21
9. 陈良兵,李永起.棉花纤维发育的分子研究进展.分子植物育种,2004,112(11):105-111
10. 刘继华,于凤英,尹承俏,等.棉花纤维强度(力)的不同指标与测试方法述评.江西棉花,1991(3):5-8
11. 姚穆,蒋素婵,李育民.中腔胞壁比值法测定棉纤维成熟度系数的讨论.西北纺织工学院学报,2001,15(2):174-177
12. 周晔君,杨亦梅.我国棉纺工业的发展对原棉质量的要求//中国棉花学会第二次中青年学术沙龙论文汇编,2000:44-49
13. 张树深.棉花品质与纱布品质的关系//中国农业科学院棉花研究所主编.优质棉丰产栽培与种子加工.石家庄:河北科学技术出版社,1990:36-65
14. 王延琴,杨伟华,许红霞,等.全国棉花质量安全普查结果分析及建议.中国棉花,

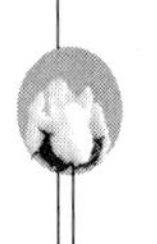

2009,36(3):2－5

15. 杨伟华,项时康,唐淑荣,等. 20年来我国自育棉花品种纤维品质分析. 棉花学报,2001,13(6):377－384
16. 唐淑荣,杨伟华. 我国主产棉省纤维品质现状分析与建议. 棉花学报,2006,18(6):386－390
17. 唐淑荣,肖荧南,杨伟华. 中国棉花纤维品质地域和年份间分析. 中国农学通报,2006,22(10):177－183
18. 何旭平,冷苏凤,季春梅,等. 试论江苏省高品质棉的产业化开发. 中国棉花,2001,28(8):6－8
19. 中国标准化协会纤维分会棉花专业委员会. 1998—1999年我国原棉品质调查分析. 1999
20. 钱学森. 系统工程. 长沙:湖南科学技术出版社,1983
21. 中华人民共和国农业部公告第150号,2001
22. 中华人民共和国农业部公告第162号,2001
23. 中华人民共和国农业部公告第198号,2002
24. 中华人民共和国农业部公告第262号,2003
25. 中华人民共和国农业部公告第357号,2004
26. 中华人民共和国农业部公告第491号,2005
27. 中华人民共和国农业部公告第638号,2006
28. 中华人民共和国农业部公告第841号,2007
29. 中华人民共和国农业部公告第1008号,2008
30. 中华人民共和国农业部公告第1183号,2009
31. 中华人民共和国农业部公告第1373号,2010
32. 中华人民共和国农业部公告第1557号,2012
33. 王淑民. 世界棉花育种科技水平进展与发展对策. 棉花学报,1996,8(6):1－9
34. 汪若海. 优质棉生产技术. 北京:中国农业科学技术出版社,1998
35. 林厚馀. 纺织突破口工作情况及对棉花问题的几点建议. 江苏省政协八届三次会议大会发言材料之二十七,2000
36. 马家璋. 优质棉育种//中国棉花学会第三届代表大会暨第七次学术讨论会论文,1988
37. 杨伟华,许红霞,王延琴,等. 优质棉的定义及其评价方法解读. 中国棉花,2008,35(10):2－4
38. 中华人民共和国农业部. NY/T 2007 棉花纤维品质评价方法. 北京:中国农业出版社,2007
39. 姚穆,周锦芋,黄淑珍,等. 纺织材料学(第二版). 北京:中国纺织出版社,1997

40. 《纺织原料手册(棉分册)》编写组. 纺织原料手册(棉分册). 北京:中国纺织出版社,1996
41. 上海市棉纺织工业公司《棉纺手册》编写组. 棉纺手册(第二版). 北京:中国纺织出版社,1995
42. 姚穆. 中国纺织工业面临的形势与任务. 棉纺织技术,2009,37(3):129-131
43. 傅家骥. 技术创新学. 北京:清华大学出版社,2003
44. 陈金英,周衍平. 中国农业创新问题研究. 农业经济问题,2002,(8):22-26
45. 王明友. 知识经济与创新. 北京:经济管理出版社,1999
46. 复旦大学哲学系逻辑教研组. 形式逻辑. 上海:上海人民出版社,1973
47. 熊银解,傅裕贵,张俊飚,等. 农业技术创新扩散管理. 北京:中国农业出版社,2004
48. 项显林,张祖杰,傅怀勤,等. 亚洲棉性状分类的研究. 棉花学报,1986,2(46):46-54
49. 梁正兰,等. 棉花远缘杂交的遗传与育种. 北京:科学出版社,1999
50. 周盛汉. 中国棉花品系图谱. 成都:四川科学技术出版社,2000
51. 周忠丽,刘国强,杜雄明,等. 陆地棉高强纤维种质鉴定及其稳定性评价. 华中农业大学学报,1999,18(2):104-106
52. 项显林,傅怀勤. 对美国27个优质种质的研究. 作物品种资源,1986,(2):19-20
53. 项显林,傅怀勤. 引种法国种质资源简报. 中国棉花,1986,(2):12-13
54. 张凤鑫,张正圣,蒋新河,等."陆地棉高强纤维材料创造与方法研究"科学技术成果鉴定资料. 重庆:西南农业大学,1999
55. 马藩之,刘吉升. 陆地棉海岛棉杂交后代经济性状的遗传进展(摘要)//中国棉花学会第三次学术讨论会论文选编,1982:332
56. 杨伯祥,王治斌. 高品质棉主要经济性状研究. 中国棉花,2002,29(2):14-16
57. 王芙蓉,张军,刘任重,等. 海岛棉DNA导入陆地棉栽培品种获得变异种质的初步遗传分析. 中国农业科学,2005,38(8):1528-1533
58. 周宝良,陈松,沈新莲,等. 陆地棉高品质纤维种质基因库的拓建. 中国农业科学,2003,29(4):514-519
59. 赵国忠,冯恒文,李爱国,等. 棉属8个野生种2个二倍体栽培种对陆地棉的改良效应. 华北农学报,1994,9(4):44-48
60. 姜茹琴,梁正兰,钟文南,等. 陆地棉×索马里棉(*G. Somalense*)杂种的研究和利用. 科学通报,1996,41(1):60-64
61. 庞朝友,杜雄明,马诗英. 具有野生棉外源基因的陆地棉特异种质创新与利用进展. 棉花学报,2005,17(3):171-177
62. 李瑞奇,马诗英,王少芳,等. 转基因抗虫棉农艺性状和纤维品质的遗传多样性. 植物遗传资源学报,2005,6(2):210-215

63. 聂以春,周肖荣,张献龙. 转基因抗虫棉的产量、品质及抗虫性比较研究. 植物遗传资源学报,2002,3(4):8-12、35

64. 周有耀. 棉花遗传育种学. 北京:北京农业大学,1998

65. 曹新川,康志钰. 陆地棉纤维品质性状遗传效应的分析. 西北农业学报,2006,15(4):203-205

66. 张相琼,张东铭,周宏俊,等. 不同杂交世代棉花纤维强度及主要经济性状的遗传研究 西南农业学报,1996,9(2):42-47

67. 李卫华,胡新燕,申温文,等. 棉花主要经济性状的遗传分析. 棉花学报,2000,12(2):81-84

68. 陈旭升,狄佳春,刘剑光,等. 国外陆地棉高强纤维种质有关经济性状相关分析. 江西棉花,2000,22(6):12-15

69. 顾双平,常晓阳. 棉花纤维品质性状的相关剖析. 江西农业学报,2002,14(2):24-28

70. 周桃华,张海鹏. 陆地棉纤维品质性状的相关性研究. 安徽农学通报,2005,11(6):34-35

71. 周雁声,梁锦诗,彭习亮. 棉花产量及品质性状的遗传研究. 湖北农业科学,1989,(增刊):50-55

72. 刘英欣,韩祥铭. 陆地棉纤维品质与苗期性状的相关研究. 山东农业大学学报,2001,32(1):81-84

73. 韩祥铭,刘英欣,吕建华,等. 陆地棉主要经济性状的遗传相关分析. 山东农业大学学报,2003,34(1):50-53

74. 周有耀. 棉花早熟性与纤维品质性状关系的研究. 中国棉花,1990,17(5):13-15

75. 承泓良,刘桂玲,蒋玉琴,等. 棉花产量和品质性状的典型相关分析. 湖北农学院学报,1992,12(3):1-5

76. 崔峰,徐洪富,许承玉,等. 抗虫棉研究进展、问题与策略. 植物保护学报,2002,29(4):371-376

77. 张桂寅,刘立峰,马峙英. 转基因 Bt 抗虫杂种优势利用研究. 棉花学报,2001,13(5):264-267

78. 吴征彬,陈鹏,杨业华,等. 转基因抗虫棉对棉花纤维品质的影响. 农业生物技术学报,2004,12(5):509-514

79. 吴征彬,杨业华,刘小丰,等. 枯萎病对棉花产量、纤维品质的影响. 棉花学报,2004,16(4):236-239

80. 犹佳春,陈旭升,刘剑光,等. 黄萎病发病级别对高品质棉渝棉 1 号的影响. 江苏农业科学,2004,(1):32-34

81. 郭志丽. 棉花纤维品质及相关性状的遗传模型与 QTL 分析. 中国农业大学硕士学位

论文,2003
82. 袁有禄,张天真,郭旺珍,等.棉花高品质纤维性状的主基因与多基因遗传分析.遗传学报,2002,29(9):827－834
83. 殷剑美,武耀延,朱协飞,等.陆地棉产量与品质性状的主基因与多基因遗传分析.棉花学报,2003,15(2):67－72
84. 王淑芳,石玉真,刘爱英,等.陆地棉纤维品质性状主基因与多基因混合遗传分析.中国农学通报,2006,22(2):157－161
85. 袁有禄,张天真,郭旺珍,等.棉花品质纤维性状 QTLs 的分子标记筛选及其定位.遗传学报,2001,22(2):1151－1161
86. 任立华,郭旺珍,张天真.利用置换系检测棉花第 16 染色体的产量、纤维品质 QTLs.植物学报,2002,44(7):815－820
87. 吴茂清,张献龙,聂以春,等.四倍体栽培棉种产量和纤维品质性状的 QTL 定位.遗传学报,2003,30(5):443－452
88. 贺道华,林忠旭,张献龙,等.陆地棉纤维品质遗传基础的分子标记剖析.棉花学报,2004,16(3):131－136
89. 承泓良,刘桂玲.陆地棉杂交亲本遗传差异的测定.江苏农业学报,1988,4(4):1－6
90. 程备久,赵伦一.陆地棉品种与性状遗传差异的对应分析.作物学报,1992,18(1):69－79
91. 钱克明.杂种与亲本间关系的计算机模拟及杂种优势预测//全国中青年作物遗传育种学术会论文摘要,1988:219－220
92. 张爱民.植物育种亲本选配的理论和方法.北京:中国农业出版社,1994:163－219
93. 承泓良,刘桂玲,蒋玉琴,等.陆地棉杂交亲本选配模式研究.棉花学报,1990,2(2):13－23
94. 鲁黄均.分裂交配对棉花育种群体的改良效应研究.棉花学报,1988,10(6):292－298
95. 马家璋,颜清上.棉花混选——混交育种体系遗传改良效应研究Ⅰ:主要育种目标性状的响应.棉花学报,1993,5(1):21－24
96. 潘家驹,王顺华,李卫华,等."陆地棉修饰回交法的研究和应用"科学技术成果鉴定资料.南京农业大学农学系,1990
97. 张凤鑫,梅选明,蒋新河.在棉花育种中保持基因流动性的种质库建设的研究.西南农业大学学报,1987,(增刊):32－37
98. 赵辉,王建民,周雁声.陆地棉产量及纤维品质性状的双列杂交分析Ⅰ.配合力效应及杂种优势分析.湖北农业科学,1989,(增刊):35－40
99. 朱乾浩,俞碧霞,许馥华.低酚棉品种间杂种优势利用初报.中国棉花,1994,21(7):13－14

100. 秦素平,陈于和,刘世强,等.低酚棉品种间杂种优势及配合力研究.沈阳农业大学学报,2000,31(2):158-161

101. 路曦结,陈海亮.陆地常酚棉与低酚棉品种间杂种 F_1 代优势初报.安徽农业科学,1990,(3):243-246

102. 纪家华,王恩德,李朝辉,等.棉花柱头外露种质系的应用研究.中国农业科学,1998,31(6):12-17

103. 闵留芳,何金龙,肖松华,等.陆地棉芽黄品系在棉花杂种优势上的利用研究.棉花学报,1996,8(3):113-119

104. 肖松华,黄骏麒,潘家驹,等.陆地棉芽黄品系和常规品种间杂种优势利用研究.棉花学报,1996,8(2):71-76

105. 杨伯祥,王治斌.棉花双稳性核雄性不育杂种优势利用研究.江西棉花,2000,22(5):17-20

106. 王治斌,安华,杨伯祥.棉抗虫不育系的优势与遗传研究.江西棉花,2006,28(4):6-11

107. 朱伟,黄学德,祝水金,等.鸡脚叶标记的三系交棉杂种优势的表现.棉花学报,2006,18(3):190-192

108. 王志忠,王兆晓,崔瑞敏,等.种间杂交与陆地棉品种间杂交杂种优势利用.棉花学报,1998,10(3):162-166

109. 张香桂,周宝良,陈松,等.陆地棉与海岛棉种间杂种优势研究.江西棉花,2003,25(5):25-30

110. 陈祖海,刘金兰,聂以春,等.陆地棉族系种质系与陆地棉品种间的杂种优势利用研究.棉花学报,1994,6(3):151-154

111. 张金发,龚振平,孙济中,等.陆地棉与海岛棉种间杂种产量品质优势的研究.棉花学报,1994,6(3):140-145

112. 宋宪亮,刘继华,刘英欣,等.陆地棉隐性核不育系与海岛棉种间优势研究.中国棉花,2000,27(11):13-15

113. 崔秀珍,常俊香.棉花海陆杂交种(F_1)主要纤维品质性状杂种优势研究.辽宁农业科学,2006,(5):1-3

114. 邢朝柱,靖深蓉,郭立平,等.转 Bt 基因棉杂种优势及性状配合力研究.棉花学报,2000,12(1):6-11

115. 崔瑞敏,王兆晓,耿军义,等.转 Bt 基因棉杂交组合性状优势及遗传差异分析.河北农业科学,2003,7(增刊):5-9

116. 左开井,张献龙,聂以春,等.转基因抗虫棉抗虫性与农艺性状的关系.福建农业大学学报(自然科学版),2003,32(4):409-413

117. 纪家华,李红芹,王恩德,等. 转基因抗虫棉与陆地棉种质间的杂种优势和配合力分析. 种子,2005,24(11):28-33
118. 唐文武,肖文俊,黄英金,等. 优质纤维品质陆地棉和转基因抗虫棉的杂种优势和亲子相关性. 棉花学报,2006,18(2):74-78
119. 纪家华,王恩德,李朝晖,等. 陆地棉优异种质间的杂种优势和配合力. 棉花学报,2002,14(2):104-107
120. 赵淑贞. 陆地棉纤维品质性状的亲子相关分析. 江西棉花,2005,27(1):17-19
121. 承泓良,刘桂玲,唐灿明,等. 陆地棉杂交亲本选配规律的研究Ⅱ:杂交亲本遗传差异与杂种一代的表现//马家璋主编. 棉花育种基础研究论文集. 北京:学术期刊出版社,1989:40-44
122. 王学德,潘家驹,等. 棉花亲本遗传距离与杂种优势间的相关性研究. 作物学报,1990,16(1):32-38
123. 校百才. 陆地棉八个经济性状配合力、遗传力的初步研究. 棉花学报,1986,试刊(2):56-64
124. 王学德,潘家驹. 陆地棉芽黄指示性状的杂种优势利用研究. 南京农业大学学报,1989,12(1):47-51
125. 郭介华. 陆地棉种质系间的农艺性状配合力效应分析. 棉花学报,1994,6(3):107-110
126. 汪若海,李秀兰. 外源基因及异常种质增强棉花杂种优势. 中国农业科技导报,2001,3(4):46-48
127. 黄滋康. 中国棉花品种及其系谱(修订本). 北京:中国农业出版社,2007
128. 秦永华,乔志新,刘进元. 转基因技术在棉花育种上的应用. 棉花学报,2007,19(6):482-488
129. 左开井,孙济中,张献龙,等. 利用RFLP,SSR和RAPD标记构建陆地棉分子标记连锁图. 华中农业大学学报,2000,19:190-193
130. 佘建明,吴敬音,王海波,等. 棉花(*Gossypium hirsutum* L.)原生质体培养的体细胞胚胎发生及植株再生. 江苏农业学报,1989,5(4):54-60
131. 陈志贤,李淑群,丘建雄,等. 从棉花胚性细胞原生质体培养获得再生植株. 植物学报,1989,31(12):966-969
132. 刘桂云. 棉花胚状体的发生. 中国棉花,1983,10(1):24-25
133. 刘桂云,吴敬音. 棉花组织培养中胚状体发生及细胞学观察. 江苏农业学报,1996,2(1):25-31
134. 陈志贤,Trolinder NL. 棉花细胞悬浮培养胚胎发生与植株再生某些特性的研究. 中国农业科学,1987,20(5):6-11

135. 李秀兰,郭香墨. 棉花体细胞培养的新进展. 中国农业科学,1988,21(3):95

136. 陈志贤,Liewellyn D J,范云六,等. 利用农杆菌介导法转移 tfdA 基因获得可遗传的抗 2,4-D 棉株. 中国农业科学,1994,27(2):31-37

137. 郭旺珍,孙敬,张天真,等. 棉花纤维品质基因的克隆与分子育种. 科学通报,2003,48(5):410-417

138. 刘继涛. 转角蛋白基因棉的性能分析. 纺织导报,2004,(1):35-36

139. 赵丽芬,赵国忠,李爱国,等. 利用转角蛋白基因改良棉纤维品质的研究. 中国农学通报,2005,21(7):61-76

140. 张震林,刘正銮,周宝良,等. 转兔角蛋白基因改良棉纤维品质研究. 棉花学报,2004,16(2):72-76

141. 黄全生,刘霞,王义琴,等. 基因枪轰击法将蜘蛛丝蛋白基因(*ADF3*)转入海岛棉的研究. 新疆农业科学,2004,41(4):248-250

142. 解芳,许莹,万军军,等. 神奇的蜘蛛丝. 合成纤维,2003,32(5):12-14,9

143. 沈新莲,袁有禄,郭旺珍,等. 棉花高强纤维主效 QTL 的遗传稳定性及它的分子标记辅助选择效果. 高技术通讯,2001,(10):13-16

144. 石玉真,王淑芳,刘爱英,等. 棉花纤维强度分子标记辅助育种效果初报. 棉花学报,2005,17(6):376-377

145. 石玉真,刘爱英,李俊文,等. 与棉花纤维强度连锁的主效 QTL 应用于棉花分子标记辅助育种. 分子植物育种,2007,5(4):521-527

146. 艾先清,李雪源,莫明,等. 新疆棉花纤维品质性状的 QTL 分析. 棉花学报,2008,20(6):473-476

147. 董章辉,石玉真,张建宏,等. 棉花纤维长度主效 QTLs 的分子标记辅助选择及聚合效果研究. 棉花学报,2009,21(4):279-283

148. 杨鑫雷,王志伟,张桂寅,等. 棉花分子遗传图谱构建和纤维品质性状 QTL 分析. 作物学报,2009,35(12):2159-2166

149. 秦永生,叶文雪,刘任重,等. 陆地棉纤维品质相关 QTL 定位研究. 中国农业科学,2009,42(12):4145-4154

150. 承泓良,犹文枝,张柱汉,等. 棉花田间试验中的系统误差及其统计控制. 中国棉花,1993,(2):25-27

151. 阎凤文. 测量数据处理方法. 北京:原子能出版社,1990:39-80

152. 马淑萍. 试论我国棉花产业化经营及其发展对策. 中国棉花,2001,28(1):1-3

153. 周关印,郑文俊. 我国棉花产业化经营现状与发展对策. 江西农业大学学报,2001,8(4):11-14

154. 赵振勇,田长彦,马英杰. 高密度对陆地棉产量及品质的影响. 干旱农业研究,2003,

20(4):292 - 295

155. 海江波,王方成,范术丽,等. 氮磷钾对棉铃干物质积累及纤维品质的影响. 西北农业学报,1998,7(4):49 - 52

156. 范术丽,许玉璋,张朝军. 氮磷钾对棉花优桃发育的影响. 棉花学报,1999,11(1):24 -30

157. 朱振亚,赵翔,王承华,等. 棉花施钾效应研究. 新疆农业科学,2000,(1):24 - 26

158. 胡尚钦,杨晓,唐时嘉,等. 紫色土壤施氮对棉花产量与品质的影响. 棉花学报,2001,13(1):36 - 41

159. 杨可胜,易成新,朱延成,等. 棉花应用 DPC 化调效果及施用方法. 安徽农业科学,1995,23(2):142 - 143

160. 邢朝柱,王海林,靖深蓉,等. 缩节安对杂交棉生长及其产量、品质的影响. 中国棉花,1996,(1):23 - 24

161. Guo WZ, Zhang TZ, Zhu YC, etal. Molecular marker assisted selection and pyramiding of two QTLs for fiber strength in upland cotton. 遗传学报, 2005, 12: 1275 - 1285

162. Guo WZ, Zhang TZ, Zhu XF, etal. Modified Backcross Pyramiding Breeding with Molecular Marker-Assisted Selection and Its Applications in Cotton. 作物学报, 2005, 31(8):963 - 970

163. Meredith W R Jr. Quantitative genetics. in cotton ed. by Kohel R J, etal. USA, 1984:130 - 159

164. Mather K. The genetical structure of population. Symp. Soc. Exp. Biol, 1953, 7(1):66 - 95

165. Mather K. Polymorphism as outcome of disruptive selection. Evolution, 1955, 9(1):52 - 61

166. Culp T W , etal. Some genetic implication in the transfer of high fiber strength genes to upland cotton. Crop Sci., 1979, 19(4):481 - 484

167. Narayanan S S , etal. Disruptive selection for genetic improvement of upland cotton. Indian J. Agri. Sci., 1987, 57(7):449 - 452

168. Shappley Z W, etal. Quantitative trait loci associated with agronomic and fiber traits of upland cotton. The Journal of Cotton Science, 1998, 2:15 - 163

169. Mauricio U, etal. Genetic linkage map and QTL analysis of agronomic and fiber quality traits in an intraspecific population. The Journal of Cotton Sciences, 2002, 4:161 - 170

170. Shappley ZW, Jerkins JN, Meredith WR, etal. An RFLP linkage map of upland

cotton, Gossypium hirsutum L. Thror. Appl. Genet, 1998, 97:756 - 761

171. Jiang CX, Wright RJ, Woo SS, etal. QTL analysis of leaf morphology in tetraploid Gossypium(cotton). Theor. Appl. Genet., 2000, 100:409 - 418
172. Mei M, etal. Genetic mapping and QTL analysis of fiber-related traits in cotton (Gossypium). The Appl. Genet., 2004, 108(20):280 - 291
173. Yu Z H, etal. Molecular mapping of the cotton genome: QTL analysis of fiber quality properties. Pro. Beltwide cotton couf., 1998:485
174. Jiang CX, etal. Polyploid formation created unique convenues for response to selection in Gossypium(cotton). Proc. Natl. sci . Usa. 1998:95, 4419 - 4424
175. Ulloa M, etal. QTL analysis of stomatal conductance and relationship to lint yield in an interspecific cotton. Journal of Cotton Science, 2000, (4):10 - 18
176. Park Y H , etal. Application of random amplifide polymorphic DNA for identifying markers of cotton fiber strength genes. Beltwide cotton conf., 1994: 700 - 701
177. Ulloa M, Meredith Jr WR. . Genetic linkage map and QTL analysis of agronomic and fiber quality traits in an intraspecific population. J. Cotton sci., 2000, 4:161 - 170
178. Reddy A S , etal. Development of amplifide fragment length porlymorphic markers in cotton. Plant Genome, 1996:74
179. John E M . Re-engineering cotton fiber. Chem. Ind., 1994, 17:676 - 679
180. John E M . Genetic engineering of cotton fiber. In: Biotechnology in Agriculture and Forestry 42(cotton). Bajaj YPS(ed). 1998, Berlin: Springer, 313 - 331
181. John M E. Genetic engineering strategies for cotton fiber modification. Cotton fiber: Developmental Biology, Quality Improvement, and Textile Processing. New York: Food Products Press, 1999, 271 - 292
182. Zhang J, Gro W Z, Zhang T Z. Molecular linkage map of allotetraploid cotton (Gossypium hirsutum L. ×Gossypium barbadense L.) with a haploid population. Theor Appl Genet, 2002, 105:1166 - 1174
183. Zhang T Z, etal. Molecular tagging of a major QTL for fiber strength I. Upland cotton and its marker-assisted selection. Theor. Appl. Genet., 2003, 106: 262 -268
184. Godoy S, etal. Genetic analysis of earliness in upland cotton I. Morphological and phenological variables. Proceedings Beltwide Cotton Production Research Conferences, 1985:60 - 61

185. Niles G A , etal. Genetic analysis of earliness in upland cotton Ⅱ. Yield and fiber properties. Proceedings Beltwide Cotton Production Research Conferences, 1985: 61－63

186. Federer WT. Augmented(or hoonuiaku) designs. Hawaiian Planteres' Record, 1956, 55:191－208

187. Federer WT, Nair Rc Raghavarao D. Some augmented row-column design. Biometrica, 1975, 31:361－374

188. Lin CS, Poushinsky G. A modified augmented dedign for an early stage of plant selection involving a large number of test line without replication. Biometrica, 1983, 39:533－561

189. Yates F. A new method of arranging variety trails involving a large number of varieties. J. Agric. Sci., 1936, 26:424－455

190. Bridge RR., etal. Influence of planting method and population of cotton (*Gossypium hirsutum L.*). Agron. J., 1973, 65:104－109

191. Baker SH. Response of cotton to row patterns and plant population. Agron. J., 1976, 68:85－88

192. Micheal AJ, etal. Yield and fiber quality of cotton grown at two divergent population densities. Crop Sci., 1998, (38):1190－1195

193. Husman SH, etal. Agrominic and economic evaluation of ultra narrow row cotton production in Arizona. 1999, 245－251

194. Galadima A, etal. Plant population effect on yield and fiber quality of three upland cotton varieties at Maricopa Agricultural center. Arizona Cotton Report. The University of Arizno, 2003

195. Gormus O, etal. Different plantiong date and potasium fertility effects on cotton yield and fiber properties in the Cukurova regtion, Turdey. Field Crop Res., 2002, 78(2－3):141－149

196. Tewolde H, etal. Fiber quality response of Pima cotton to nieroger and phosphorus deficiency. J. of Plant Nutrition, 2003, 26:223－235

197. Bradow JM, etal. Quantitation of fiber quality and the cotton production proeessing interface: A Physiolobist's Perspective. The J. of cotton Sci., 2000, (4):34－64

198. Minton EB, etal. Potassium and aldicarb-disulfoton effects on verticillium wilt, yield and quality of cotton. Crop Sci., 1991, 31:209－212

199. Cassman KG, etal. Postassium nutrition effects on lint yield and fiber qualty of

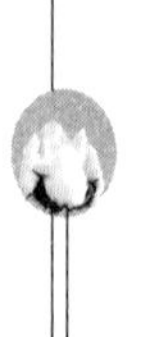

Acala cotton. Crop Sci., 1990, 30:672 - 677

200. Pettingrew WT, etal. Genotypic interactions with potassium and nitrogen in cotton of varied maturity. Agron. J., 1996, 88:89 - 93
201. Matocha JE, etal. Potassium fertilization effects on cotton yield and fiber properties. In proc. Beltwide Cotton Conf., San Diego, CA., 5 - 8 Jan, 1994, Natl. Cotton Coune. Am., Memphis, TN. 1994, 1597 - 1600
202. Davidonis GH, etal. Effects of flowerings date, irrigation and mepiquat chloride on fiber properties. Field crops Res., 1994, 46:141 - 153
203. Boman RK, etal. Nitroger and mepiquat chloride effects on the prodction of nonrank, irrigated, short-season cotton. J. Prod. Agric, 1994, 7:70 - 75
204. Usherwood NR. The Influence of potassium on cotton quality. Agri-Briefs, Agronomic news items, 2000, 8:12 - 17
205. Li X, Wang X D, Zhao X Q, etal. Improvement of cotton fiber quality by transforming the *acsA* and *acsB* genes into *Gossypium hirsutum* L. by means of vacuum infiltration . Plant Cell Reports, 2004, 22:691 - 697
206. Li X B, Fan X P, Wang X L, etal. The cotton ACTINI gene is functionally expressed in febers and participates in fiber elongation. Plant Cell, 2005, 17:859 - 875
207. Wright RJ, Thaxton PM, El-Zik KM, etal. Molecular mapping of genes affecting pubescense of cotton. *J Herde.*, 1999, 90:215 - 219
208. Haigler C H, Singh B, Zhang D S, etal. Transgenic cotton over-producing spinach sucrose phosphate synthase showed enhanced leaf sucrose synthesis and improved fiber quality under controlled environmental conditions. Plant Mol Biol, 2007, 63: 815 - 832
209. Reinisch U J, Dong J M, Brubaker C M, etal. A detailed RFLP Map of cotton, *Gossypium hirsutum* × *Gossypium babadense*: chromosome organizazation and evolution in a disomic polyploid genome[I]. Genentics, 1994, 138:829 - 847
210. Ruan Y L. Llewellyn D J, Furbank R T. Suppression of sucrose synthase gene expression represses cotton fiber cell initiation, elongetion and seed development. Plant Cell, 2003, 15:952 - 964
211. Ribault JM, Betran J. Single large-scale marker-assisted selection(SLS-MAS). Mol. Breeding, 1999, 5:531 - 541
212. Kohel RJ, Yu J, Park YH, etal. Molecular mapping and characterization of traits controlling fiber quality in cotton. Euphytica, 2001, 121, 163 - 172

213. Altaf M K, Stewart J M, Wajahatullah M K, etal. Molecular and morphological genetics of a trispecies F_2 population of cotton. The Cotton Production Conference, 1997, 448 - 452

214. Alfaf M K, Zhang J F, Steward J M, etal. Integrated molecular map based on a trispecific F_2 population of cotton. The Cotton Production Conference, 1998, 491 -492

215. Altaf MK, Myers GO, Stewart JM, etal . Addition of the new markers to the trispecific cotton map. Proc. of The Beltwide Cotton Conference. National Cotton Council, Memphis, TN, 1999:439

216. Shappey Z W, Jenkins J N, Watson Jr C E, etal. Establishment of molecular markers and linkage group in two F_2 populations of Upland cotton. Thero. Appl . Genet., 1996, 92:915 - 919

217. Xu X Q, Wu M G, Zhao Q, etal. Designing and transgenic expression of melanin gene in tobacco trichome and cotton fiber. Plant Biol., 2007, 9:41 - 48

218. Tanksley SD, Nelson JC. Advanced backcross QTL analysis: a method for the simultaneous discovery and transfer of valuable QTLs from unadapted germplasm into elite breeding lines. Thero. Appl. Genet. , 1996, 92:191 - 203

219. Shen XL, Guo WZ, Zhu XF, etal. Molecular mapping of QTLs for fiber qualities in three diverse lines in Upland cotton using SSR markers [J]. *Molecular Rceeding*., 2005, 15:169 - 181

220. Shen XL, Zhang TZ, Guo WZ, etal. Mapping fiber and yield QTLs with main, epistatic, and QTL environment interaction effects in recombinant inbred lines of Upland cotton[J]. Grop Sci., 2006, 46:61 - 66